El triunfo de las Matemáticas

VÍCTOR LAURIA

Este libro está dedicado a mi mujer Paula, a mis padres Eduard y Marisé, a mi hermano Albert y a mis queridos sobrinos Alejandra, Juan, Jorge, Paula, Pablo, Álex y Víctor

Quiero agradecer el trabajo de mi amigo Eduardo Lorente, quien revisó pacientemente todos los capítulos de este libro y me ayudó a mejorar muchos de ellos, y los consejos de mi primo Eduard para su correcta edición.

Título: El triunfo de las Matemáticas
Autor: Víctor Lauria
Año: Marzo 2017
Diseño de la portada: Carles Marsal

Prólogo

Este libro es una recopilación de problemas históricos de Matemáticas, ordenados cronológicamente, que abarcan desde el siglo VI a.C. (problema del Teorema de Pitágoras) hasta casi el final del siglo XVII (problema de la imposibilidad de la suma de cubos). Todos estos problemas fueron solucionados hace mucho tiempo, pero para cada uno de ellos he tenido especial cuidado en presentar una solución sencilla (aunque fuera más larga), pensando en que todo aquel amante de las Matemáticas pueda entenderlo sin necesidad de conocer herramientas muy sofisticadas. Mi intención es publicar otro libro en el futuro, con 30 problemas interesantes más, y que abarcarán los prolíficos siglos XVIII y XIX.

Muchas demostraciones no son completamente rigurosas, ya que esa no era mi intención; este libro pretende ser divulgativo. Sin embargo, estoy seguro que las explicaciones son suficientes para que cualquier lector con los fundamentos matemáticos necesarios encuentre el razonamiento completamente válido. Cada problema tiene una introducción histórica que, en mi opinión, enriquece su lectura, y acaba con unas observaciones que espero sean del agrado del lector. En la resolución me he esforzado en añadir muchas figuras y ejemplos que intentan ayudar a entender por completo las demostraciones.

Con este libro espero acercar a los interesados en las Matemáticas a las maravillosas soluciones que los mejores matemáticos de la Historia nos han dejado a todos durante siglos y que disfruten con ellas como hice yo en su día. Estos problemas son, de alguna manera, un elogio al progreso de la Humanidad.

Víctor Lauria

Índice general

Capítulo 1.	El teorema de Pitágoras	1
Capítulo 2.	Doblar el volumen del cubo	7
Capítulo 3.	Trisección de un ángulo	13
Capítulo 4.	Los 5 sólidos regulares	21
Capítulo 5.	Distancia y radio de la Luna y el Sol	29
Capítulo 6.	Aproximar el valor de π	35
Capítulo 7.	Cálculo del radio terrestre	39
Capítulo 8.	Área de la sección de una parábola	43
Capítulo 9.	La parábola como envolvente	49
Capítulo 10.	Cambio de dirección de un planeta	53
Capítulo 11.	La ecuación de Pell	59
Capítulo 12.	Billar de forma circular	69
Capítulo 13.	La expansión binomial	77
Capítulo 14.	Máxima visión de los anillos de Saturno	83
Capítulo 15.	Solución de la cúbica	89
Capítulo 16.	Ruedas deslizantes	95
Capítulo 17.	Solución de la cuártica	99
Capítulo 18.	Un mapa terrestre conforme	103
Capítulo 19.	La loxodrómica	111
Capítulo 20.	La ecuación de Kepler	117
Capítulo 21.	Ampliación de un mapa	125
Capítulo 22.	Área de la hipérbola	131
Capítulo 23.	El punto de Torricelli	139
Capítulo 24.	La astroide	145
Capítulo 25.	Deslizamiento de un triángulo	151
Capítulo 26.	El péndulo perfecto	155
Capítulo 27.	Suma de cuadrados	163
Capítulo 28.	El teorema fundamental del cálculo	171
Capítulo 29.	Serie de potencias de la función logarítmica	177
Capítulo 30.	Imposibilidad de suma de cubos	183

Capítulo 1

El teorema de Pitágoras

(Pitágoras – 530 a.C.)

PROBLEMA

Demostrar que en un triángulo rectángulo el cuadrado de la hipotenusa es igual a la suma de los cuadrados de los catetos.

HISTORIA

Pitágoras (580 a.C. – 495 a.C.) nació en la isla de Samos (Asia Menor) y se le considera el primer matemático puro de la historia. Hijo de un mercader que le dio buena educación y la posibilidad de viajar por el mundo conocido de entonces (Egipto, Arabia, Fenicia, Babilonia, India), en su juventud fue desterrado de su tierra natal por una guerra en la que llegó a estar prisionero. Al conseguir la libertad emigró a Crotona (entonces una ciudad de la "Magna Grecia", ahora Italia) donde fundó la escuela de astrónomos, músicos, matemáticos y filósofos que más tarde se conocería como la escuela pitagórica. Por aquel entonces, la autoridad del maestro era sagrada

"La escuela de Atenas" – Cuadro de Rafael (1511)
Pitágoras esta representado en primer plano, a la izquierda

y todo descubrimiento de la escuela era atribuido a él. De ahí que se tengan dudas si el famoso teorema que lleva su nombre fue realmente un hallazgo suyo o de algún alumno aventajado cuyo nombre no se conocerá jamás.

La escuela pitagórica y sus seguidores se expandieron rápidamente después del 500 a.C., pero a partir de entonces se politizó hasta tal punto que en 460 a.C. empezaron a ser atacados ferozmente por sus enemigos hasta su desaparición.

SOLUCIÓN

No se sabe exactamente el método que utilizaron los pitagóricos para demostrar el famoso teorema, pero seguramente se basaron en la propiedad que había encontrado Thales de Mileto (quien fue profesor de Pitágoras) para triángulos semejantes. Por tanto, si queremos ser rigurosos en la demostración, debemos primero demostrar resultados preliminares que tal vez siempre habíamos dado por supuestos.

Primero vamos a ver cómo calcular el área de un triángulo (como he dicho, empezamos por lo muy básico); en su obra maestra "Elementos", Euclides le dio a este hecho una importancia tal que merecía una proposición (la I.41).

LEMA 1.1. *Todos los triángulos con igual base e igual altura tienen la misma área, equivalente a la mitad del producto de ambas cantidades.*

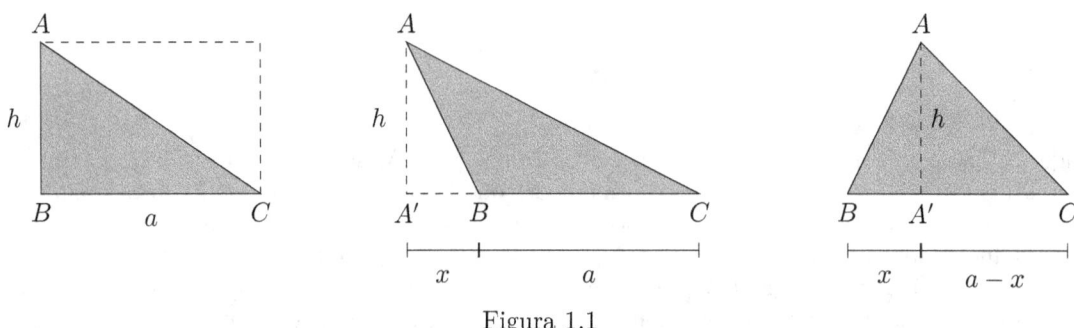

Figura 1.1

DEMOSTRACIÓN. Está claro que en un triángulo rectángulo el lema es cierto, porque el área es la mitad del rectángulo con el que comparte los dos catetos (primer gráfico de la figura 1.1)

Supongamos ahora, en cambio, un triángulo cualquiera ABC del cual tomamos como base el lado BC, de longitud a, y supongamos que su altura (distancia del vértice A al lado BC) sea h.

En el caso que la proyección del vértice A sobre el lado BC (punto A') no caiga dentro de él (segundo gráfico de la figura 1.1), el área del triángulo ABC puede calcularse como la resta de los triángulos rectángulos $AA'C$ y $AA'B$. Por tanto:

$$Area(ABC) = \frac{h \cdot (a+x)}{2} - \frac{h \cdot x}{2} = \frac{h \cdot a}{2}$$

En cambio, en el caso que A' esté en BC (tercer gráfico de la figura 1.1), el área del triángulo ABC puede calcularse como la suma de los triángulos rectángulos $AA'B$ y $AA'C$. Entonces:

$$Area(ABC) = \frac{h \cdot x}{2} + \frac{h \cdot (a-x)}{2} = \frac{h \cdot a}{2}$$

En cualquier caso, el lema es cierto. □

Una vez expuesto este lema, vamos a demostrar ahora el llamado "primer Teorema de Thales", en honor al considerado como primer gran científico del mundo occidental (Thales de Mileto, 624 a.C. – 546 a.C.). Muchas veces explicado en la escuela como algo "obvio" a los estudiantes de primaria, después nunca más se visita para demostrarlo con toda claridad. La demostración que presentamos a continuación sólo da por supuesto el lema 1 que acabamos de ver.

TEOREMA 1.1. *(Thales) Sean dos rectas paralelas r_1 y r_2, y un punto S que no está en medio ni pertenece a ellas. Si dibujamos desde S dos semirrectas que cortan a r_1 en los puntos A y C, y a r_2 en los puntos B y D, (primer gráfico de la figura 1.2) entonces se cumple:*

$$\left|\frac{AC}{BD}\right| = \left|\frac{SA}{SB}\right| = \left|\frac{SC}{SD}\right|$$

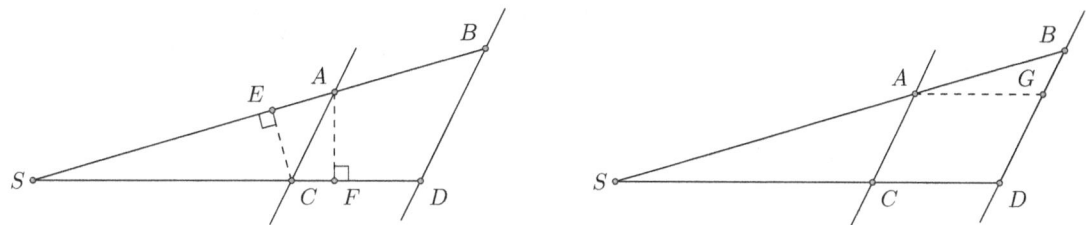

Figura 1.2

DEMOSTRACIÓN. Como r_1 y r_2 son rectas paralelas, los triángulos CDA y CBA tienen la misma altura (tomando CA como base de ambos triángulos). Entonces, por el lema 1, los triángulos CDA y CBA tienen la misma área, lo que implica que los triángulos SCB y SDA también tengan la misma área. De ambas afirmaciones deducimos que:

$$\frac{Area(SCA)}{Area(SDA)} = \frac{Area(SCA)}{Area(SCB)}$$

Sea F la proyección del punto A sobre la recta SC y sea E la proyección del punto C sobre la recta SA. Entonces, de nuevo aplicando el lema 1, la identidad anterior puede escribirse como:

$$\frac{|SC| \cdot |AF|/2}{|SD| \cdot |AF|/2} = \frac{|SA| \cdot |EC|/2}{|SB| \cdot |EC|/2} \Rightarrow \frac{|SC|}{|SD|} = \frac{|SA|}{|SB|}$$

Para ver la otra igualdad que queríamos demostrar, supongamos ahora una recta adicional, paralela a SD y que pasa por A, que corta a BD en el punto G (segundo gráfico de la figura 1.2). Entonces, podemos aplicar el mismo razonamiento anterior pero pensándolo ahora como si B fuera el punto exterior (antes era S) y AG y SD son las rectas paralelas (antes lo eran AC y BD), lo que nos lleva a:

$$\frac{|AB|}{|SB|} = \frac{|BG|}{|SB|} \Rightarrow \frac{|SB|-|SA|}{|SB|} = \frac{|BD|-|DG|}{|BD|} \Rightarrow \frac{|SA|}{|SB|} = \frac{|DG|}{|BD|} \Rightarrow \frac{|SA|}{|SB|} = \frac{|AC|}{|BD|}$$

$\square$

Este teorema nos lleva directamente a un corolario que es la propiedad de la "semejanza de triángulos", también ampliamente conocida.

COROLARIO 1.1. *Si tenemos dos triángulos ABC y $A'B'C'$ semejantes (es decir, el ángulo del vértice A [resp. B, resp. C] es igual al ángulo del vértice A' [resp. B', resp. C']), sus lados están en proporción:*

$$\frac{|AB|}{|A'B'|} = \frac{|AC|}{|A'C'|} = \frac{|BC|}{|B'C'|}$$

DEMOSTRACIÓN. Dos triángulos semejantes pueden dibujarse de forma parecida a los triángulos SAC y SBD, ya que sus ángulos son iguales. Se consigue, por ejemplo, haciendo coincidir los

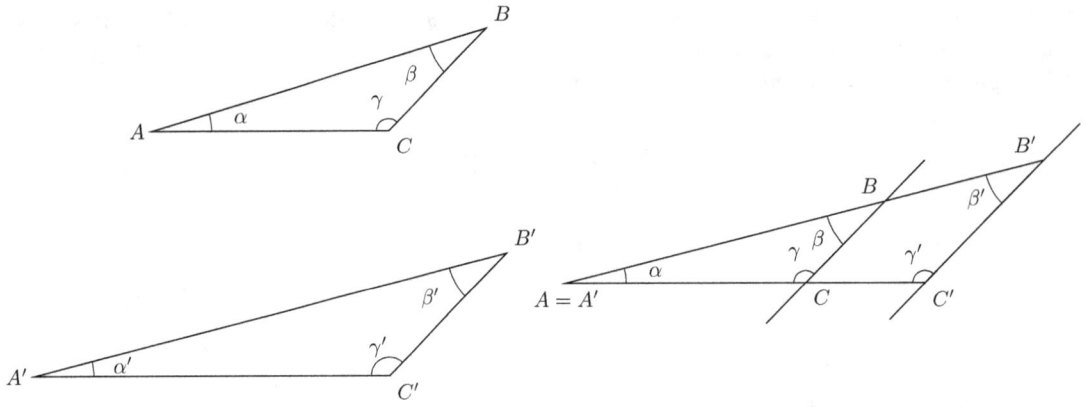

Figura 1.3

vértices A y A', y poniendo los vértices B y B' [resp. C y C'] en una misma semirrecta de origen en A (ver figura 1.3).

Entonces, podemos aplicar el teorema de Thales para encontrar las igualdades que queremos demostrar (proporción entre los lados). □

Ya estamos en condiciones para rememorar lo que un miembro de la escuela pitagórica encontró hace 2500 años.

TEOREMA 1.2. *(Pitágoras) En un triángulo rectángulo, el cuadrado de la hipotenusa es igual a la suma de los cuadrados de los catetos.*

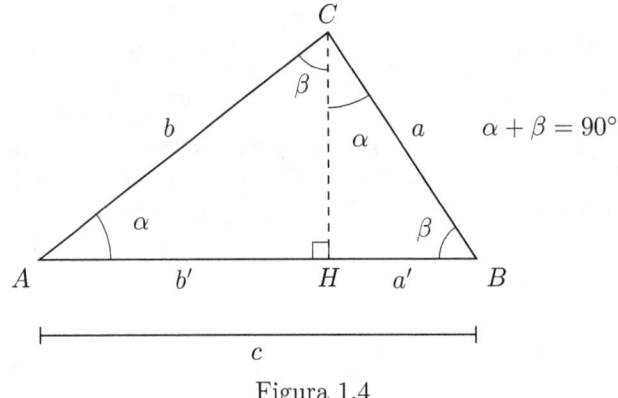

Figura 1.4

DEMOSTRACIÓN. En la figura 1.4, el triángulo ACB es rectángulo (con el ángulo recto en el vértice C); queremos ver que sus lados cumplen la propiedad $a^2 + b^2 = c^2$.

Sea el punto H la proyección del vértice C (donde está el ángulo recto del triángulo) en el lado AB, lo que divide a ese lado en dos partes: AH de longitud b' y BH de longitud a'.

Entonces, precisamente por ser ACB rectángulo, se cumple que los triángulos ACB, AHC y CHB son semejantes, ya que los tres tienen un ángulo recto y, además, el ángulo en A de ACB es igual al ángulo en A de AHC (obvio) e igual al ángulo en C de CHB (porque este ángulo es el complementario del de C en AHC).

Pues bien, por ser semejantes los triángulos ACB y AHC llegamos a la conclusión, aplicando el corolario para triángulos semejantes del teorema de Thales, que:

$$\frac{c}{b} = \frac{b}{b'}$$

De igual modo, pero ahora por ser semejantes los triángulos ACB y CHB:

$$\frac{c}{a} = \frac{a}{a'}$$

Ambas ecuaciones pueden escribirse como $b^2 = c \cdot b'$ y $a^2 = c \cdot a'$, lo que resulta, si las sumamos, en $a^2 + b^2 = c \cdot (a' + b') = c^2$. □

Como ya se ha dicho, se cree que ésta fue la demostración que en su día encontraron los pitagóricos, pero eso no ha impedido la aparición de muchas demostraciones más; el lector interesado podrá encontrar por su cuenta un elevado número de ellas. Sin embargo, pocas superarán en belleza a la que publicó Euclides en su ya mencionada obra "Elementos"; no he resistido la tentación de incluirla en este libro.

TEOREMA 1.3. *(Euclides) En un triángulo rectángulo, el cuadrado de la hipotenusa es igual a la suma de los cuadrados de los catetos.*

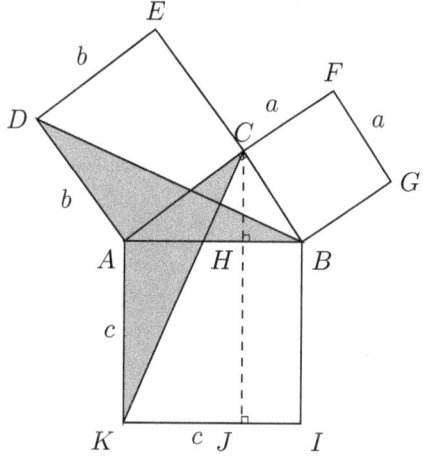

Figura 1.5

DEMOSTRACIÓN. En la figura 1.5 se han dibujado los tres cuadrados que tienen como lado a unos de los lados del triángulo (rectángulo) original. Queremos demostrar que el área del mayor (de lado $AB = c$) es igual a la suma de las áreas de los otros dos, es decir, $a^2 + b^2 = c^2$.

El triángulo CAK es idéntico al triángulo DAB (ambos tienen lados de longitud b y c, además de tener un ángulo igual, el que ambos tienen en el vértice A, que es igual a un ángulo recto más el ángulo en A del triángulo original), por lo que sus áreas son idénticas, también.

Por otro lado, por el lema 1.1, el área del triángulo CAK es la mitad del área del rectángulo $AHJK$, mientras que, por su parte, el área del triángulo DAB es la mitad del área del cuadrado $ACED$ (precisamente porque el ángulo en C del triángulo ABC es **recto**; la afirmación no sería cierta si el ángulo no fuera recto). Por tanto, deducimos que las áreas de $AHJK$ y $ACED$ son idénticas.

Por razonamiento análogo, llegaríamos a que las áreas de $BHJI$ y $BCFG$ son también idénticas. Juntando ambas conclusiones se concluye que la suma de las áreas de $ACED$ y $BCFG$ son iguales a la suma de las áreas de $AHJK$ y $BHJI$, es decir, del cuadrado $ABIK$. Por lo tanto, $a^2 + b^2 = c^2$. □

OBSERVACIONES FINALES

Se supone que el descubrimiento del teorema proporcionó gran alegría a la escuela pitagórica. Sin embargo, poco tiempo después descubrieron una consecuencia del teorema que los dejó aterrados, hasta el punto que la hermandad prohibió hacerla pública: la irracionalidad de $\sqrt{2}$.

En efecto, los pitagóricos eran defensores de los números y el orden, y para ellos los números acababan en los racionales. Al descubrir su teorema, se dieron cuenta que un triángulo rectángulo con catetos de longitud 1 tenía como hipotenusa un segmento de longitud un número cuyo cuadrado era 2 (en notación actual $x = \sqrt{2}$).

Al estudiar este número, demostraron, con gran horror, que no podía ser racional (es decir, cociente de enteros). En efecto, supongamos que x fuera racional y que, por tanto, se puede escribir como cociente de dos números enteros (positivos): $\sqrt{2} = p/q$. Podemos suponer que p y q no comparten un mismo divisor, ya que en ese caso podemos dividir la fracción por ese divisor hasta encontrar otra ($\sqrt{2} = p'/q'$) que ya no lo tenga.

Entonces, tenemos que $\sqrt{2} = p/q \Rightarrow 2 = p^2/q^2$, lo que implica que $2q^2 = p^2$ y, por tanto, que p sea par. Si p es par lo podemos escribir como $p = 2k$ (donde k es un entero) y ahora tenemos que $2q^2 = 4k^2 \Rightarrow q^2 = 2k^2$, lo que implica, ahora, que q es también par. Pero esto es una contradicción, ya que si tanto p como q son pares, tienen a 2 como un divisor común, lo que contradice lo supuesto en el párrafo anterior. La suposición que $\sqrt{2}$ es un número racional tiene que ser falsa.

A los pitagóricos, como hemos dicho, no les gustó este descubrimiento y decidieron mantenerlo en secreto; leyendas no confirmadas afirman incluso que ordenaron la muerte de algún miembro que tuvo la intención de revelarlo.

Capítulo 2

Doblar el volumen del cubo

(Menecmo – 335 a.C.)

PROBLEMA

Determinar geométricamente la arista de un cubo cuyo volumen sea el doble de otro cubo de arista conocida.

HISTORIA

En el año 429 a.C., un brote de peste asoló Grecia, especialmente la ciudad de Atenas, siendo su gobernador Pericles una de las víctimas más ilustres. Según la leyenda, se consultó al Oráculo de Delfos el modo de detener la epidemia. La respuesta del Oráculo (caprichosa como era su costumbre) fue que la peste sería vencida si los habitantes de Atenas construían un nuevo altar, de forma cúbica, que doblara exactamente el volumen del existente.

"La sibila de Delfos" – Fresco de Miguel Ángel (1510)
En la bóveda de la Capilla Sixtina

Es difícil creer en la veracidad de la historia, pero lo cierto es que el problema quedó planteado en esos términos e importantes matemáticos de la antigüedad intentaron solucionarlo. Como veremos en las conclusiones finales, el problema no puede ser resuelto con la ayuda de regla y compás (de ahí su fama), pero eso no pudo demostrarse hasta siglos después.

El matemático griego Menecmo, quien fuera uno de los tutores de Alejandro Magno (también lo fue Aristóteles), encontró una solución basada en parábolas hacia el 335 a.C., de ahí que su nombre esté asociado al problema. Sin embargo, aquí presentaremos un método posterior, basado en la llamada "construcción con tira de papel", solución que no utiliza cónicas (que, de todos modos, no pueden dibujarse tampoco con exactitud) y está "cerca" de una construcción con regla y compás, ya que el único elemento auxiliar utilizado es una tira de papel donde previamente se ha dibujado un segmento de una cierta longitud.

SOLUCIÓN

Tenemos un altar cúbico de lado k y, por tanto, de volumen k^3. Si queremos doblar el volumen de este altar, manteniendo su forma cúbica, debemos construir un segmento de longitud $\sqrt[3]{2k^3} = \sqrt[3]{2} \cdot k$. El problema es hacerlo de forma **exacta**, no aproximada, y utilizando geometría: es decir, debemos partir de un segmento de lado k y, construyendo paralelas, perpendiculares, circunferencias, ángulos, ... llegar a otro de lado $\sqrt[3]{2} \cdot k$.

Por poner un ejemplo, mucho más sencillo por supuesto, imaginemos que quisiéramos hacer lo mismo para encontrar el lado de longitud $\sqrt{5} \cdot k$. En ese caso, sólo sería necesario colocar el segmento de longitud k y construir otro de longitud $2k$ que partiría perpendicularmente desde uno de sus extremos, completando después con otro segmento un triángulo rectángulo. Por el teorema de Pitágoras, la diagonal del triángulo tendrá longitud $\sqrt{k^2 + (2k)^2} = \sqrt{5} \cdot k$, lo que sería una solución exacta al problema.

Ahora bien, buscamos $\sqrt[3]{2} \cdot k$, y el proceso no es tan fácil, ni mucho menos. Para entender la solución que se propondrá más adelante, es conveniente estudiar primero dos teoremas de geometría clásica.

TEOREMA 2.1. *(Teorema de la línea transversal) Sea ABC un triángulo y r una línea (llamada transversal) que corta a dos lados de él, por ejemplo, a los lados AB y AC, y a la prolongación del lado BC. Llamemos D, E y F, respectivamente, a los 3 puntos de corte (ver figura 2.1). Entonces se cumple que:*

$$\overline{AD} \cdot \overline{BF} \cdot \overline{CE} = \overline{AE} \cdot \overline{BD} \cdot \overline{CF}$$

DEMOSTRACIÓN. Dibujemos las tres líneas perpendiculares a la dirección del lado BC y que pasan respectivamente por los puntos A, B y C. Llamemos A', B' y C' a los puntos de intersección de estas líneas con la recta r, tal y como vemos en la figura 2.1. Llamemos también a, b y c a las distancias $a = \overline{AA'}$, $b = \overline{BB'}$ y $c = \overline{CC'}$.

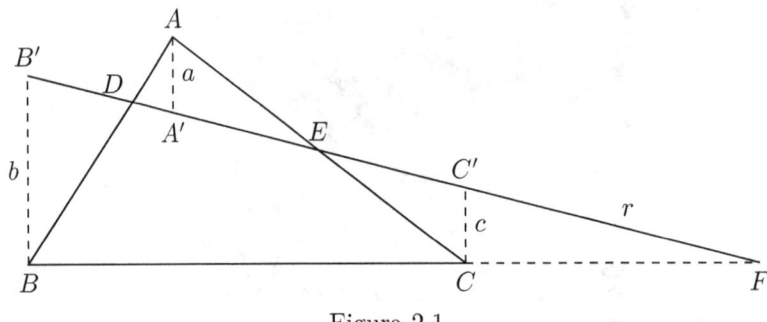

Figura 2.1

Los triángulos $BB'F$ y $CC'F$ son semejantes, de lo que se deduce $\overline{BF}/\overline{CF} = b/c$; de igual manera, los triángulos $BB'D$ y $AA'D$ son semejantes, de lo que se deduce $\overline{AD}/\overline{BD} = a/b$; finalmente, los triángulos $AA'E$ y $CC'E$ son semejantes, de lo que se deduce $\overline{CE}/\overline{AE} = c/a$. Multiplicando las 3 relaciones podemos eliminar las variables a, b y c para conseguir:

$$\frac{\overline{AD}}{\overline{BD}} \cdot \frac{\overline{BF}}{\overline{CF}} \cdot \frac{\overline{CE}}{\overline{AE}} = 1 \Rightarrow \overline{AD} \cdot \overline{BF} \cdot \overline{CE} = \overline{AE} \cdot \overline{BD} \cdot \overline{CF}$$

$\square$

TEOREMA 2.2. *(Stewart) Sea ABC un triángulo y d la longitud de una cuerda que une al vértice A con un punto cualquiera P del segmento BC. Sea a, b y c las longitudes de los lados BC, AC y AB, respectivamente, y sea m y n las longitudes en las que queda dividido el segmento BC por* el punto P, de manera que $m = \overline{BP}$ y $n = \overline{CP}$ (ver figura 2.2). Entonces se cumple que:

$$b^2 m + c^2 n = a \cdot (d^2 + mn)$$

DEMOSTRACIÓN. Llamemos A' a la proyección del vértice A respecto el lado BC y supongamos que queda entre B y P (el razonamiento sería análogo si quedara entre C y P, o si A' coincidiera con P). Llamemos x a la distancia BA' y, por tanto, $m - x$ a la distancia $A'P$.

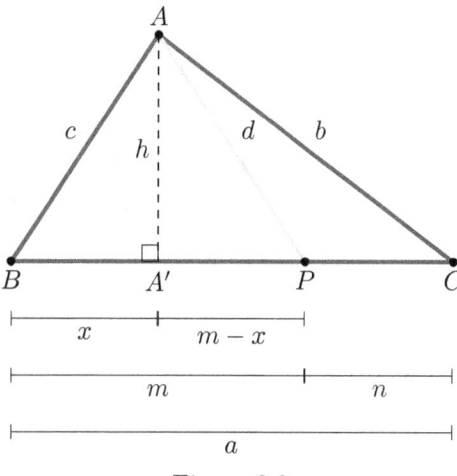

Figura 2.2

De los tres triángulos rectángulos de la figura 2.2 ($AA'B$, $AA'P$ y $AA'C$) deducimos, por el teorema de Pitágoras, las siguientes tres ecuaciones:

(2.1) $$\begin{cases} c^2 = h^2 + x^2 \\ d^2 = h^2 + (m - x)^2 \\ b^2 = h^2 + (n + m - x)^2 \end{cases}$$

Si sustituimos la primera ecuación de (2.1) en las dos últimas, de manera conveniente:

(2.2) $$\begin{cases} d^2 = c^2 + m^2 - 2mx \\ b^2 = c^2 + n^2 + m^2 + 2mn - 2nx - 2mx \end{cases}$$

Si ahora sustituimos la primera ecuación de (2.2) en la segunda, logramos eliminar la variable x:

$$b^2 = d^2 + n^2 + 2mn - 2nx \Rightarrow b^2 = d^2 + n^2 + 2mn - 2n \cdot \left(\frac{c^2 + m^2 - d^2}{2m} \right) \Rightarrow$$

$$\Rightarrow b^2 m = d^2 m + n^2 m + 2nm^2 - n \cdot (c^2 + m^2 - d^2) \Rightarrow$$

$$\Rightarrow b^2 m + c^2 n = d^2 \cdot (m + n) + m^2 n + n^2 m \Rightarrow$$

$$\Rightarrow b^2 m + c^2 n = d^2 \cdot (m + n) + mn \cdot (m + n) = (m + n) \cdot (d^2 + mn) = a \cdot (d^2 + mn)$$

□

Ya estamos preparados para presentar el método que nos llevará al segmento de longitud $\sqrt[3]{2}\cdot k$ y a entender la demostración.

Construcción del segmento de longitud $\sqrt[3]{2}\cdot k$ a partir del de longitud k

Pasos para la construcción:

1. Construimos un triángulo equilátero ABC de longitud k (posible con un compás)
2. Alargamos el segmento AC (por el vértice A) una longitud adicional k (posible con regla y compás) hasta conseguir el punto D
3. Unimos los puntos D y B alargando suficientemente la recta más allá del punto B (posible con regla)
4. Alargamos suficientemente el lado AB más allá del punto B (posible con regla)
5. Colocamos convenientemente la tira de papel donde está dibujado un segmento de longitud k hasta que un extremo del segmento está sobre la prolongación del lado AB, el otro extremo está sobre la prolongación del lado BD y el borde del papel pasa sobre el punto C, tal y como se ve en la figura 2.3 (este paso es el único que **NO** puede hacerse con regla y compás)
6. Si llamamos P al extremo sobre la prolongación del lado AB y Q al extremo sobre la prolongación del lado BD, entonces la distancia entre Q y C es $\sqrt[3]{2}\cdot k$

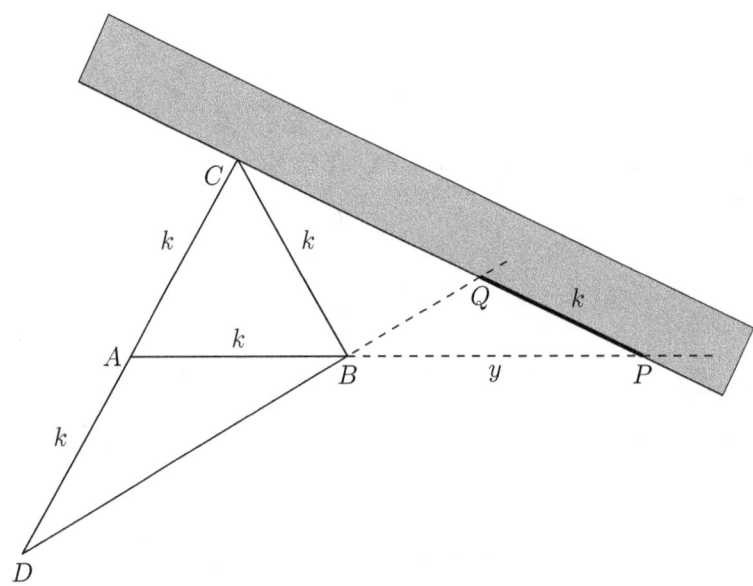

Figura 2.3

Demostración que $\overline{CQ}=\sqrt[3]{2}\cdot k$

Consideremos, en la figura 2.3 el triángulo ACP y la línea transversal DBQ. Si llamamos x a la distancia CQ (queremos ver que es igual a $\sqrt[3]{2}\cdot k$, pero aún no lo sabemos) e y a la distancia BP (desconocida), entonces, por el teorema 2.1, tenemos que se cumple la siguiente relación:

(2.3) $$\overline{AD}\cdot\overline{CQ}\cdot\overline{BP}=\overline{AB}\cdot\overline{PQ}\cdot\overline{CD}\Rightarrow k\cdot x\cdot y=k\cdot k\cdot 2k\Rightarrow xy=2k^2$$

Por otro lado, si consideramos el triángulo ACP y la cuerda CB, podemos aplicar el teorema 2.2 para deducir que:

$$\overline{AC}^2\cdot\overline{BP}+\overline{CP}^2\cdot\overline{AB}=\overline{AP}\cdot(\overline{CB}^2+\overline{AB}\cdot\overline{BP})\Rightarrow k^2\cdot y+(x+k)^2\cdot k=(k+y)\cdot(k^2+k\cdot y)\Rightarrow$$

(2.4) $$\Rightarrow k \cdot y + (x+k)^2 = (k+y) \cdot (k+y) \Rightarrow x^2 + 2xk = ky + y^2$$

Si aislamos la variable y de la ecuación (2.3) y sustituimos su valor en (2.4):

$$x^2 + 2xk = \frac{2k^3}{x} + \frac{4k^4}{x^2} \Rightarrow x^4 + 2x^3k - 2xk^3 - 4k^4 = 0$$

Si hacemos el cambio $x = r \cdot k$ (en el fondo, todo está en proporción de la longitud k dada al principio), la ecuación anterior se convierte en $r^4 + 2r^3 - 2r - 4 = 0$ y se puede comprobar que $r = \sqrt[3]{2}$ es una de sus soluciones. Tal y como vemos en la figura 2.4, la función sólo tiene una solución real más, pero es negativa y no es nuestra solución buscada. Por tanto, se deduce que $x = \overline{CQ} = \sqrt[3]{2} \cdot k$ y hemos conseguido "duplicar el cubo".

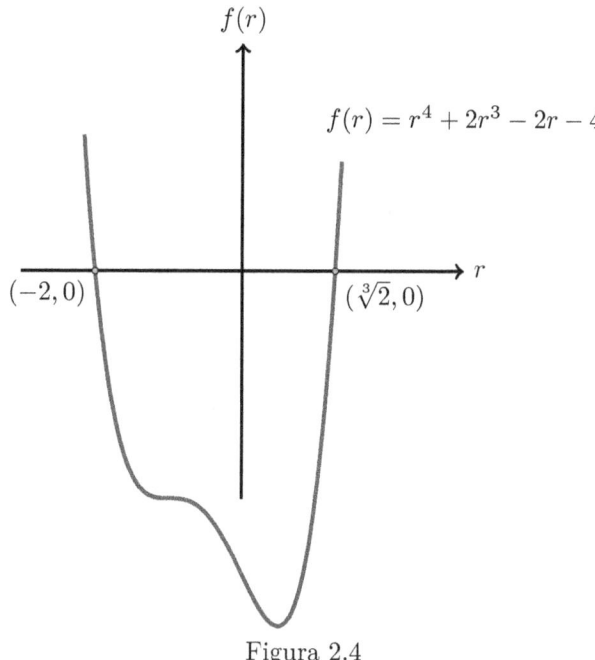

Figura 2.4

OBSERVACIONES FINALES

Para demostrar que un segmento de longitud $\sqrt[3]{2}$ no puede construirse con regla y compás (a partir de otro de longitud un número racional) haría falta adentrarse en matemáticas no elementales. Sin embargo, con el siguiente ejemplo espero lograr convencer al lector interesado en conocer por dónde va el razonamiento.

Fijémonos en la figura 2.5. En ella, hemos partido de un segmento de longitud 1 (en realidad, podríamos haberlo hecho de cualquier racional, es equivalente) y lo hemos colocado de tal manera que sus extremos son los puntos $O = (0,0)$ y $A = (1,0)$ de un sistema rectangular de coordenadas. Después, hemos construido el punto $B = (\sqrt{5}, 0)$ con la ayuda de un segmento de longitud 2 perpendicular al eje X y aplicando el Teorema de Pitágoras (el segmento perpendicular, la longitud 2 y abatir el extremo sobre el eje X puede hacerse fácilmente con regla y compás).

Como segundo paso, restamos una unidad al punto B sobre el eje X (encontrando el punto $C = (\sqrt{5} - 1, 0)$ y dividimos el segmento OC en 4 partes y nos quedamos con una de ellas (la que toca al origen), llamando $D = ((\sqrt{5} - 1)/4, 0)$ al extremo encontrado. De D construimos una perpendicular al eje X y llamamos $E = ((\sqrt{5} - 1)/4, (\sqrt{10 + 2\sqrt{5}}))$ a la intersección de esta perpendicular con la circunferencia de centro O y radio unidad.

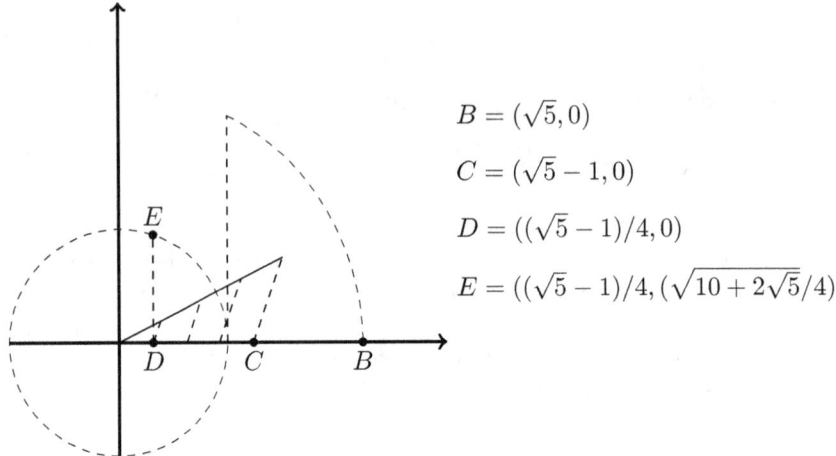

$$B = (\sqrt{5}, 0)$$
$$C = (\sqrt{5} - 1, 0)$$
$$D = ((\sqrt{5} - 1)/4, 0)$$
$$E = ((\sqrt{5} - 1)/4, (\sqrt{10 + 2\sqrt{5}}/4))$$

Figura 2.5

De esta manera (haciendo círculos y rectas paralelas o perpendiculares o que pasen por dos puntos conocidos; buscando después intersecciones con círculos y rectas anteriores,..., y así sucesivamente) se hacen las llamadas "construcciones con regla y compás". Se puede demostrar que las coordenadas de los puntos que encontramos cumplen la propiedad de ser soluciones de polinomios con coeficientes racionales, de grado una potencia de 2 e irreducibles en los racionales.

En nuestro ejemplo:

- La coordenada no nula de $B = (\sqrt{5}, 0)$ es solución de $p(x) = x^2 - 5$ (polinomio de coeficientes racionales, de grado potencia de 2 e irreducible en los racionales).
- La coordenada no nula de $C = (\sqrt{5} - 1, 0)$ es solución de $p(x) = x^2 + 2x - 4$ (polinomio de coeficientes racionales, de grado potencia de 2 e irreducible en los racionales).
- La coordenada no nula de $D = ((\sqrt{5} - 1)/4, 0)$ es solución de $p(x) = x^2 + x - 1$ (polinomio de coeficientes racionales, de grado potencia de 2 e irreducible en los racionales).
- Finalmente, el punto $E = ((\sqrt{5} - 1)/4, (\sqrt{10 + 2\sqrt{5}}))$ tiene las dos coordenadas no nulas: la primera ya está estudiada por el punto anterior, mientras que la segunda es solución del polinomio $p(x) = 16x^4 - 20x^2 + 5$ (polinomio de coeficientes racionales, de grado potencia de 2 e irreducible en los racionales).

El lector interesado puede seguir construyendo puntos con regla y compás, comprobando esta propiedad. Evidentemente, cuanto más se complique la construcción, mayor grado tendrá el polinomio y más difícil será demostrar su irreductibilidad, pero la condición seguirá cumpliéndose.

Ahora sólo falta por ver que pasa con $\sqrt[3]{2}$. La propiedad que utilizaremos, obviando su demostración, es la siguiente: *"Si un número real es solución de un polinomio de coeficientes racionales irreducible (en los racionales), entonces no puede ser solución de otro polinomio de coeficientes racionales irreducible (en los racionales) y diferente grado"*.

En nuestro caso, $\sqrt[3]{2}$ es solución del polinomio de coeficientes racionales irreducible (en los racionales) de grado 3 y $p(x) = x^3 - 2$. Por tanto, por la propiedad anterior, no puede ser solución de un polinomio de coeficientes racionales irreducible (en los racionales) y grado distinto de 3 (en concreto, de un polinomio de grado una potencia de 2). Por tanto, un punto con alguna coordenada igual a $\sqrt[3]{2}$ no puede construirse con regla y compás.

Capítulo 3

Trisección de un ángulo

(Pappus de Alejandría – 300 a.C.)

PROBLEMA

Dividir geométricamente un ángulo cualquiera en tres partes iguales.

HISTORIA

No tan conocido como el problema de duplicar el cubo que vimos en el capítulo anterior, la trisección del ángulo es también uno de los grandes desafíos matemáticos de la antigüedad. No se sabe exactamente cuando fue planteado por primera vez, pero al menos conocemos que Hipócrates de Quíos (470 – 410 a.C.) fue uno de los primeros en estudiarlo (no confundir con el famoso médico Hipócrates de Cos).

"Mathematicae Collectiones" – Pappus de Alejandría
Traducido al latín (1660)

El problema consiste en encontrar un método geométrico para dividir un ángulo cualquiera en tres partes iguales; es evidente que se puede hacer en casos concretos, como en el caso de un ángulo de 90°, pero los griegos querían conocer una manera que funcionara para cualquier ángulo.

Una solución fue encontrada por Pappus de Alejandría hacia el 300 a.C. utilizando una hipérbola, tal y como describió en su obra "Colecciones matemáticas". Sin embargo, aquí veremos un método más sencillo, cuya autoría corresponde a Arquímedes, y que utiliza (como en el problema de la duplicación del cubo) una tira de papel con una distancia marcada.

Veremos también que la trisección del ángulo no puede realizarse solamente con regla y compás, razón por la cual siguió intrigando a ilustres matemáticos durante siglos.

SOLUCIÓN

a) Construcción para trisección de un ángulo cualquiera

Pasos para la trisecar el ángulo ϕ con vértice en S:

- Con centro en S, dibujamos una circunferencia de radio cualquiera (llamémosle r) que corta a nuestro angulo en los puntos A y B (ver figura 3.1).
- Colocamos convenientemente una tira de papel donde tenemos dibujado un segmento de longitud r de manera que la tira pase por el punto B, que un extremo del segmento coincida con un punto de la circunferencia (llamemos P a este punto) y que el otro extremo coincida con la prolongación de AS fuera de la circunferencia (llamemos Q a este punto). Este paso NO puede hacerse con regla y compás.
- El ángulo $\alpha = \widehat{PQS}$ es la tercera parte del ángulo inicial ϕ.

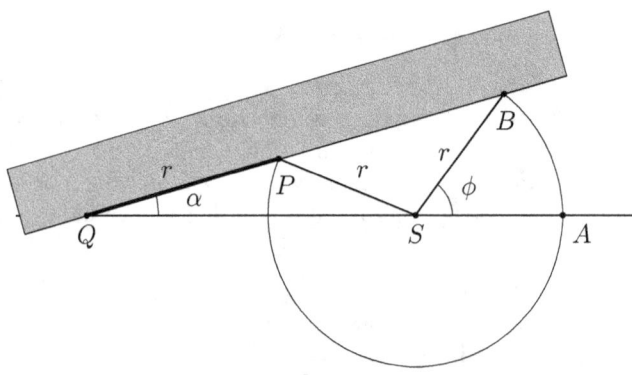

Figura 3.1

Demostración:

Como $\overline{PS} = \overline{PQ} = r$, el triángulo PQS es isósceles, de lo que se deduce que los ángulos $\widehat{PQS}$ y $\widehat{PSQ}$ son iguales (e iguales a α, por definición de α) y, por tanto, que el ángulo $\widehat{QPS}$ es igual a $180 - 2\alpha$; de ahí deducimos que el ángulo $\widehat{SPB}$ es igual a 2α.

Fijémonos ahora en el triángulo PBS: es isósceles, ya que los lados $\overline{SP}$ y $\overline{SB}$ son iguales (ambos tienen longitud r), de lo que se deduce que el ángulo $\widehat{PBS}$ es igual, también, al valor 2α. Por tanto, si llamamos β al ángulo $\widehat{PSB}$, de la suma de los tres ángulos de dicho triángulo (que debe ser igual a 180°) deducimos que:

$$2\alpha + 2\alpha + \beta = 180 \Rightarrow \beta = 180 - 4\alpha$$

Por último, sabemos que los 3 ángulos concurrentes en S ($\widehat{QSP}$, $\widehat{PSB}$ y $\widehat{BSA}$) suman 180°, de lo que resulta:

$$\alpha + \beta + \phi = 180 \Rightarrow \alpha + (180 - 4\alpha) + \phi = 180 \Rightarrow \alpha = \phi/3$$

b) Criterio de Schoenemann

Hagamos un pequeño paréntesis en nuestro estudio de la trisección de ángulos para adentrarnos en la demostración de un criterio para decidir si un polinomio de coeficientes enteros es irreducible en los racionales.

DEFINICIÓN 3.1. *Un polinomio de coeficientes enteros se llama* **polinomio primitivo** *si no hay un número primo p que los divida a todos ellos simultáneamente (por ejemplo, $3x^3 + 12x^2 + 21$ no es primitivo porque el primo $p = 3$ divide a todos los coeficientes).*

LEMA 3.1. *La multiplicación de dos polinomios primitivos $f(x)$ y $g(x)$ es también un polinomio primitivo.*

DEMOSTRACIÓN. Supongamos que el polinomio $h(x) = f(x) \cdot g(x)$ no fuera primitivo. Eso significa que existiría un primo p que divide a todos los términos de $h(x)$ pero, sin embargo, no divide ni a todos los términos de $f(x)$ ni a todos los términos de $g(x)$:

$$h(x) = (a_m x^m + \cdots + a_i x^i + \cdots + a_0) \cdot (b_n x^n + \cdots + b_j x^j + \cdots + b_0)$$

Como p no divide a todos los términos de $f(x)$ a la vez, hay uno o más coeficientes que no son múltiplos de p: de ellos escogemos el que acompaña a la potencia **mayor** de x, supongamos que es el a_i. De igual modo, como p no divide a todos los términos de $g(x)$ a la vez, hay uno o más coeficientes que no son múltiplos de p: de ellos escogemos el que acompaña a la potencia **mayor** de x, supongamos que es el b_j.

En ese caso, al multiplicar ambos polinomios, el coeficiente de la potencia x^{i+j} resulta ser la suma de $a_i \cdot b_j$ (término que **NO** es múltiplo de p) y otros sumandos del tipo $a_r \cdot b_s$ ($r + s = i + j$) donde o bien $r > i$ o bien $s > j$. En cualquier caso, o bien a_r es múltiplo de p (si $r > i$, porque a_i era el múltiplo de p de mayor índice) o bien b_s es múltiplo de p (si $s > j$, por equivalente motivo). Por tanto el coeficiente de x^{i+j} es una suma de un término NO múltiplo de p y de un número indeterminado de términos que sí lo son, lo que lleva a la conclusión que el resultado NO es múltiplo de p.

Pero esto es una contradicción, ya que habíamos supuesto que p dividía a todos los coeficientes de $h(x)$. La hipótesis inicial ($h(x)$ no es primitivo) era errónea. □

DEFINICIÓN 3.2. *Sea $f(x)$ un polinomio de coeficientes enteros. Se llama* **contenido del polinomio** *f y se escribe $cont(f)$ al máximo común divisor de sus coeficientes (por ejemplo, el contenido de $f(x) = 3x^3 + 12x^2 + 21$ es 3, es decir, $cont(f) = 3$). Está claro que es equivalente decir un polinomio primitivo o un polinomio de contenido igual a 1.*

La definición se puede ampliar a polinomios de coeficientes racionales de la siguiente manera: sea $f(x)$ un polinomio de coeficientes racionales y sea n un entero tal que $n \cdot f(x)$ es un polinomio de coeficientes enteros. Se llama **contenido del polinomio** *f y se escribe $cont(f)$ al número $cont(n \cdot f)/n$. Por ejemplo, para calcular el contenido de $f(x) = (2/3)x^2 + 5x + 1/3$ multiplicamos por $n = 3$ para conseguir un polinomio de coeficientes enteros, $3 \cdot f(x) = 2x^2 + 15x + 1$; entonces el contenido del polinomio original es la división entre el contenido de este nuevo polinomio (que es 1) entre 3, es decir, $cont(f) = cont(3 \cdot f)/3 = 1/3$.*

Hay que fijarse que si escogemos otro n que cumpla también que $(n \cdot f)$ sea un polinomio de coeficientes enteros, entonces el contenido será el mismo. Por ejemplo, escogiendo $n = 9$ tenemos que $9 \cdot f(x) = 6x^2 + 45x + 3$ (cuyo contenido es 3) y, por tanto, $cont(f) = cont(9 \cdot f)/9 = 3/9 = 1/3$.

También hay que fijarse que, si por casualidad, f resulta ser un polinomio con coeficientes enteros, esta definición coincide con la que dimos para ellos (ya que aplicamos la fórmula para $n = 1$)

LEMA 3.2. *Sólo los polinomios con coeficientes enteros tienen un contenido igual a un número entero.*

DEMOSTRACIÓN. Sea $f(x) = a_d x^d + \cdots + a_1 x + a_0$ un polinomio de coeficientes racionales cuyo contenido es un número entero. Queremos ver que, necesariamente, todos sus coeficientes son enteros.

Sea m el entero mínimo tal que $m \cdot f(x) = m \cdot a_d x^d + \cdots + m \cdot a_1 x + m \cdot a_0$ tiene todos los coeficientes enteros. Por hipótesis, el contenido de f es un entero:

$$\text{cont}(f) = \frac{1}{m} \cdot \text{mcd}(m \cdot a_d, \cdots, m \cdot a_1, m \cdot a_0)$$

lo que significa que $\text{mcd}(m \cdot a_d, \cdots, m \cdot a_1, m \cdot a_0)$ es un entero múltiplo de m. Eso implica que todos los $m \cdot a_i$ son múltiplos de m, es decir, que todos los a_i son enteros. □

LEMA 3.3. *Si $f(x)$ es un polinomio con coeficientes racionales y q es un número racional, entonces $cont(q \cdot f) = q \cdot cont(f)$*

Por ejemplo, antes vimos que el contenido de $f(x) = (2/3)x^2 + 5x + 1/3$ era $1/3$. Si multiplicamos el polinomio por $5/2$ tenemos que $5/2 \cdot f(x) = (5/3)x^2 + (25/2)x + 5/6$, cuyo contenido es $1/3 \cdot 5/2 = 5/6$.

DEMOSTRACIÓN. Sea $q = a/b$ donde a y b son enteros y supongamos n otro entero tal que $n \cdot f(x)$ es un polinomio de coeficientes enteros. Eso significa que $an \cdot f(x)$ es también un polinomio con coeficientes enteros y, como $a = b \cdot q$, entonces $bqn \cdot f(x)$ también lo es.

Por tanto, tenemos las igualdades:

$$(3.1) \qquad bn \cdot \text{cont}(q \cdot f) = \text{cont}(bnq \cdot f) = \text{cont}(an \cdot f) = a \cdot \text{cont}(n \cdot f)$$

donde la primera y tercera igualdad se deducen de la definición de contenido de polinomio de coeficientes enteros (estamos multiplicando los coeficientes por un número entero y, por tanto, el máximo común divisor debe multiplicarse también por ese número entero).

Finalmente, deducimos que:

$$\text{cont}(q \cdot f) = \frac{1}{bn} \cdot \text{cont}(bnq \cdot f) = \frac{1}{bn} \text{cont}(an \cdot f) = \frac{a}{bn} \cdot \text{cont}(n \cdot f) = \frac{a}{b} \cdot \text{cont}(f) = q \cdot \text{cont}(f)$$

donde la primera y tercera igualdad se deducen de (3.1), y la cuarta igualdad es la aplicación de la definición de contenido de un polinomio de coeficientes racionales. □

LEMA 3.4. *Sean $f(x)$ y $g(x)$ dos polinomios de coeficientes racionales. Entonces se cumple que $cont(f \cdot g) = cont(f) \cdot cont(g)$*

DEMOSTRACIÓN. Definimos los nuevos polinomios:

$$f_1(x) = \frac{f(x)}{\text{cont}(f)} \qquad g_1(x) = \frac{g(x)}{\text{cont}(g)}$$

es decir, dividimos los coeficientes por su máximo común divisor. No es extraño comprobar que conseguimos que el contenido de ambos sea 1 (o, lo que es lo mismo, que sean polinomios primitivos):

$$\text{cont}(f_1) = \text{cont}\left(\frac{1}{\text{cont}(f)} \cdot f\right) = \frac{1}{\text{cont}(f)} \cdot \text{cont}(f) = 1$$

donde en la segunda igualdad hemos aplicado el lema 3.3.

Ahora, aplicando el lema 3.1, deducimos que el polinomio $f_1 \cdot g_1$ es primitivo (es decir, su contenido es 1) y de ahí llegamos a la conclusión final:

$$\operatorname{cont}(f \cdot g) = \operatorname{cont}(\operatorname{cont}(f) \cdot \operatorname{cont}(g) \cdot f_1 \cdot g_1) =$$
$$= \operatorname{cont}(f) \cdot \operatorname{cont}(g) \cdot \operatorname{cont}(f_1 \cdot g_1) = \operatorname{cont}(f) \cdot \operatorname{cont}(g)$$

donde en la última igualdad hemos aplicado lo que acabamos de ver ($f_1 \cdot g_1$ es primitivo). □

LEMA 3.5. *(Gauss) Si un polinomio primitivo con coeficientes enteros $h(x)$ es divisible en los racionales de manera que es producto de dos polinomios no triviales $f(x)$ y $g(x)$ con coeficientes racionales, entonces existe también otra descomposición de $h(x)$ como producto de dos polinomios no triviales con coeficientes* **enteros**.

Es decir, si un polinomio primitivo de coeficientes enteros es reducible en los racionales, también lo es en los enteros. Veamos la demostración.

DEMOSTRACIÓN. Sea $h(x) = f(x) \cdot g(x)$ en las condiciones de la hipótesis. Definimos otra vez los nuevos polinomios:

$$f_1(x) = \frac{f(x)}{\operatorname{cont}(f)} \qquad g_1(x) = \frac{g(x)}{\operatorname{cont}(g)}$$

y, como acabamos de ver en el lema anterior, el contenido de ambos es 1 (polinomios primitivos).

Ahora:

$$f_1(x) \cdot g_1(x) = \frac{f(x) \cdot g(x)}{\operatorname{cont}(f) \cdot \operatorname{cont}(g)} = \frac{h(x)}{\operatorname{cont}(f) \cdot \operatorname{cont}(g)}$$

lo que implica que:

$$\operatorname{cont}(f_1 \cdot g_1) = \frac{1}{\operatorname{cont}(f) \cdot \operatorname{cont}(g)} \cdot \operatorname{cont}(h) \quad \Rightarrow$$
$$\operatorname{cont}(f_1) \cdot \operatorname{cont}(g_1) = \frac{1}{\operatorname{cont}(f) \cdot \operatorname{cont}(g)} \cdot \operatorname{cont}(h) \quad \Rightarrow$$
$$1 = \frac{1}{\operatorname{cont}(f) \cdot \operatorname{cont}(g)} \cdot \operatorname{cont}(h)$$

donde hemos aplicado el lema 3.3 en la igualdad de la primera línea, el lema 3.4 en el paso de la primera a la segunda línea, y el hecho que $f_1(x)$ y $g_1(x)$ son primitivos en el paso de la segunda a la tercera línea.

Como, por hipótesis, $h(x)$ es primitivo (su contenido es 1), la última igualdad implica que $\operatorname{cont}(f) \cdot \operatorname{cont}(g) = 1$, lo que nos lleva a que:

$$f_1(x) \cdot g_1(x) = \frac{f(x) \cdot g(x)}{\operatorname{cont}(f) \cdot \operatorname{cont}(g)} = f(x) \cdot g(x)$$

Hemos partido de una descomposición de $h(x)$ en los racionales ($h(x) = f(x) \cdot g(x)$) y hemos llegado a otra descomposición en los naturales ($h(x) = f_1(x) \cdot g_1(x)$).

□

TEOREMA 3.1. *(Criterio de irreducibilidad de Schoenemann)* Supongamos un polinomio primitivo con coeficientes enteros $f(x) = C_n x^n + C_{n-1} x^{n-1} + \cdots + C_1 x + C_0$ que cumple la propiedad de que todos sus coeficientes excepto C_n son divisibles por el número primo p, y que el término independiente no es divisible por p^2. Entonces, $f(x)$ es irreducible en los racionales.

DEMOSTRACIÓN. Supongamos que $f(x)$ es primitivo y reducible en los racionales, para llegar a una contradicción.

Por el lema de Gauss, $f(x)$ es reducible en los enteros y, por tanto, podemos escribir $f(x) = (A_m x^m + \cdots + A_0) \cdot (B_k x^k + \cdots + B_0)$, donde todos los coeficientes A_i, B_j son enteros y donde $m + k = n$.

Comparando los coeficientes C_i con la manera que son calculados al multiplicar los polinomios de coeficientes A_i, B_j, tenemos el siguiente conjunto de ecuaciones (fijémonos que sólo escribimos las m primeras ecuaciones, cuando en realidad hay n posibles):

$$\begin{cases} C_0 = A_0 \cdot B_0 \\ C_1 = A_0 \cdot B_1 + A_1 \cdot B_0 \\ C_2 = A_0 \cdot B_2 + A_1 \cdot B_1 + A_2 \cdot B_0 \\ \cdots \\ C_m = A_0 \cdot B_m + \cdots + A_m \cdot B_0 \end{cases}$$

Como, por hipótesis, C_0 es divisible por p pero no por p^2, entonces la primera ecuación nos dice que o bien A_0 o bien B_0 (pero no los 2) es múltiplo de p; supongamos que lo sea A_0 (el razonamiento sería parecido en el caso que escogiéramos B_0, pero entonces utilizaríamos las k primeras ecuaciones para el cálculo de los coeficientes C_i en lugar de las m primeras).

Eso implica, por la segunda ecuación, que A_1 debe ser múltiplo de p (ya que lo son tanto C_1, por hipótesis, como $A_0 \cdot B_1$, por serlo A_0; pero no lo es B_0, de ahí la necesidad de que sí lo sea A_1 para que el producto $A_1 \cdot B_0$ lo sea). El razonamiento es parecido a medida que avanzamos por la ecuación i–ésima: los C_i son múltiplos de p, los $A_0, \cdots, A_{i-1}$ también por las ecuaciones anteriores y B_0 no lo es, por que es necesario que A_i lo sea para que el término $A_i \cdot B_0$ lo sea también.

El razonamiento concluiría en la ecuación m–ésima, con la necesidad de que A_m también fuera múltiplo de p. Es decir, todos los coeficientes A_i deben ser múltiplos de p y, como tenemos que $f(x) = (A_m x^m + \cdots + A_0) \cdot (B_k x^k + \cdots + B_0)$, obligatoriamente todos los C_i deben serlo, incluido C_n. Pero esto es una contradicción, ya que la hipótesis del enunciado especificaba que C_n **NO** era múltiplo de p. Hemos llegado a una contradicción, por lo que la suposición ($f(x)$ es reducible en los racionales) era errónea. □

El criterio de Schoenemann no es una herramienta perfecta para decidir si un polinomio es irreducible en los racionales o no, ya que no dice nada sobre la irreducibilidad de los polinomios que **no** cumplen las condiciones. Por ejemplo, el criterio dice que $f(x) = 4x^3 + 7x^2 + 21x - 14$ es irreducible en los racionales (porque hay un primo, el 7, que divide a todos los coeficientes excepto al de mayor grado, y porque $p^2 = 49$ no divide al término independiente), pero no dice nada sobre $f(x) = 4x^3 + 7x^2 + 21x - 15$, por ejemplo, ya que no hay ningún p que cumpla las especificaciones requeridas.

c) Imposibilidad de trisecar un ángulo cualquier con regla y compás

Utilizando el criterio de Schoenemann y el argumento explicado en el problema de la duplicación del cubo, ahora demostraremos que no hay un método alternativo que lleve a la solución de la trisección de un ángulo cualquiera con regla y compás.

Si tenemos dibujado el ángulo ϕ (que queremos trisecar) de manera que su vértice ocupa el origen de coordenadas y el eje X corresponde a uno de sus lados, podemos dibujar la circunferencia de radio 1 y así conoceremos el punto $A = (\cos\phi, \sin\phi)$.

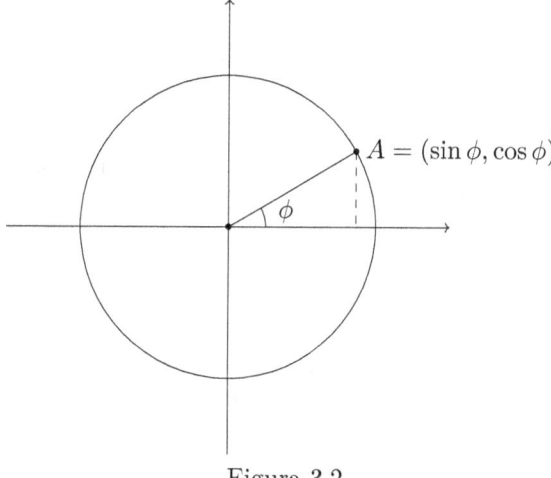

Figura 3.2

Teniendo en cuenta la fórmula trigonométrica del ángulo triple $\sin 3\alpha = 3\sin\alpha - 4\sin^3\alpha$ (se deduce fácilmente al aplicar dos veces la fórmula del seno del ángulo suma – primero con α y α para encontrar $\sin 2\alpha$, después con α y 2α para encontrar $\sin 3\alpha$) y que estamos buscando el ángulo α tal que $3\alpha = \phi$, podemos escribir la ecuación:

$$4\sin^3\alpha - 3\sin\alpha + \sin\phi = 0$$

Queremos un método para trisecar **cualquier** ángulo, así que supongamos que tenemos el ángulo ϕ que cumple $\sin\phi = 3n/m$, donde n y m son enteros positivos, sin divisores comunes y no múltiplos de 3 (un ejemplo sería tener el ángulo ϕ tal que $\sin\phi = 3/5$). Entonces, para ese ángulo estamos buscando un valor de $\sin\alpha$ que cumpla:

$$4m\sin^3\alpha - 3m\sin\alpha + 3n = 0$$

Hay que resaltar que conocer (y poder construir con regla y compás) $\sin\alpha$ y el ángulo α es completamente equivalente. Por tanto, estamos intentando construir el valor x tal que es solución de:

(3.2) $$4mx^3 - 3mx + 3n = 0$$

Si logramos demostrar que el polinomio de la ecuación (3.2) es irreducible (en los racionales), entonces llegaremos a la conclusión que el valor x NO es construible con regla y compás, ya que en el problema anterior vimos que un número construible con regla y compás es solución de un polinomio irreducible (en los racionales) de grado potencia de 2, y que no hay solución de un polinomio irreducible (en los racionales) de grado 3 que lo sea también de otro polinomio irreducible de grado potencia de 2.

Por tanto, si demostramos el polinomio $f(x) = 4mx^3 - 3mx + 3n$, es irreducible en los racionales, entonces se podrá concluir que no hay método para trisecar los ángulos que cumplen $\sin\phi = 3n/m$ en las condiciones indicadas y, por tanto, que no hay método para trisecar un ángulo cualquiera.

Pero el polinomio se ajusta perfectamente al criterio de Schoenemann que vimos en el apartado anterior, ya que es primitivo (por no tener m y n divisores comunes y además no ser m múltiplo de 3), el primo $p=3$ divide a todos los coeficientes excepto al de mayor grado (de nuevo por no ser m múltiplo de 3) y $p^2=9$ no divide al término independiente (esta vez por no ser n múltiplo de 3).

Con eso queda completado el razonamiento: al menos los ángulos tales que $\sin\phi = 3n/m$, donde n y m son enteros positivos, sin divisores comunes y no múltiplos de 3, NO pueden trisecarse sólo con la ayuda de regla y compás.

OBSERVACIONES FINALES

Con el problema anterior y el presente hemos completado la explicación de la irresolubilidad con construcciones de regla y compás de dos de los tres problemas clásicos más conocidos, aunque hemos aportado una solución alternativa de ambos con el pequeño "truco" de una tira de papel marcada.

El tercer famoso problema relacionado, también irresoluble con construcción de regla y compás, consistía en intentar "cuadrar el círculo" (es decir, construir con regla y compás el número π a partir de segmentos de longitud racional). La demostración de su imposibilidad es más complicada, ya que hay que demostrar primero que π no es solución de ninguna ecuación con coeficientes racionales (lo cual impide ser solución de un polinomio irreducible de grado potencia de 2). Lo veremos en la segunda parte de este libro, en el problema titulado "La trascendencia de e y π".

Capítulo 4

Los 5 sólidos regulares

(Euclides – 290 a.C.)

PROBLEMA

Demostrar que solamente existen los 5 sólidos regulares conocidos (tetraedro, hexaedro, octaedro, dodecaedro e icosaedro).

HISTORIA

Los llamados 5 sólidos regulares eran ya conocidos en tiempo de los Pitagóricos (hacia 600 a.C.), aunque no hay que quitarle el mérito a los neolíticos que vivieron en lo que hoy es Escocia, quienes nos dejaron modelos de piedra que los representaban y que pueden observarse en el "Ashmolean Museum" de Oxford.

Platón los describió matemáticamente por primera vez en su obra "Timeo" (hacia 350 a.C.), asociando el tetraedro con el fuego, el cubo con la tierra, el icosaedro con el agua, el octaedro con el aire y el dodecaedro con el éter con que se formaron las constelaciones y los cielos. Pero no fue sino Euclides quien demostró, en su inmortal libro "Elementos", que no podía existir ninguno más.

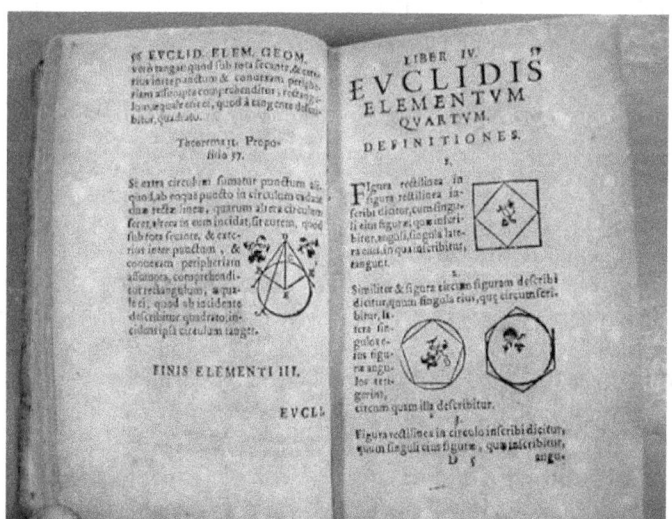

Fragmento de los "Elementos" – Euclides
Capítulo IV – Traducido al latín

La siguiente demostración es, sin embargo, mucho más moderna que la aportada por Euclides, ya que parte de ella se basa en el teorema de Euler, quien vivió en el siglo XVIII.

SOLUCIÓN

DEFINICIÓN 4.1. *Llamamos **sólido regular** al poliedro convexo que cumple las siguientes propiedades:*

- *Todas sus caras son polígonos regulares iguales.*
- *En todos sus vértices confluyen el mismo número de caras.*

Ejemplo: El hexaedro (también conocido como cubo) es un poliedro convexo (es decir, si unimos dos de sus puntos, la recta que los une también pertenece por completo a él) cuyas caras son, todas ellas, el mismo polígono regular (en este caso, cuadrados) y en cuyos vértices confluyen idéntico número de caras (en este caso, 3). Es, por tanto, un sólido regular.

TEOREMA 4.1. *(Euler) En un poliedro convexo, el número de caras C, el número de aristas A y el número de vértices V cumplen la siguiente ecuación:*

(4.1) $$C + V - A = 2$$

DEMOSTRACIÓN. Consideremos un poliedro convexo y quitémosle una de su caras. Lo que queda es una especie de "caja abierta" donde podríamos colocar algo en su interior. Ahora, suponiendo que sus aristas pudieran alargarse o acortarse con flexibilidad y que sus caras estuvieran formadas también por material elástico, podríamos ir "aplanando" la caja hasta conseguir que el poliedro estuviera en un plano. Ello es posible porque, por suposición, el poliedro original era convexo.

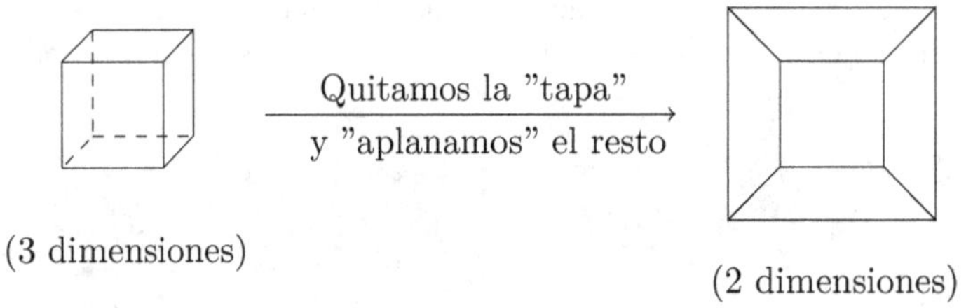

Figura 4.1

Vamos a intentar calcular ahora el valor de la fórmula $C+V-A$ en esta figura, a la que llamaremos grafo. En primer lugar, supongamos que en una cara del grafo que no sea un triángulo añadimos una diagonal entre 2 de sus vértices. En este proceso estamos creando una arista nueva (la diagonal citada) así como una cara nueva (ya que la original se convierte en dos al ser dividida por la arista recién creada). Por tanto, el valor de $C + V - A$ del grafo original continuará siendo el mismo para el nuevo grafo (C ha pasado a $C + 1$, mientras que A ha pasado a $A + 1$, por lo que estamos sumando una unidad y restando otra al valor calculado). Podemos ahora trasladar el problema al cálculo de $C+V-A$ para el nuevo grafo. Por el mismo razonamiento, vamos repitiendo el proceso hasta que todas las caras del último grafo sean triángulos, deteniéndonos allí ya que no hay más diagonales que trazar: el valor de $C+V-A$ del último grafo (formado enteramente por triángulos) es el mismo que el grafo original.

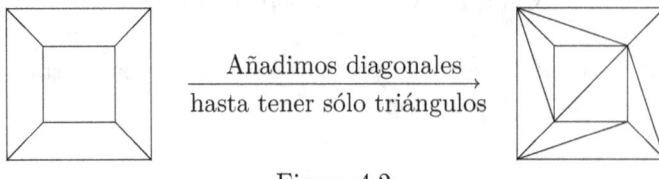

Figura 4.2

Consideremos ahora las siguientes 2 operaciones:

a) Del grafo eliminamos un triángulo que tenga una arista (y sólo una) compartida con el resto de triángulos, creando otro grafo.

b) Del grafo eliminamos un triángulo que tenga una arista (y sólo una) no compartida con ningún otro triángulo, creando otro grafo.

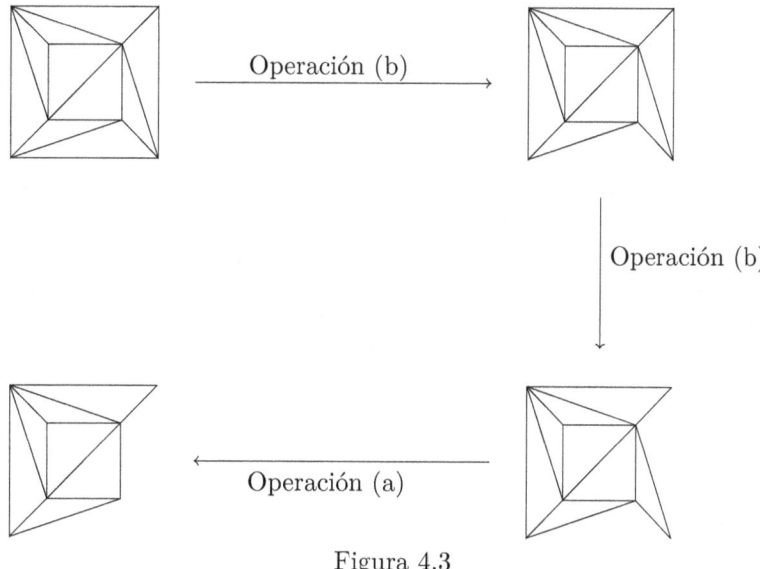

Figura 4.3

Si realizamos la operación (a) estamos quitando un vértice, una cara y 2 aristas del grafo, por lo que el valor de $C + V - A$ se mantiene, de nuevo, constante. Si realizamos la operación (b) quitamos una arista y una cara: también aquí se mantiene el valor de $C + V - A$.

La idea es realizar al grafo que va quedando las operaciones (a) y (b), teniendo cuidado de realizar la operación (a) siempre que sea posible, evitando en ese caso efectuar la (b) previamente. Si así lo hacemos, tomando esa precaución, el proceso siempre acabará igual: un grafo donde sólo hay un triángulo (se deja la demostración de este hecho al lector). Como el valor de $C + V - A$ se ha mantenido constante, sólo es necesario calcularlo para el grafo final (el triángulo) para conocer su valor original. En el caso del triángulo tenemos que $(C = 1, V = 3, A = 3)$, cumpliéndose por tanto que $C + V - A = 1$.

Hay que recordar, sin embargo, que el primer grafo era el resultado de "aplanar" el poliedro original **después de haberle quitado una cara**, por lo que hay que añadir una cara en los cálculos del poliedro original, encontrándose el valor buscado de $C + V - A = 2$. □

PROPOSICIÓN 4.1. *En un sólido regular, sea a_v el número de aristas que confluyen en un vértice y sea a_c el número de aristas en cada cara. Se cumple entonces que:*

$$(4.2) \qquad \frac{1}{a_c} + \frac{1}{a_v} - \frac{1}{2} = \frac{1}{A}$$

DEMOSTRACIÓN. Imaginemos un sólido regular que ha "explotado" desde su interior, de manera que cada cara se ha separado del resto (ver figura 4.4) y cada arista se ha convertido en 2 (una para cada cara). Gracias a imaginar el sólido regular de esta manera, deducimos que el número de caras por el número de aristas de cada cara (en el ejemplo del cubo, 6 caras por 4 aristas en cada cara = 24) tiene que ser igual a 2 veces el número de aristas originales (en el cubo, 12 aristas), debido al hecho que hemos comentado antes (la misma arista está en cada una de las dos caras que estaban juntas antes de la explosión, por lo que cada arista debe contarse ahora dos veces).

Es decir, se cumple:

$$(4.3) \quad C \cdot a_c = 2A$$

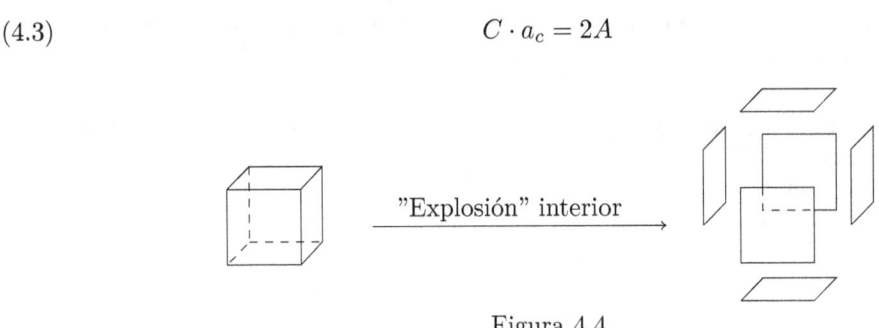

Figura 4.4

Por otro lado, imaginemos ahora que todas las aristas del sólido regular se han partido por la mitad (como en la figura 4.5). En la nueva figura, cada arista aparece dos veces. Por razonamiento parecido al anterior, el número de vértices por el número de aristas de cada vértice (en el ejemplo del cubo, 8 vértices por 3 aristas en cada vértice = 24) es igual a 2 veces el número de aristas originales (en el cubo, 12 aristas), ya que de nuevo contamos cada arista 2 veces (en el vértice donde "empieza" y en el vértice donde "acaba"). Por tanto, se deduce que:

$$(4.4) \quad V \cdot a_v = 2A$$

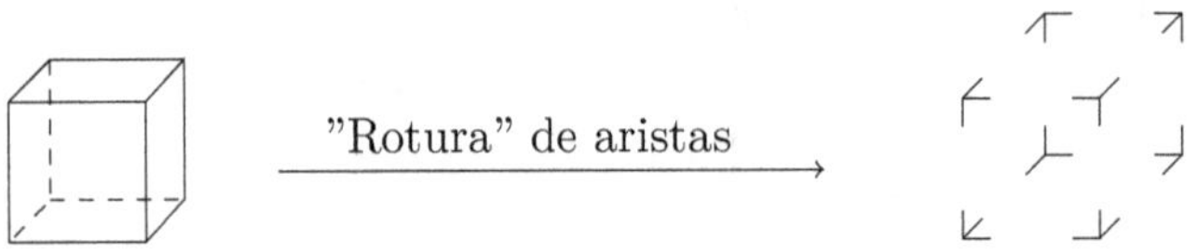

Figura 4.5

Sustituyendo (4.3) y (4.4) en la fórmula del teorema de Euler (4.1), tenemos que:

$$C + V - A = 2 \quad \Rightarrow \quad \frac{2A}{a_c} + \frac{2A}{a_v} - A = 2 \quad \Rightarrow \quad \frac{1}{a_c} + \frac{1}{a_v} - \frac{1}{2} = \frac{1}{A}$$

$\square$

La fórmula anterior es muy restrictiva, ya que sólo permite muy pocas combinaciones de A, a_c y a_v que cumplan la igualdad. De hecho, sólo hay 5 combinaciones posibles, como vamos a ver a continuación.

TEOREMA 4.2. *(Euclides) Sólo pueden existir 5 sólidos regulares.*

DEMOSTRACIÓN. Tomemos la igualdad (4.2) para sólidos regulares, donde a_c y a_v son números enteros mayores de 2 (es evidente que el número de aristas de una cara es un entero y mayor que 2 – al menos deben ser triángulos –, así como también el número de aristas en un vértice es entero y mayor que 2 – no existen vértices donde confluyan sólo 2 aristas para formar poliedros).

Al ser también $A > 0$, estamos buscando enteros mayores que 2 que cumplan:

$$(4.5) \quad \frac{1}{a_c} + \frac{1}{a_v} > \frac{1}{2}$$

Sólo hay 5 posibilidades de enteros mayores que 2 que satisfagan la desigualdad (2.5), y son los valores $(a_c, a_v) = \{(3,3), (4,3), (3,4), (5,3), (3,5)\}$. Con valores mayores de los expuestos las fracciones $1/a_c$ y $1/a_v$ disminuyen su valor y no pueden llegar a sumar un número mayor que $1/2$. El caso $(3,4)$, por ejemplo, indica que puede existir un sólido regular con $a_c = 3$ (tres aristas por cara, es decir, triángulos) y $a_v = 4$ (cuatro aristas que llegan a un vértice), es decir, el que conocemos por octaedro.

a_c	a_v	A	C	V	Nombre propuesto
3	3	6	4	4	Tetraedro
4	3	12	6	8	Hexaedro
3	4	12	8	6	Octaedro
5	3	30	12	20	Dodecaedro
3	5	30	20	12	Icosaedro

Las 2 primeras columnas de la tabla anterior son las distintas posibilidades de a_c y a_v que cumplen la desigualdad (4.5); la tercera, cuarta y quinta columna es el resultado de aplicar las fórmulas (4.2), (4.3) y (4.4), respectivamente. Finalmente, el nombre propuesto resulta de unir la raíz griega equivalente al número de caras resultante ("tetra" es cuatro, "hexa" es seis, etc.) y el sufijo "edro" proveniente del vocablo griego "edron"=caras.

Por tanto, tal y como se anunciaba en el teorema, sólo pueden existir estos 5 sólidos regulares. □

OBSERVACIONES FINALES

En la anterior demostración hemos demostrado que sólo puede haber 5 sólidos regulares, pero podría ocurrir que al intentar construir alguno de ellos topáramos con un problema que no hubiéramos previsto (tal vez alguna ecuación más que relacione el número de vértices, aristas y caras que hubiéramos pasado por alto).

En realidad, como ya supieron nuestros lejanos antepasados, los 5 sólidos regulares existen. Para comprobarlo, podemos dar las coordenadas de los puntos que, unidos convenientemente, dan cada uno de ellos.

1. Tetraedro

Pongamos 4 vértices en las coordenadas siguientes:

$$V_1 = \left(0, 0, \frac{\sqrt{6}}{4}\right), V_2 = \left(\frac{\sqrt{3}}{3}, 0, -\frac{\sqrt{6}}{12}\right), V_3 = \left(-\frac{\sqrt{3}}{6}, \frac{1}{2}, -\frac{\sqrt{6}}{12}\right), V_4 = \left(-\frac{\sqrt{3}}{6}, -\frac{1}{2}, -\frac{\sqrt{12}}{12}\right)$$

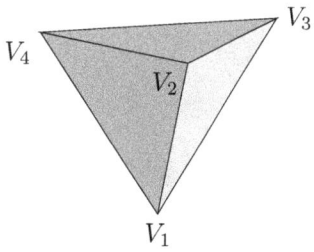

Figura 4.6

Se puede comprobar que los 4 vértices distan todos entre sí una distancia de 1 y todos ellos distan $\sqrt{6}/4$ del origen de coordenadas. Si unimos todos los vértices entre sí, tenemos el tetraedro (4 caras, 4 vértices, 6 aristas, 3 aristas por cara – triángulos – y 3 aristas por vértice).

2. Hexaedro

Pongamos 8 vértices en las coordenadas siguientes:

$$\left(\pm\frac{1}{2}, \pm\frac{1}{2}, \pm\frac{1}{2}\right)$$

Unamos cada uno de los vértices con los otros 3 que tienen 2 de sus coordenadas idénticas y construimos el hexaedro (6 caras, 8 vértices, 12 aristas, 4 aristas por cara – cuadrados – y 3 aristas por vértice). Las aristas construidas tienen longitud 1 y todos los vértices distan $\sqrt{3}/2$ del origen de coordenadas.

3. Octaedro

Pongamos 6 vértices en las coordenadas siguientes:

$$V_1 = \left(0, 0, \frac{\sqrt{2}}{2}\right), V_2 = \left(\frac{1}{2}, \frac{1}{2}, 0\right), V_3 = \left(\frac{1}{2}, -\frac{1}{2}, 0,\right)$$
$$V_4 = \left(-\frac{1}{2}, \frac{1}{2}, 0\right), V_5 = \left(-\frac{1}{2}, -\frac{1}{2}, 0,\right), V_6 = \left(0, 0, -\frac{\sqrt{2}}{2}\right),$$

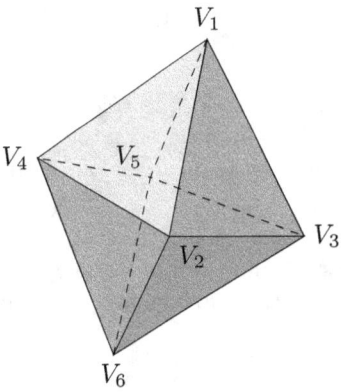

Figura 4.7

Unamos tanto V_1 como V_6 con V_2, V_3, V_4, V_5; y tanto V_2 como V_5 con V_3 y V_4. De esta manera construimos el octaedro (8 caras, 6 vértices, 12 aristas, 3 aristas por cara – triángulos – y 4 aristas por vértice). Las aristas construidas tienen longitud 1 y todos los vértices distan $\sqrt{2}/2$ del origen de coordenadas.

4. Dodecaedro

Sea ϕ el número llamado razón áurea $\left(\phi = \frac{1+\sqrt{5}}{2}\right)$. Pongamos 20 vértices en las coordenadas siguientes:

$$\frac{1}{2}\left(\pm\phi^2, \pm 1, 0\right), \frac{1}{2}\left(\pm 1, 0, \pm\phi^2\right), \frac{1}{2}\left(0, \pm\phi^2, \pm 1\right), \frac{1}{2}\left(\pm\phi, \pm\phi, \pm\phi\right)$$

Denominemos tipo A a los 12 vértices con una coordenada igual a 0 y tipo B a los 8 vértices restantes. Unamos ahora cada uno de los 12 vértices de tipo A, por ejemplo el $\frac{1}{2}\left(-1, 0, \phi^2\right)$, con los siguientes 3 vértices:

- Aquel vértice tipo A con el que comparte la coordenada 0 en la misma posición pero tiene opuesto signo en la coordenada ± 1. En nuestro ejemplo es el $\frac{1}{2}\left(1, 0, \phi^2\right)$

- Los 2 vértices tipo B que comparten los mismos signos en las posiciones donde no tiene la coordenada igual a 0. En nuestro ejemplo son $\frac{1}{2}(-\phi, \phi, \phi)$ y $\frac{1}{2}(-\phi, -\phi, \phi)$

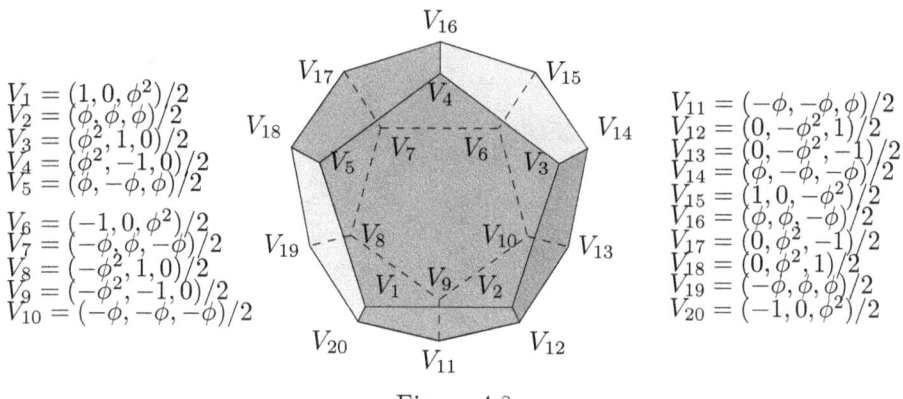

$V_1 = (1, 0, \phi^2)/2$
$V_2 = (\phi, \phi, \phi)/2$
$V_3 = (\phi^2, 1, 0)/2$
$V_4 = (\phi^2, -1, 0)/2$
$V_5 = (\phi, -\phi, \phi)/2$
$V_6 = (-1, 0, \phi^2)/2$
$V_7 = (-\phi, \phi, -\phi)/2$
$V_8 = (-\phi^2, 1, 0)/2$
$V_9 = (-\phi^2, -1, 0)/2$
$V_{10} = (-\phi, -\phi, -\phi)/2$

$V_{11} = (-\phi, -\phi, \phi)/2$
$V_{12} = (0, -\phi^2, 1)/2$
$V_{13} = (0, -\phi^2, -1)/2$
$V_{14} = (\phi, -\phi, -\phi)/2$
$V_{15} = (1, 0, -\phi^2)/2$
$V_{16} = (\phi, \phi, -\phi)/2$
$V_{17} = (0, \phi^2, -1)/2$
$V_{18} = (0, \phi^2, 1)/2$
$V_{19} = (-\phi, \phi, \phi)/2$
$V_{20} = (-1, 0, \phi^2)/2$

Figura 4.8

De esta manera construimos el dodecaedro (12 caras, 20 vértices, 30 aristas, 5 aristas por cara – pentágonos – y 3 aristas por vértice). Las aristas construidas tienen longitud 1 y todos los vértices distan $\sqrt{6} \cdot \left(\sqrt{3 + \sqrt{5}}\right)/4$ del origen de coordenadas.

5. Icosaedro

Pongamos 12 vértices en las coordenadas siguientes:

$$\frac{1}{2}(\pm\phi, 0, \pm 1), \frac{1}{2}(\pm 1, \pm\phi, 0), \frac{1}{2}(0, \pm 1, \pm\phi)$$

Unamos ahora cada uno de los 12 vértices, por ejemplo el $\frac{1}{2}(-1, \phi, 0)$, con los siguientes 5:

- Aquel vértice con el que comparte la coordenada 0 en la misma posición pero tiene opuesto signo en la coordenada ± 1. En nuestro ejemplo es el $\frac{1}{2}(1, \phi, 0)$.
- Aquellos 2 vértices en los que la unidad (con su signo) se convierte en ϕ (con el mismo signo) y en los que ϕ (con su signo) se convierte en 0. En nuestro ejemplo son los $\frac{1}{2}(-\phi, 0, \pm 1)$.
- Aquellos 2 vértices en los que ϕ (con su signo) se convierte en la unidad (con el mismo signo) y en los que la unidad (con su signo) se convierte en 0. En nuestro ejemplo son los $\frac{1}{2}(0, 1, \pm\phi)$.

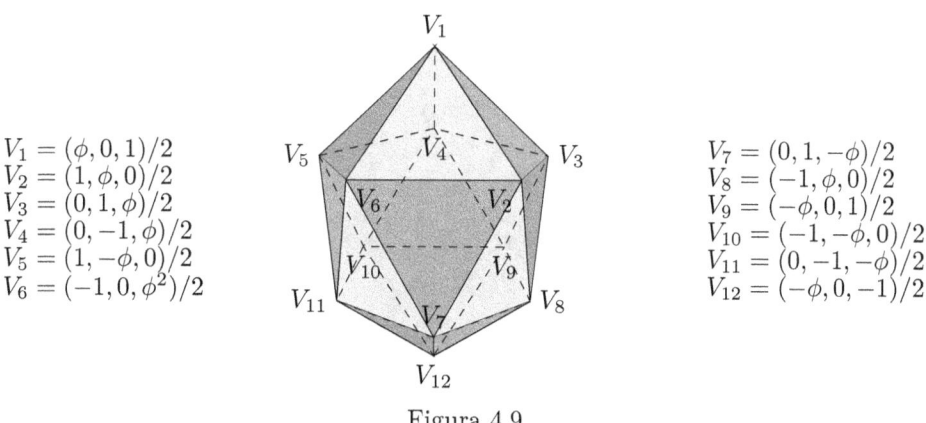

$V_1 = (\phi, 0, 1)/2$
$V_2 = (1, \phi, 0)/2$
$V_3 = (0, 1, \phi)/2$
$V_4 = (0, -1, \phi)/2$
$V_5 = (1, -\phi, 0)/2$
$V_6 = (-1, 0, \phi^2)/2$

$V_7 = (0, 1, -\phi)/2$
$V_8 = (-1, \phi, 0)/2$
$V_9 = (-\phi, 0, 1)/2$
$V_{10} = (-1, -\phi, 0)/2$
$V_{11} = (0, -1, -\phi)/2$
$V_{12} = (-\phi, 0, -1)/2$

Figura 4.9

De esta manera construimos el icosaedro (20 caras, 12 vértices, 30 aristas, 3 aristas por cara – triángulos – y 5 aristas por vértice). Las aristas construidas tienen longitud 1 y todos los vértices distan $\sqrt{10 + 2\sqrt{5}}/4$ del origen de coordenadas.

Capítulo 5

Distancia y radio de la Luna y el Sol

(Aristarco – 260 a.C.)

PROBLEMA

Tomando el radio de la Tierra como unidad de referencia, calcular las distancias Tierra – Luna y Tierra – Sol, así como los radios de la Luna y del Sol.

HISTORIA

Aristarco de Samos (310 a.C. – hacia 230 a.C.), fue el primer científico que propuso el modelo heliocéntrico del Universo, aunque sus ideas fueron rechazadas durante siglos a favor de la teoría geocéntrica de Aristóteles y Ptolomeo.

Sólo 1800 años después, gracias a las fórmulas de Kepler y Newton, su modelo fue finalmente reconocido y pasó a ocupar un lugar prominente en la historia de la Astronomía. Sin embargo, es lógico suponer que durante todo ese tiempo mucha parte de la población culta creyó en su modelo, aunque no lo reconociera públicamente por temor a ser acusados de herejes.

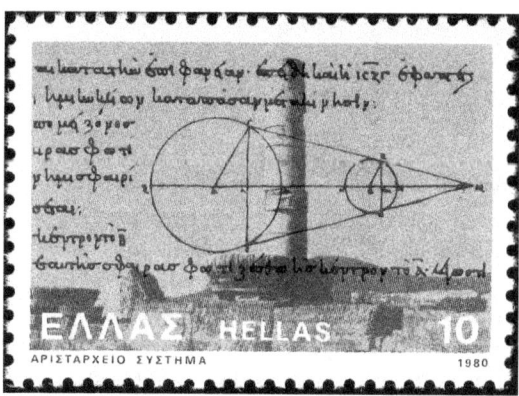

Sello de Grecia conmemorativo de Aristarco

Aristarco ideó el siguiente razonamiento para calcular los valores de los radios lunar y solar, así como sus distancias a la Tierra (todo respecto al entonces aún desconocido radio terrestre).

SOLUCIÓN

Primera observación: "Igualdad de tamaños aparentes del Sol y la Luna"

Uno de las primeras mediciones que hizo Aristarco es el ángulo que cubría el Sol y la Luna en el cielo para un observador en la Tierra. Curiosamente el valor es el mismo, ya que el tamaño aparente de ambos vistos desde nuestro planeta es idéntico; ese fenómeno puede verse en cualquier momento (midiendo el tamaño de ambos en el cielo), pero es espectacular comprobarlo durante un eclipse total de Sol, cuando la Luna oculta al Sol hasta encajar completamente (provocando durante breves segundos un efecto único, cuando sólo se observa el contorno solar y las continuas erupciones en su superficie).

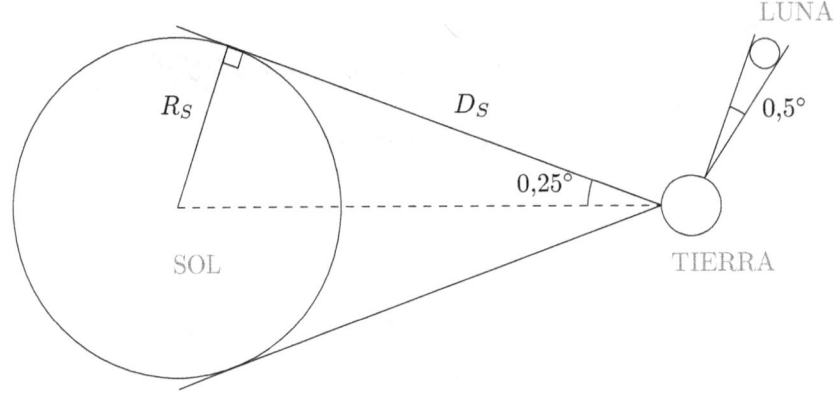

Figura 5.1

Aristarco midió en 0,5 grados el ángulo desde el que un observador de la Tierra contempla tanto el Sol como la Luna (ver figura 5.1). Si llamamos R_S y R_L a los radios del Sol y de la Luna, así como D_S y D_L a las distancias del Sol y de la Luna respecto a la Tierra, la medición de Aristarco se puede escribir como:

$$\frac{R_S}{D_S} = \frac{R_L}{D_L} = \tan\left(0{,}25 \cdot \frac{\pi}{180}\right)$$

Como el ángulo (en radianes) $(0{,}25 \cdot \pi/180$ es de un valor muy cercano a 0, su tangente puede aproximarse por su mismo valor ($\tan(x) \approx x$ si x es próximo a 0), y tenemos que la fórmula encontrada puede escribirse como:

(5.1) $$\frac{R_S}{D_S} = \frac{R_L}{D_L} = 0{,}00436$$

En la figura 5.1 (que, evidentemente, no está a escala) pudiera parecer que hemos hecho trampa al situar al observador en la Tierra en el punto que nos conviene (el punto más próximo al Sol y a la Luna, respectivamente). En realidad, las enormes distancias al Sol y a la Luna (comparadas con el radio de la Tierra) hacen que el punto de observación en la Tierra no influya mucho en los cálculos. Sin embargo, para quedarnos más tranquilos, deberíamos hacer las observaciones en el punto donde el Sol (respectivamente, la Luna) está en el punto medio de su trayectoria diaria: en el caso del Sol, al mediodía; en el caso de la Luna, vamos haciendo las observaciones durante todo el tiempo que ha habido Luna ese día y nos quedamos con aquella que ocurrió justo a la mitad de ese tiempo.

Insistiendo en el mismo tema: la enorme casualidad que los radios de la Luna y el Sol estén en la misma proporción que sus distancias a la Tierra sin duda debió impresionar tanto a los defensores del geocentrismo (la Tierra como centro de las órbitas del Sol y del resto de los planetas conocidos) que obviaron otras múltiples evidencias que apuntaban en sentido contrario.

Segunda observación: "Razón entre distancias de la Luna y el Sol"

Aristarco sabía que las distintas fases de la Luna podían explicarse por la posición relativa entre el Sol, la Luna y la Tierra. Lo que llamamos "Luna llena" se produce cuando la Luna está en la dirección opuesta (respecto a la Tierra) a la del Sol, recibiendo su cara visible (desde la Tierra) toda la luz de él; la mayoría de las veces (excepto en los eclipses) la Tierra no tapa esa luz. Lo que llamamos "Luna nueva" se produce cuando Luna y Sol están en la misma dirección (de nuevo, en planos diferentes excepto en un eclipse) y vemos su cara visible (desde la Tierra) totalmente oscura.

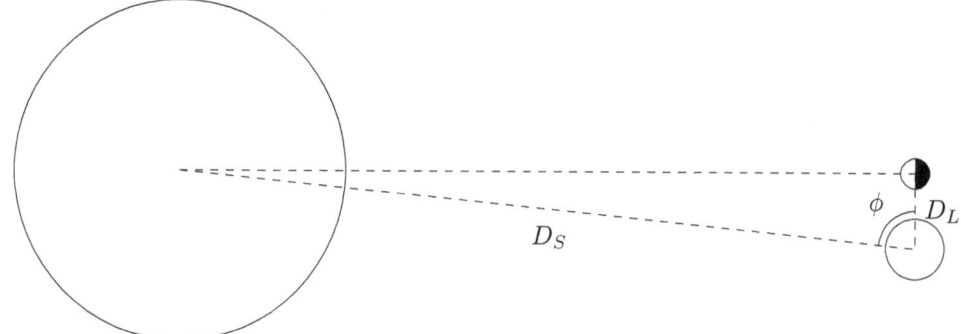

Figura 5.2

Aristarco estaba interesado, en cambio, en el momento que la luna está en "Media Luna", es decir, cuando desde la Tierra se ve exactamente la mitad de su cara visible iluminada por el Sol y la otra mitad oscura. Aristarco supuso que eso se debía a que el ángulo Sol-Luna-Tierra era de 90°, tal y como se ve en la figura 5.2. Cuando ocurrió esa posición, intentó calcular experimentalmente el ángulo ϕ (Luna – Tierra – Sol) de forma rudimentaria, observando donde estaban en ese momento el Sol y la Luna en el cielo terrestre. Dicho ángulo ϕ es muy cercano a 90° (por estar el Sol mucho más alejado que la Luna) y lo midió como de 87°, por lo cual dedujo que:

$$\cos(87°) = \frac{D_L}{D_S}$$

Aristarco no tenía tablas precisas de cosenos, pero aproximó el valor de $\cos(87°)$ por el inverso de 19.1, lo que quiere decir que encontró que la distancia Sol – Tierra era 19.1 veces mayor que la distancia Luna – Tierra.

(5.2) $$D_S = 19{,}1 \cdot D_L$$

Aplicando lo encontrado en (5.1), también deducimos, por tanto, que:

(5.3) $$R_S = 19{,}1 \cdot R_L$$

Tercera observación: "Eclipse total de Luna"

Finalmente, Aristarco tuvo una gran idea que le permitió calcular otra razón entre las distancias que le interesaban. Para ello utilizó el tiempo que tardaba la Luna en atravesar la sombra de la Tierra durante un eclipse total de Luna.

Durante un eclipse total de Luna (figura 5.3), supongamos que la distancia que tiene que recorrer la Luna en la sombra generada por la Tierra es $2d$ (la trayectoria que sigue la Luna es circular, claro, pero por aquel entonces no había mejor aproximación que suponerla recta). Aristarco se dio cuenta que la Luna tardaba aproximadamente 160 minutos en recorrerla (desde el momento que la Luna empieza a tocar la sombra hasta el momento que, después de estar oculta, empieza a volver a aparecer) y todo aquel que contemple un eclipse total de Luna en el futuro podrá corroborar este resultado.

Por otro lado, Aristarco calculó el tiempo que la Luna recorría una distancia igual a su diámetro (desde el momento que la Luna empieza a tocar la sombra hasta que empieza a desaparecer por completo), resultando ser en este caso, aproximadamente, 60 minutos. Entonces, por simple regla

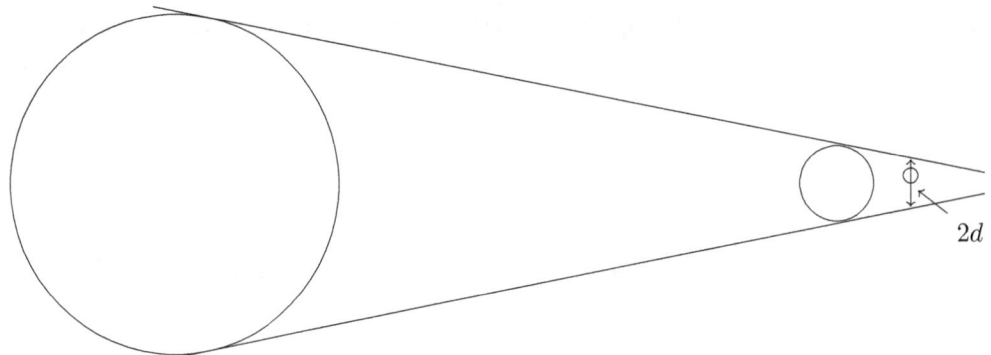

Figura 5.3

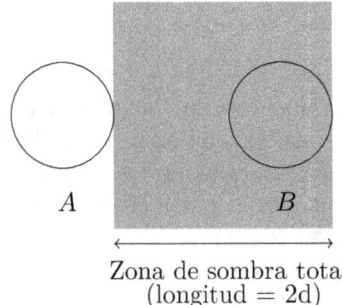 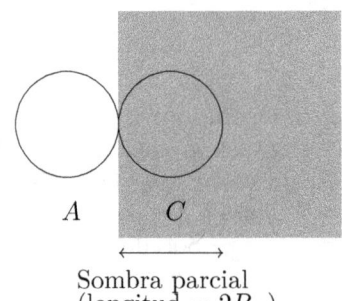

$\qquad$ Zona de sombra total $\qquad\qquad\qquad$ Sombra parcial
$\qquad$ (longitud = 2d) $\qquad\qquad\qquad\qquad$ (longitud = $2R_L$)

Tiempo $A \to B = 160$ minutos $\qquad\qquad$ Tiempo $A \to C = 60$ minutos

Figura 5.4

de tres:

(5.4) $$\frac{2d}{2R_L} = \frac{160}{60} \quad \Rightarrow \quad d = \frac{8}{3} \cdot R_L$$

Cálculos finales

Con los resultados anteriores, Aristarco estableció el modelo final para calcular la distancia Tierra – Luna y Tierra – Sol en función del radio de la Tierra (R_T). Para ello se apoyó en la figura 5.5.

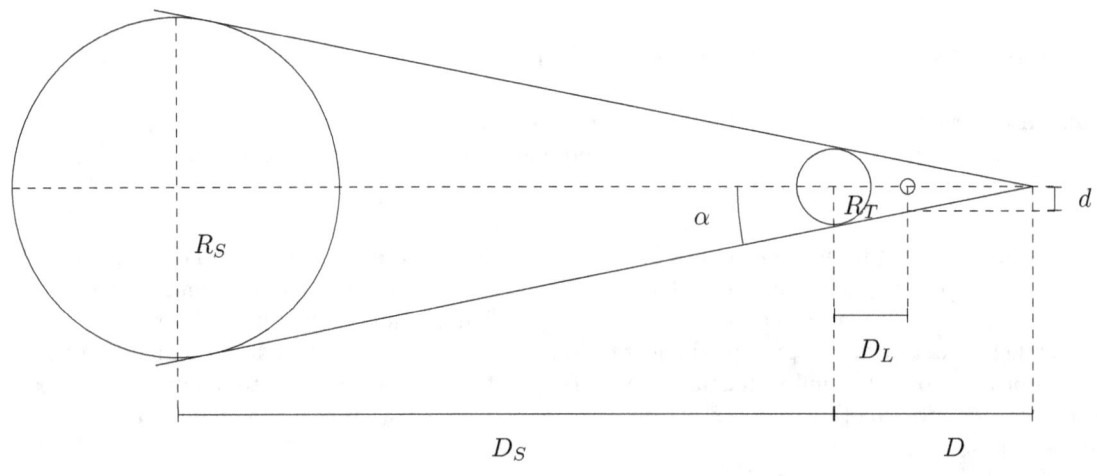

Figura 5.5

Por semejanza de triángulos (todos rectángulos y tienen el ángulo α en común) se deduce que:

$$\frac{D}{R_T} = \frac{D-D_L}{d} \quad \text{y} \quad \frac{D}{R_T} = \frac{D+D_S}{R_S}$$

Ambas ecuaciones pueden escribirse (aislando D en cada una de ellas) como:

$$\frac{D}{R_T} = \frac{D_L}{R_T-d} \quad \text{y} \quad \frac{D}{R_T} = \frac{D_S}{R_S-R_T}$$

Igualando ambas obtenemos:

(5.5) $$\frac{D_L}{R_T - d} = \frac{D_S}{R_S - R_T}$$

Si sustituimos en esta ecuación lo hallado en (5.2) y en (5.4):

$$\frac{1}{R_T - (8/3)\cdot R_L} = \frac{19{,}1}{R_S - R_T}$$

y, también ahora, la relación encontrada en (5.3):

$$\frac{1}{R_T - (8/3)\cdot (R_S/19{,}1)} = \frac{19{,}1}{R_S - R_T}$$

operando llegamos a que $R_S/R_T = 5{,}48$, es decir, que el radio del Sol es unas 5.48 veces mayor que el de la Tierra. Y, por tanto, $R_T/R_S = 1/5{,}48$, lo que lleva, aplicando (5.3), a $R_T/R_L = (1/5{,}48)\cdot 19{,}1 = 3{,}48$, es decir, el radio de la Tierra es unas 3.48 veces mayor que el de la Luna.

Para calcular las distancias al Sol y a la Luna, utilizamos (5.1) en los resultados $R_S/R_T = 5{,}48$ y $R_T/R_L = 3{,}48$, para deducir que $0{,}00436 D_S/R_T = 5{,}48$ y $R_T/(0{,}00436 D_L) = 3{,}48$. Operando, la conclusión es que $D_S/R_T = 1256{,}88$ (la distancia Tierra – Sol es 1256.88 veces mayor que el radio de la Tierra) y que $D_L/R_T = 65{,}90$ (la distancia Tierra – Luna es 65.90 veces mayor que el radio de la Tierra).

Veamos en una tabla los valores reales y los calculados por Aristarco:

Medida	Valor real	Aristarco
(Radio Sol) / (Radio Tierra)	109	5.48
(Radio Tierra) / (Radio Luna)	3.50	3.48
(Distancia Tierra – Sol) / (Radio Tierra)	23500	1256.88
(Distancia Tierra – Luna) / (Radio Tierra)	60.32	65.90

OBSERVACIONES FINALES

Como puede observarse, los cálculos relativos a la Luna (su radio y su distancia a la Tierra) fueron de una precisión asombrosa, mientras que los del Sol tuvieron un gran error, debido especialmente a la dificultad de calcular el ángulo ϕ de la segunda observación.

Errores cometidos:

- Ángulo de la primera observación: el valor real es 0,53°, en lugar del valor 0,50° calculado.
- Ángulo de la segunda observación: el valor real es 89,5°, en lugar del valor 87° calculado.
- Seguramente, Aristarco no tenía una buena aproximación del valor de π, por lo que el valor encontrado en la fórmula (5.1) no era tan preciso.

- Aproximó la trayectoria circular de la Luna (cuando pasa por la zona de sombra de la Tierra durante el eclipse) por una trayectoria lineal.

Todos los valores que Aristarco calculó fueron con el radio terrestre, desconocido con precisión en esa fecha, como referencia. Como veremos en un problema posterior, Eratóstenes logró una buena aproximación pocos años después.

Capítulo 6

Aproximar el valor de π

(Arquímedes – 250 a.C.)

PROBLEMA

Hallar un método geométrico para calcular el número π con una buena precisión.

HISTORIA

Arquímedes fue un matemático, físico, ingeniero, inventor y astrónomo que nació en la ciudad siciliana de Siracusa (aprox. 287 a.C.) y murió en ese mismo lugar en 212 a.C. cuando las fuerzas romanas la invadieron durante la Segunda Guerra Púnica. Al parecer, un soldado romano lo asesinó mientras estaba intentando resolver un problema matemático, a pesar de que el General Marco Claudio Marcelo, conocedor de su merecida fama, había ordenado no hacerle daño alguno.

"Muerte de Arquímedes"
Grabado de Gustave Courtois (1853 – 1923)

Aunque sus logros matemáticos fueron muy numerosos, el más conocido es la medida del perímetro del círculo o, lo que es lo mismo, la aproximación del número π, que vamos a ver a continuación.

SOLUCIÓN

Fijémonos en la figura 6.1: tenemos una circunferencia de diámetro d con un hexágono inscrito y otro circunscrito a ella. Si calculamos los perímetros de ambos hexágonos, está claro que la longitud de la circunferencia se hallará entre esos dos valores.

Empecemos, por tanto, en calcular, con la ayuda de la figura 6.2, las longitudes de los hexágonos regulares inscrito y circunscrito; con ello lograremos nuestra primera aproximación al valor de π.

El caso del hexágono inscrito (parte izquierda de la figura 6.2) es muy sencillo. Como tenemos 6 lados, podemos dividir el hexágono es 6 triángulos, de manera que en cada uno de ellos el ángulo

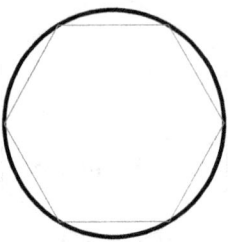

Figura 6.1

interior α es igual a 60°; además, en esos triángulos tenemos dos lados iguales al radio (es decir, de longitud 1), lo que significa por tanto que el triángulo es equilátero. De ahí se deduce que el lado del hexágono (l_i) es $l = d/2$ y el perímetro del hexágono (p_i) es $p_i = 6 \cdot l_i = 3d$.

El caso del hexágono circunscrito (parte derecha de la figura 6.2) no es mucho más complicado. Aquí también dividimos el hexágono (con longitud de lado igual a l_c y perímetro igual a p_c) en triángulos y, de nuevo, el ángulo interior α es igual a 60°; tomando la mitad del triángulo, tenemos un lado de valor igual al radio (longitud 1) y un ángulo de 30°, por lo que $\tan(30°) = l_c/d$. De ahí se deduce que $(\sqrt{3})/3 = l_c/d$, es decir, $l_c = d\sqrt{3}/3$ y el perímetro del hexágono es $p_c = 6 \cdot l_c = 2\sqrt{3}d$.

Como hemos dicho, la longitud de la circunferencia (igual a πd) está entre estos dos valores, así que la primera aproximación de π es $3 < \pi < 2\sqrt{3} = 3{,}464\dots$

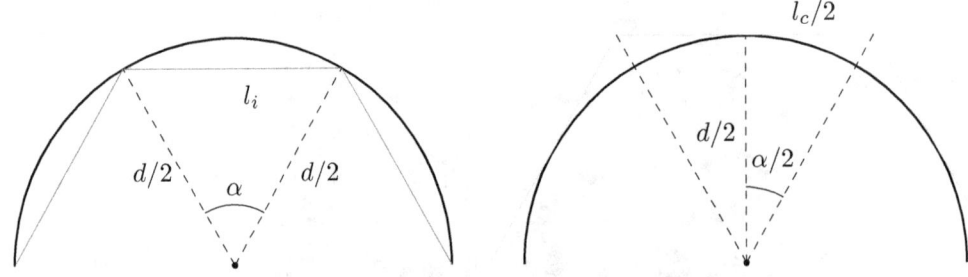

Figura 6.2

Si en lugar de hacer el cálculo (sencillo) con hexágonos lo hiciéramos con un polígono de mayor número de lados (por ejemplo, un polígono de 12 lados), se seguirá cumpliendo que la longitud de la circunferencia estará entre los dos valores de los polígonos (mayor que el inscrito pero menor que el circunscrito). El problema es que los cálculos de los perímetros del dodecágono no son tan sencillos como los que involucran al hexágono.

Entonces, el objetivo es calcular los perímetros de los polígonos regulares circunscritos e inscritos con un gran número de lados de manera sencilla. Si lo conseguimos, hallaremos el valor de la longitud de la circunferencia con un error ϵ que será tan pequeño como queramos. El logro de Arquímedes fue hallar un método por el cual podía calcularse los perímetros de esos n-ágonos regulares de muchos lados. Este método, llamado algoritmo de Arquímedes está basado en 2 fórmulas recursivas que ahora deduciremos.

En la figura 6.3, sea O el centro del círculo y sean $\overline{AB} = 2t$ y $\overline{CD} = 2s$ los lados de los polígonos circunscrito e inscrito de n lados, respectivamente. Sea también M el punto medio de AB y N el punto medio de CD, sea Z el punto de intersección con MA de la tangente al círculo por el punto C. Se deduce que $\overline{ZM} = \overline{ZC}$ ($\overline{ZM}$ es la tangente a la circunferencia en M y $\overline{ZC}$ es la tangente en C, por lo que, por pura simetría, Z no puede estar más cerca de uno de los puntos que del otro). Llamamos t' a ese valor, que corresponde a la mitad del lado del polígono regular circunscrito de

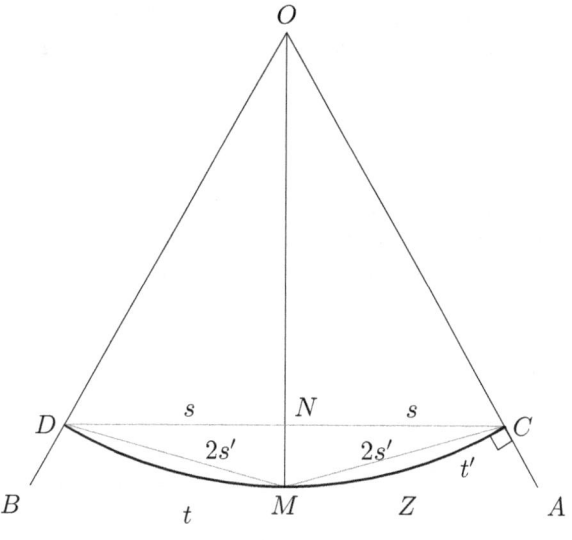

Figura 6.3

$2n$ lados. También se cumple que $\overline{MC} = \overline{MD}$ y llamamos $2s'$ a ese valor, que corresponde el lado del polígono regular inscrito de $2n$ lados.

Como los triángulos ACZ y AMO son semejantes (comparten el mismo ángulo en el punto A y ambos tienen también un ángulo recto – en C y en M, respectivamente –, lo que implica que los tres ángulos son iguales), tenemos que:

(6.1) $$\frac{t'}{t-t'} = \frac{\overline{ZC}}{\overline{ZA}} = \frac{\overline{MO}}{\overline{AO}}$$

También se deduce, ahora por semejanza de los triángulos ODC y OBA, que:

(6.2) $$\frac{s}{t} = \frac{\overline{NC}}{\overline{MA}} = \frac{\overline{CO}}{\overline{AO}}$$

Como las 2 partes de la derecha de (6.1) y (6.2) son idénticas (por ser $MO = CO$), tenemos:

(6.3) $$\frac{t'}{t-t'} = \frac{s}{t} \quad \Rightarrow \quad t' = \frac{t \cdot s}{t+s}$$

Por otro lado, como los triángulos CMD y CZM son semejantes (el ángulo en C del triángulo CNM – y, por tanto, de CMD – es el mismo que el ángulo en M del triángulo CZM; además, ambos triángulos son isósceles; de todo ello se deduce que los ángulos de ambos triángulos son iguales):

(6.4) $$\frac{2s'}{2s} = \frac{t'}{2s'} \quad \Rightarrow \quad 2(s')^2 = s \cdot t'$$

Si llamamos C_n al perímetro del polígono regular circunscrito de n lados y I_n al perímetro del inscrito, entonces tenemos:

$$C_n = 2nt \qquad I_n = 2ns \qquad C_{2n} = 4nt' \qquad I_{2n} = 4ns'$$

Si juntamos las ecuaciones anteriores con las encontradas en (6.3) y (6.4) podemos eliminar los valores de t, t', s, s' y encontrar las *fórmulas de recurrencia de Arquímedes*:

$$C_{2n} = \frac{2C_n \cdot I_n}{C_n + I_n} \qquad I_{2n} = \sqrt{I_n \cdot C_{2n}}$$

Por tanto, si partimos de 2 valores conocidos, por ejemplo, C_6 e I_6 (los comentados al inicio de la solución, correspondientes al hexágono), podemos aplicar las fórmulas de recurrencia tantas veces como queramos, encontrando los valores de $C_{12}, I_{12}, C_{24}, I_{24}$ ... y logramos calcular π con una aproximación tan buena como queramos.

Partimos, por tanto, de los valores ya calculados C_6 e I_6:

$$C_6 = 2\sqrt{3}d \qquad I_6 = 3d$$

donde d es el diámetro del círculo. Después calculamos sucesivamente los valores de $C_{12}, I_12, ...$, etc. Si nos paramos en C_{96} y I_{96} encontramos los valores $C_{96} = d \cdot 3,142715...$ y $I_{96} = d \cdot 3,141032...$, de donde deducimos la aproximación

$$3,141032 < \pi < 3,142716$$

Por supuesto, podemos seguir aplicando las fórmulas recursivas para mejorar indefinidamente la aproximación.

OBSERVACIONES FINALES

En realidad, Arquímedes no utilizaba raíces cuadradas en sus cálculos, sino aproximaciones de ellas, por lo que la precisión que consiguió no fue tan buena como la mostrada en la solución, contentándose con la aproximación $3 + 10/71 < \pi < 3 + 1/7$. No obstante, lo cierto es que fue el primer método matemático empleado para aproximar π y no sencillamente mediciones más o menos precisas que se habían hecho hasta entonces.

Capítulo 7

Cálculo del radio terrestre

(Eratóstenes – 245 a.C.)

PROBLEMA

Calcular el radio de la Tierra

HISTORIA

Aunque en un principio se creía que la Tierra era plana y el cielo una enorme bóveda que la encerraba, ya en la antigua Grecia ciertos matemáticos como Pitágoras o Aristóteles empezaron a divulgar la idea de que, en realidad la Tierra era esférica. Pitágoras lo creía así por que para él la esfera era el cuerpo geométricamente perfecto y una creación de Dios debía cumplir tal perfección. Aristóteles se basó en las observaciones de los eclipses parciales de Luna (donde se veía a simple vista que la Tierra tapaba a su satélite y el borde de la sombra era circular) y en el hecho que la estrella Polar está más cerca del horizonte a medida que uno viaja hacia el Sur (lo que invalidaba la teoría de una Tierra plana).

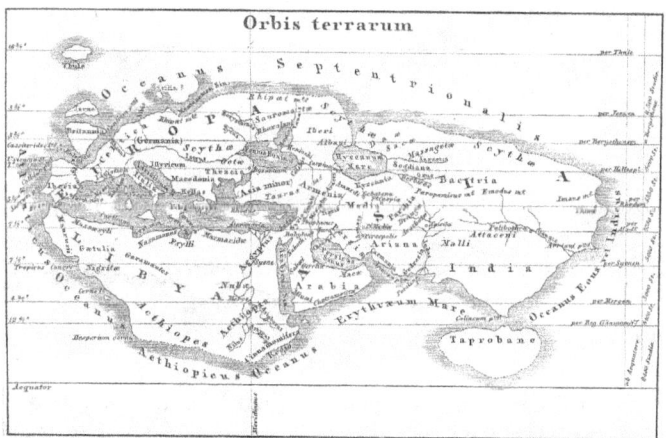

Mapa del mundo conocido (Eratóstenes)
Reconstrucción hecha en el siglo XIX

Sin embargo, los primeros intentos de los griegos para calcular el radio de la Tierra acabaron en aproximaciones con un elevado error. No fue hasta mediados del siglo III a.C. cuando el griego Eratóstenes, quien vivía en Egipto, ideó un nuevo método con el que logró acercarse sorprendentemente al valor real. Eratóstenes es también conocido por la criba que lleva su nombre (para determinar números primos) y por el mapa que dibujó sobre el mundo conocido en su época.

SOLUCIÓN

Eratóstenes sabía que al mediodía del solsticio de verano (el día más largo en el hemisferio Norte) los rayos del sol conseguían iluminar el fondo de un profundo pozo que existía cerca de lo que ahora es la ciudad de Asuán, famosa por su cercanía a los templos de Abu Simbel. Eso significa, en términos matemáticos, que los rayos de sol eran perpendiculares al suelo en Asuán en ese preciso momento.

Sin embargo, en el mismo día y a la misma hora, en la ciudad de Alejandría, ese fenómeno no ocurría. De hecho, si se clavaba un palo en el suelo de manera que quedara completamente vertical, la sombra que éste proyectaba, aunque mínima, no se anulaba (en Asuán, el palo no hubiera producido sombra alguna). De nuevo hablando matemáticamente, el ángulo α entre los rayos del Sol y la vertical en Alejandría (es decir, la dirección del palo) no era igual a 0.

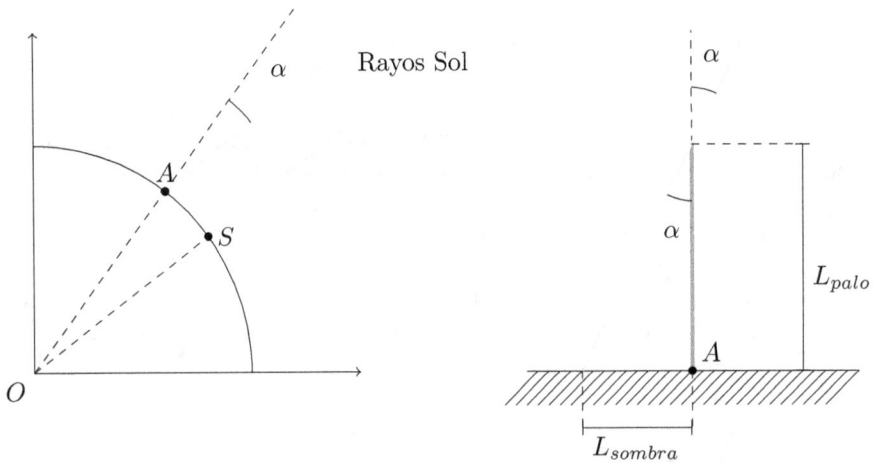

Figura 7.1

La parte izquierda de la figura 7.1 simula parte de un meridiano terrestre: O es el centro de la Tierra, A es la ciudad de Alejandría y S es la ciudad de Asuán (en realidad, Alejandría y Asuán no están en el mismo meridiano, pero la desviación es despreciable si se compara con el cálculo de α, por ejemplo). El ángulo α, como ya se definió, es el ángulo entre la vertical de Alejandría (la prolongación del radio $\overline{OA}$) y los rayos del sol (paralelos en ese momento a la vertical de Asuán, es decir, a la prolongación del radio $\overline{OS}$).

La parte derecha de la figura 7.1 simula el cálculo del ángulo α aprovechando un palo clavado de manera vertical: si calculamos la longitud del palo y la longitud de la sombra, podemos deducir que:

$$\tan \alpha = \frac{L_{sombra}}{L_{palo}}$$

El cálculo expermiental de α de Eratóstenes le llevó al valor de 1/50 parte de la circunferencia, es decir, unos $7°12'$.

Por otra parte, la leyenda dice que nuestro héroe envió a una expedición de Alejandría a Asuán para calcular la distancia exacta (en línea recta) entre ambas ciudades, resultando un valor que el describió como de "5000 estadios". Si consideramos, por su origen griego, que la medida "estadio" equivale al estadio griego de 185 metros, eso quiere decir que se calculó una distancia de unos 925 Km.

Ahora sólo queda aplicar una sencilla regla de 3: si el ángulo $\widehat{AOS}$ es 1/50 parte del meridiano terrestre y nos conduce a una longitud de arco AS (calculada sobre el meridiano) de 925 Km, entonces el meridiano terrestre total es 50 veces este valor, es decir, 46250 Km. En realidad, la Tierra no es una esfera perfecta y la longitud del meridiano es, aproximadamente, unos 40000 Km, por lo que el error del cálculo de Eratóstenes fue sólo de un 15 %, sorprendente teniendo en cuenta las imprecisas mediciones de la época.

El radio terrestre calculado sería dividir la longitud del meridiano entre 2π, lo que daría un valor de unos 7360 Km (realmente es de unos 6370 km).

OBSERVACIONES FINALES

Los errores en las mediciones de Eratóstenes fueron:

- Asuán no está exactamente en el trópico de Cáncer (latitud $23°43'$ en esa época), donde realmente el Sol cae en la vertical al mediodía del solsticio de verano, sino un poco más al Norte (latitud $24°05'$).
- El ángulo α entre la vertical de Alejandría y los rayos solares al mediodía del solsticio de verano en esa época era, aproximadamente, la 1/48 parte de la circunferencia, y no el valor de 1/50 calculado.
- La distancia real entre Alejandría y Asuán es de 842 Km y entre los meridianos que pasan por cada una de estas ciudades hay una diferencia de unos $3°$.

Capítulo 8

Área de la sección de una parábola

(Arquímedes – 240 a.C.)

PROBLEMA

Determinar el área de una sección de parábola.

HISTORIA

Seguramente el mejor matemático de la antigüedad, de Arquímedes existen muchas leyendas. Una muy popular es la que asegura que, durante el sitio a Siracusa que provocó después su muerte, repelió un ataque de la flota romana dirigiendo enormes espejos hacia sus velas y provocando con ellos, al incidir el sol, incendios devastadores. Desgraciadamente es poco probable que la leyenda sea cierta, ya que en el siglo XXI estudiantes del prestigioso Instituto Tecnológico de Massachussets repitieron el experimento para una cadena de televisión, observando que sólo podía haber tenido éxito en un día muy soleado, a primera hora de la mañana (por la posición del Sol respecto al puerto de Siracusa) y si los barcos permanecían inmóviles durante diez minutos, todo lo cual parece bastante improbable.

Sobre la escena de Arquímedes y el uso de los espejos
Cuadro de Giulio Parigi (1599)

Lo que no son leyendas, afortunadamente, son las obras que Arquímedes dejó para la posteridad. Entre ellas se encuentra "La cuadratura de la parábola", donde describió el método que expondremos a continuación. El estudio de la parábola es uno de los logros más relevantes de Arquímedes: fue completado sobre el año 240 a.C. y está basado en las propiedades de los llamados "triángulos de Arquímedes".

SOLUCIÓN

Supongamos que tenemos una sección de parábola, definida por 2 puntos de ella a los que llamamos A y B. Llamemos D al eje directriz de la parábola, F a su foco y D_A (resp. D_B) a la proyección perpendicular de A (resp. B) sobre la recta D, tal y como se ve en la figura 8.1.

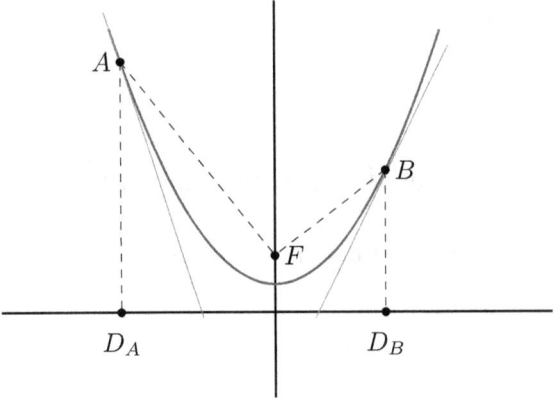

Figura 8.1

LEMA 8.1. *La bisectriz del ángulo $\widehat{FAD_A}$ (resp., $\widehat{FBD_B}$) es la tangente a la parábola en el punto A (resp., el punto B).*

DEMOSTRACIÓN. El punto A cumple que su distancia al eje directriz (recta D) es la misma que al foco de la parábola (punto F), ya que esa es precisamente la definición de los puntos de una parábola. Por tanto, el triángulo AFD_A es isósceles y la bisectriz que pasa por el punto A es perpendicular al lado $\overline{FD_A}$, es decir, también es la mediatriz de $\overline{FD_A}$ y, por tanto, todos son puntos están a igual distancia de F y de D_A.

Por tanto, cualquier punto de esta bisectriz **distinto** de A cumple que está a igual distancia de F y de D_A pero, en cambio, NO está a la misma distancia de F y de la recta directriz, ya que su distancia a D es distinta que la distancia a D_A (sólo A tiene su proyección a D en el punto D_A). Es decir, cualquier otro punto de esta bisectriz distinto a A no pertenece a la parábola (no cumple su propiedad esencial). Si tenemos una recta que pasa por un punto de la parábola (punto A) pero no corta a ninguno más, necesariamente es la tangente por ese punto. Todo el razonamiento es idéntico si pensamos en el punto B. □

DEFINICIÓN 8.1. *Sean A y B dos puntos cualesquiera de una parábola. Llamamos **triángulo de Arquímedes** al triángulo que tiene como vértices a A, a B y a la intersección de las dos tangentes a la parábola que pasan por A y B. Al lado $\overline{AB}$ lo llamaremos la base del triángulo de Arquímedes.*

LEMA 8.2. *La mediana a la base de un triángulo de Arquímedes es paralela al eje de la parábola.*

DEMOSTRACIÓN. Llamemos S a la intersección de las tangentes que pasan por A y por B (ver figura 8.2). Como S pertenece a la tangente por A, por el lema 8.1 sabemos que pertenece a la bisectriz por A del triángulo AFD_A, lo que significa que las distancias $\overline{SF}$ y $\overline{SD_A}$ son idénticas. Por el mismo razonamiento, también son iguales las distancias $\overline{SF}$ y $\overline{SD_B}$, de donde se deduce que $\overline{SD_A} = \overline{SD_B}$, es decir, pertenece a la mediatriz del segmento $\overline{D_A D_B}$. Eso significa que la recta que pasa por S y es perpendicular a D es la mediatriz del segmento $\overline{D_A D_B}$. Esta recta, cuando corta al segmento $\overline{AB}$ lo hace por tanto en su punto medio, al que llamamos M. En otras palabras, el segmento $\overline{SM}$, paralelo al eje de la parábola, es la mediana de S al lado $\overline{AB}$. □

LEMA 8.3. *Con las notaciones empleadas hasta el momento, el punto medio del segmento $\overline{SM}$ es un punto de la parábola. Aún más, la tangente a la parábola en este punto es paralela al segmento $\overline{AB}$ y corta a las tangentes $\overline{AS}$ y $\overline{BS}$ por su punto medio.*

DEMOSTRACIÓN. Llamemos ahora O a la intersección entre el segmento $\overline{SM}$ y la parábola (queremos demostrar que O es el punto medio de $\overline{SM}$). Supongamos que trazamos la tangente a la parábola por O y denominemos A' (resp. B') a la intersección entre esta tangente y el segmento

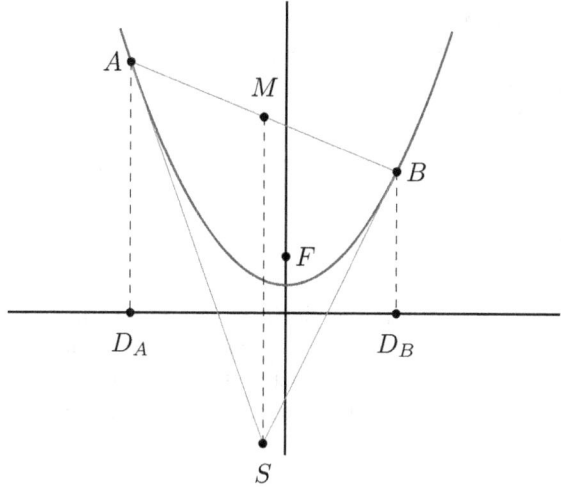

Figura 8.2

$\overline{SA}$ (resp. $\overline{SB}$); queremos ver que $\overline{AA'} = \overline{A'S}$ (resp., $\overline{BB'} = \overline{B'S}$). Por definición, tanto $AA'O$ como $BB'O$ son triángulos de Arquímedes (ambos están formados por dos tangentes a la parábola en dos puntos y el segmento que une a éstos últimos). Por el lema 8.2, las medianas a sus bases son paralelas al eje de la parábola y, por tanto, paralelas a $\overline{SO}$; es decir, la recta que pasa por A' (resp., B') y es paralela a $\overline{SO}$ (y al eje de la parábola) corta al segmento $\overline{AO}$ (resp., $\overline{BO}$) por la mitad.

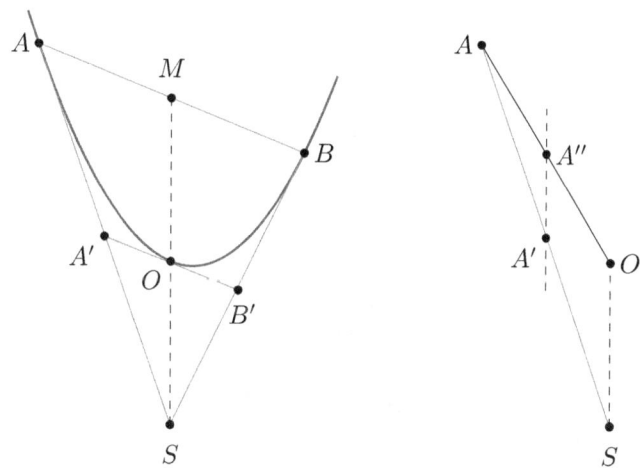

Figura 8.3

En la figura 8.3 hemos llamado $A"$ al punto medio de $\overline{AO}$, de manera que la recta $\overline{A'A"}$ es paralela a $\overline{OS}$. Por el Teorema de Thales, $\overline{AA"}/\overline{AO} = \overline{AA'}/\overline{AS}$; como el primer cociente es igual a $1/2$, deducimos por tanto que A' (resp., B') es el punto medio del lado $\overline{SA}$ (resp., $\overline{SB}$). Una vez deducido esta propiedad, aplicamos Thales de nuevo para ver que $\overline{SA}/\overline{SA'} = \overline{SO}/\overline{SM}$; como el primer cociente es igual a 2, deducimos que O es el punto medio de $\overline{SM}$. Finalmente, como A' y B' son los puntos medios de $\overline{SA}$ y $\overline{SB}$, se deduce fácilmente que el segmento $\overline{A'B'}$ es paralelo a $\overline{AB}$. □

Todas estas deducciones expuestas en forma de lema fueron deducidas por Arquímedes hace más de 2200 años, por lo que es justo resumirlas en un teorema que lleve su nombre.

TEOREMA 8.1. *(Arquímedes) La mediana a la base de un triángulo de Arquímedes es paralela al eje de la parábola, su punto medio pertenece también a la parábola y la tangente por dicho punto pasa por los puntos medios de los otros 2 lados del triángulo.*

El (extraordinario) estudio de la parábola por parte de Arquímedes no acabó aquí, ya que su objetivo era calcular el área que encerraba. Con la notación expuesta hasta ahora, veamos cómo calculó nuestro genio griego el área de la sección de la parábola delimitada en el triángulo de Arquímedes ASB (a la que llamaremos J).

PROPOSICIÓN 8.1. *El área J encerrada por la sección de parábola AOB (curva AOB y segmento AB) equivale a las 2/3 partes del área del triangulo de Arquímedes ASB.*

DEMOSTRACIÓN. Los segmentos $\overline{A'B'}$, $\overline{OA}$ y $\overline{OB}$ dividen al triángulo ASB en 4 secciones distintas (ver figura 8.4): 1) el llamado "triángulo interior" AOB, que está completamente en el interior de la parábola; 2) el llamado "triángulo exterior" $A'SB'$, que está completamente en el exterior de la parábola aunque toca a un punto de ella; 3) y 4) los llamados "triángulos residuales" AOA' y BOB', que son también triángulos de Arquímedes y por los que la parábola discurre por su interior.

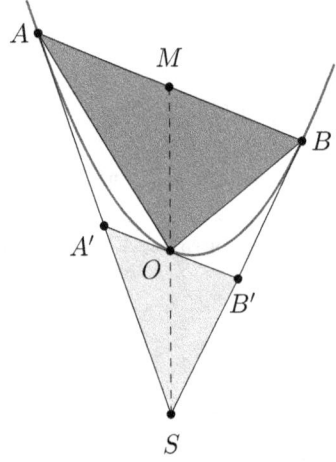

Figura 8.4

La primera deducción que podemos hacer es que, como O es el punto medio de $\overline{SM}$, el área del triángulo interior es el doble que el área del triángulo exterior, ya que poseen la misma altura pero el triángulo interior tiene una base el doble de larga.

Para seguir deduciendo, debemos aplicar ahora un proceso iterativo: de la misma manera que hemos visto para el triángulo de Arquímedes original, cada uno de los 2 triángulos residuales (también de Arquímedes) de la figura 8.4 puede dividirse en 4 secciones, siempre cumpliéndose que el triángulo interior es de área doble que el exterior. Llevando este argumento hacia adelante podemos ir cubriendo la entera superficie del triángulo de Arquímedes inicial ASB en triángulos interiores y exteriores, haciéndose los residuales tan pequeños como queramos. Como por cada triángulo interior que aparezca surgirá otro exterior de área exactamente la mitad, llegamos finalmente a la conclusión que "*el área encerrada en una sección de parábola equivale a las 2/3 partes del área de su correspondiente triángulo de Arquímedes*", resultado al que llegó Arquímedes en la antigüedad. □

Para completar el estudio, falta expresar dicha área en variables geométricas conocidas. Supongamos que la ecuación de la parábola es $2py = x^2$ (p es distancia entre el foco y la recta directriz) y queremos calcular el área encerrada entre la parábola y el segmento que une dos puntos de ella A y B (de coordenadas (x_A, y_A) y (x_B, y_B) respectivamente) que están en el mismo lado (de los 2 en los que el eje de simetría divide la parábola).

Como se ve en la figura 8.5, el área J que queremos buscar es la que queda encerrada entre la línea que une los puntos (x_A, y_A) y (x_B, y_B) y el trozo de parábola que une también esos puntos (esa área es idéntica a su simétrica con los puntos $(-x_A, y_A)$ y $(-x_B, y_B)$). Para ello, calcularemos

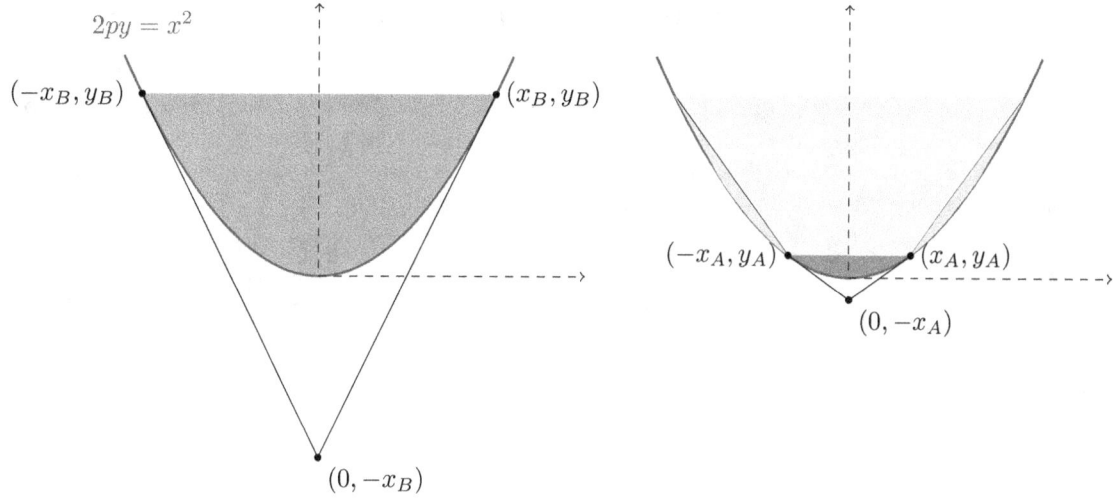

Figura 8.5

primero las áreas auxiliares a las que llamamos A_1 (la encerrada entre la línea que une $(-x_B, y_B)$ y (x_B, y_B) y el trozo de parábola que une también esos puntos), A_2 (el trapecio formado por los puntos $(-x_A, y_A)$, $(-x_B, y_B)$, (x_B, y_B) y (x_A, y_A)) y A_3 (la encerrada entre la línea que une $(-x_A, y_A)$ y (x_A, y_A) y el trozo de parábola que une también esos puntos). Con las conclusiones a las que hemos llegado anteriormente puede deducirse que:

$$A_1 = \frac{2}{3} \cdot \left(\frac{(2x_B) \cdot (2y_B)}{2} \right)$$
$$A_2 = \frac{2x_A + 2x_B}{2} \cdot (y_B - y_A)$$
$$A_3 = \frac{2}{3} \cdot \left(\frac{(2x_A) \cdot (2y_A)}{2} \right)$$

Para calcular A_1 (y similarmente para A_3) hemos aplicado lo deducido por Arquímedes ("*el área encerrada en una sección de parábola es igual a las 2 terceras partes del área de su triángulo de Arquímedes correspondiente*"), observando que la base del triángulo mide $2x_B$ y la altura mide $2y_B$ (hay que recordar que el vértice O es el punto medio entre M y S). Para A_2 hemos aplicado la fórmula del área de un trapecio con bases $2x_B$ y $2x_A$, y altura $(y_B - y_A)$.

Teniendo en cuenta, por la ecuación de la parábola, que $2py_A = x_A^2$ y $2py_B = x_B^2$, tenemos finalmente la siguiente fórmula para el cálculo del área:

$$J = \left(\frac{A_1 - A_2 - A_3}{2} \right) = \frac{2}{3} \cdot x_B \cdot y_B - \frac{x_A + x_B}{2} \cdot (y_B - y_A) - \frac{2}{3} \cdot x_A \cdot y_A =$$

$$= \frac{2}{3} \cdot x_B \cdot \frac{x_B^2}{2p} - \frac{x_A + x_B}{2} \cdot \frac{x_B^2 - x_A^2}{2p} - \frac{2}{3} \cdot x_A \cdot \frac{x_A^2}{2p} = \cdots = \frac{(x_B - x_A)^3}{12p}$$

Arquímedes:"**El área de una sección parabólica se puede calcular como el cubo de la proyección de sus extremos sobre la recta directriz dividido por 12 veces el parámetro de la parábola**".

OBSERVACIONES FINALES

- Evidentemente, este resultado puede encontrarse por cálculo de áreas utilizando integrales, pero en la época de Arquímedes faltaban siglos para que dicha herramienta estuviera disponible. Desde cualquier punto de vista objetivo, Arquímedes demostró con estos resultados que fue un hombre avanzado a su época y uno de los mejores matemáticos de la historia.

- El lector interesado puede comprobar que esta fórmula es cierta también si, en lugar de haber supuesto que los 2 puntos están en el mismo lado de la parábola, los puntos estuvieran en cualquier lugar de ella.

Capítulo 9

La parábola como envolvente

(Apolonio – 212 a.C.)

PROBLEMA

Tenemos un ángulo arbitrario. En cada uno de los lados que forman el ángulo tenemos $(n+1)$ puntos, a distancia $k \cdot d$ ($k = 0, 1, ..., n$) del vértice. Unimos con una recta el punto a distancia $i \cdot d$ del vértice de un lado con el punto a distancia $(n-i) \cdot d$ del vértice del otro (ver figura 9.1). Demostrar que las $(n+1)$ líneas resultantes envuelven a una parábola.

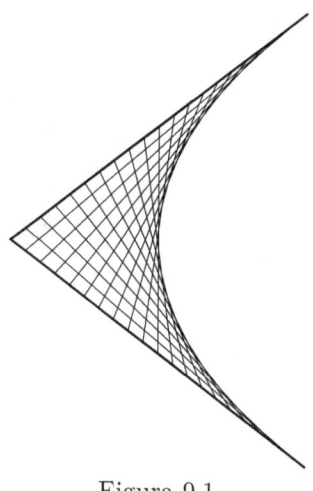

Figura 9.1

HISTORIA

Apolonio de Pérgamo (262 – 190 a.C.) fue un matemático griego (en la actualidad hubiera sido turco, ya que es en Turquía donde se encuentran las ruinas de esta ciudad, perteneciente entonces al vasto imperio griego) que pasó a la historia por sus brillantes aportaciones al estudio de las cónicas. De hecho, fue él quien propuso los nombres de parábola, hipérbola y elipse hoy mundialmente aceptados.

Unos 25 años más joven que Arquímedes, sin duda debió conocer su trabajo, de ahí que mejorara el estudio de la parábola que vimos en el problema anterior, aportando el teorema que lleva su nombre y la curiosa propiedad que nos ocupa en este problema.

Para los matemáticos griegos, encontrar la figura que resulta ser la frontera (tangente) de la sucesión de una familia de curvas suponía un reto. A esa frontera se le llamó posteriormente la **envolvente** de la familia y éste es el primer ejemplo conocido que encierra un poco de dificultad. En el problema "La astroide" veremos otro bello problema relacionado con envolventes y daremos una idea de un método genérico para encontrarlas. Sin embargo, en esta ocasión, expondremos la solución original de Apolonio, dotada de una enorme elegancia.

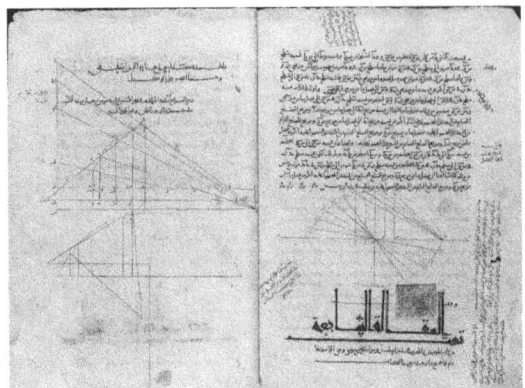

Fragmentos del libro "Cónicas" de Apolonio
Traducción al árabe – Siglo IX

SOLUCIÓN

Para llegar a la conclusión que la envolvente buscada es una parábola demostraremos el llamado teorema de Apolonio y utilizaremos también resultados del problema anterior de Arquímedes.

Supongamos una parábola cuyos puntos A y B son simétricos respecto al eje (figura 9.2), que las tangentes a la parábola en los puntos A y B se cortan en el punto S (que, por simetría, está en el eje) y que hay otro punto O de la parábola cuya tangente corta a $\overline{AS}$ en el punto P y a $\overline{BS}$ en el punto Q. Llamemos D a la recta directriz de la parábola y llamemos a, b, c, d, p, q a las distancias $\overline{AP}$, $\overline{BQ}$, $\overline{PS}$, $\overline{QS}$, $\overline{PO}$ y $\overline{OQ}$, respectivamente. Por último, llamemos a', b', c', d', p', q' a las distancias de las proyecciones de los segmentos anteriores sobre D.

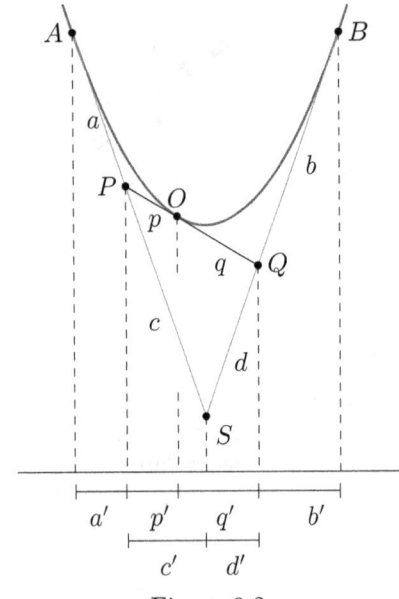

Figura 9.2

TEOREMA 9.1. *(Apolonio) Con la notación expresada anteriormente, se cumple que:*

$$\frac{c}{a} = \frac{q}{p} = \frac{b}{d}$$

DEMOSTRACIÓN. Tal y como vimos en el problema 8, un triángulo de Arquímedes cumple que su mediana a la base es paralela al eje de la parábola. En la figura 9.2 hay 3 triángulos de Arquímedes (los de vértices APO, ASB y BQO), por lo que podemos deducir, para cada uno de ellos, que la longitud de la proyección de los 2 lados que no son la base es la misma (aplicando el teorema de Thales). Para el triángulo APO eso significa que $a' = p'$ (9.1); para el triángulo ASB significa que $a' + c' = b' + d'$ (9.2); y para el triángulo BQO significa que $b' = q'$ (9.3). Finalmente, por construcción, se observa claramente que $p' + q' = c' + d'$ (9.4).

Si sustituimos las ecuaciones (9.1) y (9.3) en la ecuación (9.4) encontramos $a' + b' = c' + d'$ (9.5). Si ahora restamos las ecuaciones (9.5) y (9.2) vemos que $b' - c' = c' - b' \Rightarrow b' = c'$ (9.6), de lo que deducimos también que $a' = d'$ (9.7) sustituyendo (9.6) en (9.2), por ejemplo.

Entonces:

- $c/a = c'/a' = b'/a'$ (la primera igualdad por Thales, la segunda por (9.6))
- $q/p = q'/p' = b'/a'$ (la primera igualdad por Thales, la segunda por (9.3) y (9.1))
- $b/d = b'/d' = b'/a'$ (la primera igualdad por Thales, la segunda por (9.7))

Se deduce, por tanto, que $c/a = q/p = b/d$. $\qquad\square$

El teorema también es cierto en sentido inverso:

COROLARIO 9.1. *Un segmento $\overline{PQ}$ con extremos en los lados $\overline{SA}$ y $\overline{SB}$ que cumpla la igualdad $(\overline{SP}/\overline{PA}) = (\overline{QB}/\overline{SQ})$ es tangente a la parábola que pasa por A y B y tiene a las rectas $\overline{SA}$ y $\overline{SB}$ como tangentes.*

DEMOSTRACIÓN. Para cada punto P del lado $\overline{SA}$ el cociente $\overline{SP}/\overline{PA}$ tiene un valor distinto (si pensamos en P partiendo de S y yendo hacia A, el valor de $\overline{SP}$ va aumentando mientras que el valor de $\overline{PA}$ va disminuyendo, por lo que el valor de $\overline{SP}/\overline{PA}$ es siempre creciente).

Por otro lado, tenemos que siempre existe una tangente a la parábola que corte al segmento $\overline{AS}$ en el punto que queramos, ya que las tangentes van recorriendo el plano desde $\overline{AS}$ (tangente en A) hasta $\overline{SB}$ (tangente en B) de manera continua.

Usando ambos razonamientos, llegamos a la conclusión que si tenemos un punto P y un punto Q que cumplen $(\overline{SP}/\overline{PA}) = (\overline{QB}/\overline{SQ})$, necesariamente tienen que ser los mismos P y Q que resultan de la única tangente que corta a $\overline{SA}$ en P. Es decir, no puede haber puntos P y Q que cumplan $(\overline{SP}/\overline{PA}) = (\overline{QB}/\overline{SQ})$ y que sean distintos a los puntos de la tangente que sabemos que existe y cumple, por el teorema de Apolonio, la misma igualdad. $\qquad\square$

PROPOSICIÓN 9.1. *La parábola que pasa por A y B y tiene a $\overline{AS}$ y $\overline{BS}$ como tangentes es la envolvente buscada.*

DEMOSTRACIÓN. Dividimos al segmento $\overline{AS}$ (y a $\overline{BS}$) en n trozos de igual longitud d y nos fijamos en una de las rectas del enunciado, por ejemplo, la que el punto P del segmento $\overline{AS}$ está a distancia $m \cdot d$ de S y a distancia $(n - m) \cdot d$ de A. Por las condiciones del enunciado, el punto Q del segmento $\overline{BS}$ está a distancia $(n - m) \cdot d$ de S y a distancia $m \cdot d$ de B (ver figura 9.3).

Tenemos, por tanto, que para esa recta se cumple:

$$\frac{\overline{SP}}{\overline{PA}} = \frac{\overline{QB}}{\overline{SQ}} = \frac{m \cdot d}{(n-m) \cdot d}$$

Por el corolario anterior, eso significa que la parábola descrita es tangente a esta recta. Como eso ocurre para todas las rectas pensadas, la parábola es necesariamente la envolvente buscada. $\qquad\square$

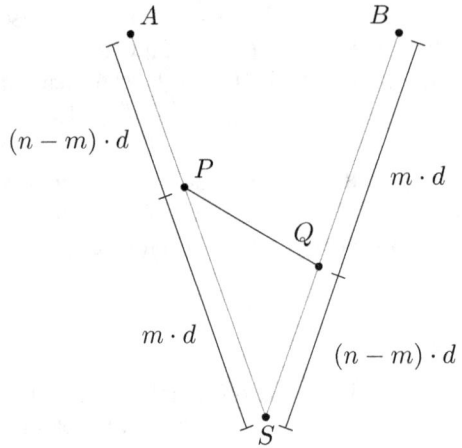

Figura 9.3

OBSERVACIONES FINALES

Evidentemente, en la figura 9.3 podemos deducir también el punto de tangencia O a la parábola en el segmento PQ, ya que se debe cumplir, aplicando el teorema de Apolonio:

$$\frac{\overline{SP}}{\overline{PA}} = \frac{\overline{QB}}{\overline{SQ}} = \frac{m \cdot d}{(n-m) \cdot d} = \frac{\overline{OQ}}{\overline{OP}}$$

Es decir, podemos ir calculando puntos de tangencia (puntos de la parábola, por tanto) y cuando tengamos suficientes tener la información completa de la parábola. En general, son necesarios 4 puntos cualesquiera, pero conociendo los puntos A y B (los extremos del ángulo propuesto) y sabiendo que son simétricos respecto al eje, sólo es necesario conocer otro punto más.

Capítulo 10

Cambio de dirección de un planeta

(Ptolomeo – 145)

PROBLEMA

Determinar cuando un planeta, visto desde la Tierra, cambiará su dirección respecto a estrellas lejanas

HISTORIA

Es bien conocido que durante siglos el hombre situó a la Tierra como centro del Universo (teoría geocéntrica) e intentó explicar el movimiento del resto de cuerpos celestiales a partir de esa aparente verdad.

Sin embargo, el primer problema de la teoría era uno que podía observarse a simple vista: el cambio de dirección de los planetas. En efecto, si la Tierra fuera el centro del universo y el resto de planetas giraban en órbitas circulares alrededor de ella, ¿cómo podía explicarse que Venus, por ejemplo, se movía durante días en un cierto sentido (respecto a las lejanas estrellas fijas en el Cielo) y, de repente, cambiaba de dirección?

Ptolomeo ideó una teoría, basada en el trabajo previo de Apolonio, según la cual cualquier planeta giraba en pequeños círculos alrededor de un centro móvil, siendo este centro el punto que seguía una órbita circular respecto a la Tierra, como podemos ver en la figura 10.1. Con este cambio, aparentemente se podía explicar el cambio de dirección de los planetas sin perturbar la importancia de la Tierra como centro del Universo.

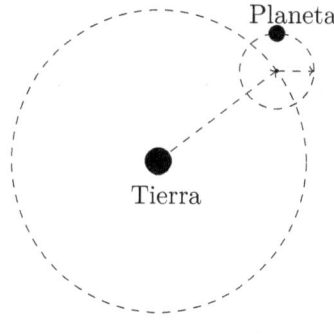

Figura 10.1

Esta teoría, llamada teoría epicíclica, fue defendida por la mayoría como cierta hasta el sigo XVI (y más allá por algunos de sus más fervientes seguidores), cuando Copérnico y Kepler la convirtieron en obsoleta, demostrando matemáticamente la exactitud del modelo heliocéntrico. Incluso antes, la validez de la teoría epicíclica estaba en entredicho, ya que cada vez necesitaba más círculos auxiliares para intentar explicar los movimientos de cuerpos celestes, cuyo cálculo mejoraba con la mayor precisión de las medidas de observaciones.

Siglos después, muchas teorías erróneas (pero, sin embargo, defendidas tenazmente a pesar de las observaciones experimentales en su contra) son ridiculizadas al compararlas con la teoría epicíclica, ejemplo de siglos de obstinación y tozudez humanas.

Ptolomeo inspirado por Urania, musa de la Astronomía
Ilustración de "Margarita Philosophica" – Gregor Reisch (1508)

En la solución propuesta al problema (basada, evidentemente, en el modelo heliocéntrico) se explicará el motivo del cambio de dirección de un planeta visto desde la Tierra. Plantearemos para ello las simplificaciones de que las órbitas de los planetas son circulares alrededor del Sol y de que todas ellas están en el mismo plano.

SOLUCIÓN

Llamemos T a la Tierra y supongamos que orbita circularmente alrededor del Sol a velocidad angular constante w_T. Pongamos al Sol en el centro de nuestro origen de coordenadas rectangular y a la Tierra en el eje X en el momento que tomaremos como inicio del estudio. Finalmente, llamemos R_T a la distancia Tierra – Sol (constante, por nuestra suposición de órbita circular).

Ahora supongamos otro planeta al que llamamos P, que orbita alrededor del Sol a velocidad angular constante w_P y que lo hace **en el mismo plano** que la órbita de T. Llamemos R_P a la distancia, también constante, Planeta – Sol (supongamos que $R_P < R_T$, aunque la solución al problema sería idéntica en caso contrario) y supongamos que el segmento Planeta – Sol forma un ángulo α con la parte positiva del eje X en el momento que tomamos como tiempo inicial. Todo lo expuesto hasta ahora puede verse en la figura 10.2.

La ecuación del movimiento de T en función del tiempo es $\vec{T}(t) = (R_T \cos w_T t, R_T \sin w_T t)$, mientras que la de P resulta ser $\vec{P}(t) = (R_P \cos(w_P t + \alpha), R_P \sin(w_P t + \alpha))$ (obsérvese que en el instante $t = 0$ tenemos $\vec{P}(0) = (R_P \cos \alpha, R_P \sin \alpha)$, tal y como impusimos en el enunciado).

Por tanto, el vector que une a T y a P en función del tiempo es $\vec{L}(t) = (R_P \cos(w_P t + \alpha) - R_T \cos w_T t, R_P \sin(w_P t + \alpha) - R_T \sin w_T t)$, el cual forma un ángulo β (no constante en el tiempo) con el semieje positivo de X (ver, de nuevo, la figura 10.2).

Este vector muestra la dirección desde la que un observador en la Tierra ve al planeta P. En cambio, las estrellas lejanas no varían prácticamente su posición vistas desde la Tierra, por lo que

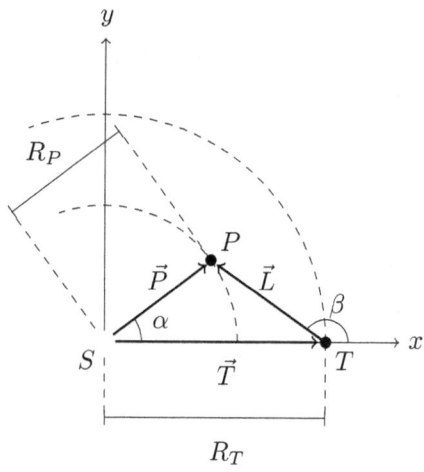

Figura 10.2

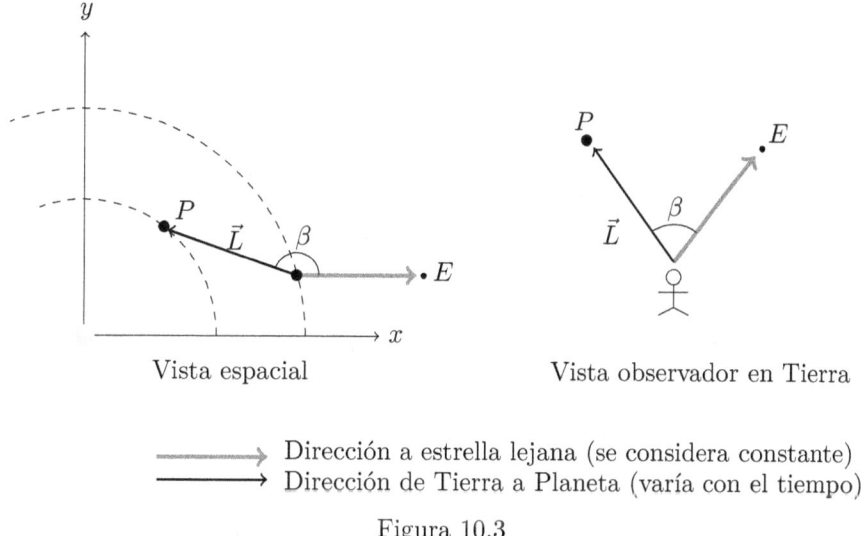

⟶ Dirección a estrella lejana (se considera constante)
⟶ Dirección de Tierra a Planeta (varía con el tiempo)

Figura 10.3

dicho observador vería al planeta moverse respecto a ellas de igual manera que varía el ángulo β respecto a una dirección fija (ver figura 10.3)

Es decir, podemos considerar que un punto de observación fijo en el cielo está en una dirección fija de nuestro sistema de coordenadas. Por ejemplo, podemos pensar en una estrella muy lejana que se ve siempre en la dirección del semieje positivo de X (el argumento no varía si pensamos en otra dirección). La suposición de que es fija no da error si consideramos una estrella que está a varios años luz de distancia de la Tierra.

Pues bien, desde la Tierra vemos que el ángulo entre β y el semieje positivo de X varía con el tiempo y, por tanto, puede aumentar o disminuir. Precisamente en el momento que pase de crecer a decrecer (o al revés) es cuando veríamos en el cielo la sensación de "cambio de dirección". En otras palabras, debemos observar la función $\beta(t)$ y fijarnos cuándo pasa de un momento de crecimiento a otro de decrecimiento, es decir, buscar sus extremos relativos forzando que su derivada sea igual a 0, $\beta'(t) = 0$.

Para ello, calculemos primero la función correspondiente a $f(t) = \tan[\beta(t)]$:

$$f(t) = \tan[\beta(t)] = \frac{R_P \sin(w_P t + \alpha) - R_T \sin w_T t}{R_P \cos(w_P t + \alpha) - R_T \cos w_T t}$$

No es necesario ahora despejar $\beta(t)$ para derivar posteriormente. En efecto, si queremos encontrar los valores de $\beta'(t) = 0$, lo podemos hacer de manera análoga buscando los que cumplen $f'(t)$, ya que por la regla de la cadena de derivación tenemos que $f'(t) = \sec^2[\beta(t)] \cdot \beta'(t)$ (el multiplicar por un valor no varía la búsqueda de ceros).

Por tanto, busquemos las soluciones de $f'(t) = 0$:

$$f'(t) = \tan[\beta(t)] = \frac{(R_P w_P \cos(w_P t + \alpha) - R_T w_T \cos w_T t) \cdot (R_P \cos(w_P t + \alpha) - R_T \cos w_T t)}{(R_P \cos(w_P t + \alpha) - R_T \cos w_T t)^2} -$$

$$- \frac{(R_P \sin(w_P t + \alpha) - R_T \sin w_T t) \cdot (-R_P w_P \sin(w_P t + \alpha) + R_T \sin w_T t)}{(R_P \cos(w_P t + \alpha) - R_T \cos w_T t)^2} = 0 \quad \Rightarrow$$

$$\Rightarrow \quad [R_P^2 w_P \cos^2(w_P t + \alpha) - R_P R_T (w_P + w_T) \cos(w_P t + \alpha) \cos(w_T t) + R_T^2 w_T \cos^2(w_T t)] +$$

$$+ [R_P^2 w_P \sin^2(w_P t + \alpha) - R_P R_T (w_P + w_T) \sin(w_P t + \alpha) \sin(w_T t) + R_T^2 w_T \sin^2(w_T t)] = 0$$

Aplicando los teoremas trigonométricos $\cos(a-b) = \cos(a)\cos(b) - \sin(a)\sin(b)$ y $\cos^2 a + \sin^2 a = 1$ podemos expresar la ecuación anterior como:

$$R_P^2 w_P - R_P R_T (w_P + w_T) \cos((w_P - w_T)t + \alpha) + R_T^2 w_T = 0 \quad \Rightarrow$$

(10.1) $$\Rightarrow \quad \cos((w_P - w_T)t + \alpha) = \frac{R_P^2 w_P + R_T^2 w_T}{R_P R_T (w_P + w_T)}$$

Es decir, en los tiempos para los cuales se cumpla la ecuación (10.1) se cumplirá que $f'(t) = 0$, lo que implica que se cumplirá también $\beta'(t) = 0$, lo que significa a su vez (como explicamos antes) un cambio de dirección "aparente" de P visto desde la Tierra respecto a una dirección fija en el espacio.

Aprovechando una de las leyes de Kepler podemos simplificar un poco la parte derecha de la expresión (1). Según esa ley, los radios de las órbitas y las velocidades angulares de los planetas del Sistema Solar cumplen una curiosa propiedad: *"La razón entre los cubos de los radios orbitales es igual a la inversa de la razón entre los cuadrados de las velocidades angulares"*, es decir,

(10.2) $$\frac{w_T^2}{w_P^2} = \frac{R_P^3}{R_T^3}$$

En realidad, lo que he llamado "curiosa propiedad" puede deducirse (no lo haremos aquí) a partir de la teoría gravitacional de Newton. Ahora, si llamamos $r_p = \sqrt{R_P}$ y $r_T = \sqrt{R_T}$:

(10.3) $$\frac{w_T}{w_P} = \frac{r_P^3}{r_T^3}$$

La parte derecha de (10.1) puede simplificarse aplicando (10.3):

$$\frac{R_P^2 w_P + R_T^2 w_T}{R_P R_T (w_P + w_T)} = \frac{r_P^4 (w_P/w_T) + r_T^4}{r_P^2 r_T^2 (w_P/w_T + 1)} = \frac{r_P^4 (r_T^3/r_P^3) + r_T^4}{r_P^2 r_T^2 (r_T^3/r_P^3 + 1)} = \frac{r_P^4 r_T^3 + r_T^4 r_P^3}{r_P^2 r_T^2 (r_T^3 + r_P^3)} =$$

$$= \frac{r_P^2 r_T + r_T^2 r_P}{r_T^3 + r_P^3} = \frac{(r_T + r_P) \cdot r_P r_T}{(r_T + r_P) \cdot (r_T^2 - r_p r_T + r_P^2)} = \frac{r_P r_T}{r_T^2 - r_p r_T + r_P^2} = \frac{\sqrt{R_P R_T}}{R_T - \sqrt{R_P R_T} + R_P}$$

Por tanto, finalmente la ecuación (10.1), es decir, los tiempos en los que P cambia de dirección, queda de la siguiente manera:

(10.4) $$\cos((w_P - w_T)t + \alpha) = \frac{\sqrt{R_P R_T}}{R_T - \sqrt{R_P R_T} + R_P}$$

OBSERVACIONES FINALES

Ejemplo real con datos de las órbitas de Venus y la Tierra

La órbita de la Tierra puede aproximarse por una circunferencia de radio $R_T = 149$ millones de km y velocidad angular $w_T = 0{,}9856$ grados/día (completando $360°$ en 365 días). Por su parte, la órbita de Venus puede considerarse como otra circunferencia de $R_P = 107{,}5$ millones de km y $w_P = 1{,}602$ grados/día (el "año" en Venus dura, por tanto, $360/1{,}602 = 224{,}7$ días terrestres).

Si suponemos que en un día en particular los planetas están perfectamente alineados y con el Sol en medio ($\alpha = 180°$), con la fórmula (10.4) podemos calcular cuánto tardará en ocurrir el primer cambio aparente de dirección de Venus para un observador terrestre:

$$\cos(0{,}6164t + 180) = \frac{\sqrt{107{,}5 \cdot 149}}{149 - \sqrt{107{,}5 \cdot 149} + 107{,}5} = 0{,}974$$

La primera solución de la ecuación anterior ocurre cuando $t = 271$. Es decir, Venus cambiará de dirección en el cielo a los 271 días "terrestres" de la posición inicial señalada.

Tránsito de Venus

En realidad, tampoco es cierto que las órbitas de la Tierra y Venus estén en el mismo plano. Si fuera así, cada cierto tiempo (unos 8 años) Venus quedaría en medio de la Tierra y el Sol, provocando un minúsculo eclipse (Venus sería una pequeña mancha en el inmenso Sol) que se suele llamar "tránsito de Venus".

Pero los planos de las órbitas difieren en unos $3{,}4°$, lo que provoca que no haya alineación cada 8 años, sino sólo esporádicamente. Sin embargo, muchas veces ocurren 2 tránsitos separados por sólo 8 años (la pequeña desviación produce que después de 8 años de un tránsito, Venus aún no se desvía lo suficiente para que en la próxima alineación no ocurra un nuevo eclipse), tardando luego más de 100 años en volverse a producir otro. Mucha gente, por tanto, no coincidirá con un tránsito de Venus en toda su vida, pero algunos hemos podido disfrutar los dos últimos, ocurridos en junio de 2004 y junio de 2012; el próximo será en diciembre de 2117.

Capítulo 11

La ecuación de Pell

(Brahmagupta – 628)

PROBLEMA

Encontrar las soluciones enteras de la ecuación $x^2 - d \cdot y^2 = 1$, donde d es un entero positivo que no es un cuadrado.

HISTORIA

Matemáticos indios y griegos del siglo IV a.C. ya estaban interesados en esta ecuación y su conexión con las fracciones de enteros que aproximaban raíces cuadradas. Más tarde, el gran matemático indio Brahmagupta encontró una solución (parcial, sólo para ciertos valores de d) en su obra maestra "La doctrina de Brahma correctamente establecida" (628 d.C.).

Al parecer, en Europa desconocían ese libro y ¡mil años! después, Pierre de Fermat propuso (en 1657) la ecuación como problema para los más prestigiosos matemáticos del continente; en el intercambio de cartas que siguió, el inglés Lord William Brounker (1620 – 1684) encontró un método general para resolverla.

Brahmagupta (598 – 660)

Sin embargo, Leonhard Euler confundió su trabajo con el de John Pell (1611 – 1685), quien se había limitado a citar la solución de Brounker en un libro. Desgraciadamente para Brounker (y para el gran Brahmagupta), la reputación de Euler era enorme y el nombre de "ecuación de Pell" ha sobrevivido hasta nuestros días, a pesar de algunos loables intentos por renombrarla en honor a sus verdaderos descubridores.

La bonita solución que presentaremos a continuación, basada en fracciones continuas y en el estudio de las propiedades de los números de la forma $P + Q\sqrt{d}$ fue desarrollada por el matemático ítalo–francés Joseph–Louis Lagrange (1736 – 1813), quien fue nombrado conde por Napoleón por sus innumerables aportes a la ciencia y enterrado en el Panteón de París. Más tarde, tanto Evariste Galois como Carl Frederich Gauss aportaron importantes observaciones para la generalización del problema.

SOLUCIÓN

En primer lugar hay que señalar que la imposición que d no sea un cuadrado se debe a que si lo fuera ($d = c^2$), tendríamos que la ecuación original podría escribirse como $x^2 - d \cdot y^2 = 1 \Rightarrow (x - cy) \cdot (x + cy) = 1$, lo que obligaría, trabajando con enteros, a que $(x - cy) = (x + cy) = \pm 1$ y, en esos casos, sólo las soluciones triviales $(1, 0)$ y $(-1, 0)$ serían solución. Por tanto, para que el problema sea interesante es necesario imponer que d no sea un cuadrado y, por tanto, que $\sqrt{d}$ sea un número irracional.

Aproximación a la solución

Los primeros matemáticos que intentaron resolver esta ecuación llegaron a la siguiente conclusión: supongamos que tenemos una colección de fracciones p_n/q_n de números enteros positivos que se aproximen "mucho" al valor irracional $\sqrt{d}$, es decir, $p_n/q_n \approx \sqrt{d}$. Entonces, tendremos que $p_n^2/q_n^2 \approx d$ y que, por tanto, $p_n^2 - d \cdot q_n^2 \approx 0$. Como p_n, q_n son enteros positivos, el valor correcto (no aproximado) de $p_n^2 - d \cdot q_n^2$ será también entero y, por suposición, "próximo" a 0. Entonces existe la posibilidad de que, para alguna pareja p_n, q_n, ese entero sea 1 y que encontremos una solución a la ecuación de Pell.

Por esta razón, se empezó la búsqueda de fracciones que aproximaran muy bien a los números irracionales de la forma $\sqrt{d}$ y nació la teoría de las fracciones continuas, algunos de cuyos resultados vamos a enumerar y demostrar a continuación. Evidentemente, el razonamiento anterior podría no llevar a ningún resultado (tal vez nunca se pueda conseguir que $p_n^2 - d \cdot q_n^2$ valga 1, a pesar de que sea un número "pequeño"), pero por algo tenían que empezar.

Afortunadamente, como veremos, la teoría de las fracciones continuas encontrará soluciones a la ecuación de Pell.

Fracciones continuas

DEFINICIÓN 11.1. *Sea α un número irracional. Llamamos **fracción continua** de α a la serie de números enteros $(a_0, a_1, a_2, ...)$, llamados **coeficientes**, que se hallan recursivamente, con la ayuda de los números reales auxiliares $(r_0, r_1, r_2, ...)$, llamados **residuos**, de la siguiente manera:*

n	r_n	a_n
0	$r_0 = \alpha$	$a_0 = \lfloor r_0 \rfloor$
1	$r_1 = \dfrac{1}{r_0 - \lfloor r_0 \rfloor}$	$a_1 = \lfloor r_1 \rfloor$
...		
n	$r_n = \dfrac{1}{r_{n-1} - \lfloor r_{n-1} \rfloor}$	$a_n = \lfloor r_n \rfloor$

donde $\lfloor x \rfloor$ denota el entero menor más cercano (o igual) a x.

Ejemplo.- Para $\alpha = \sqrt{7}$ encontramos los valores:

n	r_n	a_n
0	$r_0 = \sqrt{7} = 2{,}645...$	$a_0 = \lfloor \sqrt{7} \rfloor = 2$
1	$r_1 = \dfrac{1}{\sqrt{7}-2} = 1{,}5485...$	$a_1 = \lfloor 1{,}5485... \rfloor = 1$
2	$r_2 = \dfrac{1}{1{,}5485...-1} = 1{,}8228...$	$a_2 = \lfloor 1{,}8228... \rfloor = 1$
...		

Por tanto, la fracción continua de $\sqrt{7}$ empieza por $(2,1,1,...)$.

En realidad, para irracionales que son raíces cuadradas de enteros, se puede (y debe) trabajar con valores r_n exactos. En este caso se puede comprobar que son todos de la forma $(m+\sqrt{7})/k$ (con m, k enteros positivos):

$$r_0 = \frac{0+\sqrt{7}}{1}, \qquad r_1 = \frac{2+\sqrt{7}}{3}, \qquad r_2 = \frac{1+\sqrt{7}}{2}, \qquad \ldots$$

¿Cuál es el motivo de buscar estos números de esta manera? De la definición se puede deducir (con un poco de paciencia, se deja su comprobación para el lector interesado) las siguientes igualdades:

(11.1) $\qquad \alpha = r_0, \qquad \alpha = a_0 + \dfrac{1}{r_1}, \qquad \alpha = a_0 + \dfrac{1}{a_1 + \frac{1}{r_2}}, \qquad \ldots$

Si el valor de r_n en las ecuaciones anteriores lo sustituimos por a_n convertimos las igualdades en aproximaciones:

(11.2) $\qquad \alpha \approx a_0, \qquad \alpha \approx a_0 + \dfrac{1}{a_1}, \qquad \alpha \approx a_0 + \dfrac{1}{a_1 + \frac{1}{a_2}}, \qquad \ldots$

Lo que estamos proponiendo, por tanto, es una manera de aproximar números irracionales con una sucesión de fracciones con números enteros. De manera continua nos vamos acercando cada vez más al número original, de ahí el nombre de fracción continua de un irracional.

Cada una de las sucesivas aproximaciones que hemos visto en (11.2), que llamaremos S_n, es mejor que la anterior, como hemos dicho. En nuestro ejemplo, $\alpha = \sqrt{7} = 2{,}645751...$ y las primeras aproximaciones son:

$$S_0 = a_0 = 2$$
$$S_1 = a_0 + \frac{1}{a_1} = 2 + \frac{1}{1} = 3$$
$$S_2 = a_0 + \frac{1}{a_1 + \frac{1}{a_2}} = 2 + \frac{1}{1+\frac{1}{1}} = \frac{5}{2} = 2{,}5$$

El lector puede comprobar, con paciencia, que $S_3 = 8/3 = 2{,}666666...$, $S_4 = 37/14 = 2{,}642857...$, $S_5 = 45/17 = 2{,}647058...$ y $S_6 = 82/31 = 2{,}645161...$, por ejemplo, cada vez aproximándonos más al valor original.

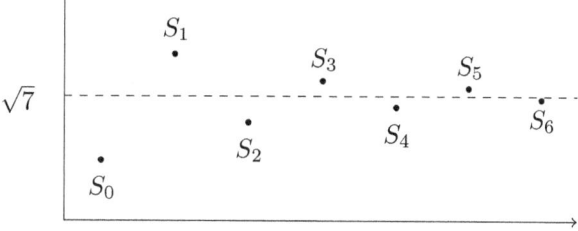

Figura 11.1

La idea de este libro no es demostrar todo lo expuesto, pero el lector creerá intuitivamente la certeza de las propiedades siguientes (que, por supuesto, puede demostrar con la ayuda de libros sobre fracciones continuas):

- El valor de S_n se aproxima mejor que S_{n-1} al valor de α.
- Los valores $S_0, S_2, ..., S_{2k}$ son crecientes y se aproximan a α inferiormente, mientras que $S_1, S_3, ..., S_{2k+1}$ son decrecientes y se aproximan a α superiormente.
- Aún más, la secuencia S_n posee un límite y éste es el valor de α.
- Los residuos r_n son siempre números irracionales (estamos suponiendo que α es irracional) y, excepto tal vez r_0, el resto de ellos es mayor que 1, lo que obliga a que los coeficientes a_n ($n > 1$) sean números naturales.

Por construcción, el valor de S_n es un número racional que puede escribirse como una fracción p_n/q_n (numerador y denominador enteros, sin divisores comunes), y estas fracciones (llamadas **convergentes**) serán las candidatas comentadas anteriormente para intentar cumplir $p_n^2 - d \cdot q_n^2 = 1$ cuando las calculemos para el valor de $\alpha = \sqrt{d}$.

Ahora bien, para el cálculo de p_n/q_n necesitamos un método eficiente que no sea la suma de muchas fracciones como en (11.2), algo muy engorroso. Para ello enunciamos el siguiente lema:

LEMA 11.1. *Con la notación utilizada hasta ahora y suponiendo que ya hemos calculado los coeficientes $(a_0, a_1, a_2, ...)$, se puede deducir que, para $n \geq 2$:*

(11.3)
$$\begin{cases} p_n = a_n p_{n-1} + p_{n-2} \\ q_n = a_n q_{n-1} + q_{n-2} \end{cases}$$

DEMOSTRACIÓN. Por inducción sobre n. La dejamos para el lector interesado, que puede consultarla fácilmente. □

Las fórmulas recursivas (11.3) nos dan un método sencillo para calcular los valores de p_n/q_n. En la tabla siguiente, suponemos que, para $\alpha = \sqrt{7}$, conocemos todos los valores a_n (los hemos calculado como hicimos anteriormente) y que hemos calculado los de p_0, q_0, p_1, q_1 a partir de la definición. Para el resto sólo hay que aplicar (11.3): por ejemplo, para el 37 debemos hacer $4 \cdot 8 + 5$ (valor de la casilla a la izquierda y las dos superiores).

n	a_n	p_n	q_n	p_n/q_n
0	2	2	1	$2/1 = 2$
1	1	3	1	$3/1 = 3$
2	1	5	2	$5/2 = 2{,}5$
3	1	8	3	$8/3 = 2{,}66666...$
4	4	37	14	$37/14 = 2{,}64285...$
5	1	45	17	$45/17 = 2{,}64705...$
6	1	82	31	$82/31 = 2{,}64516...$
7	1	127	48	$127/48 = 2{,}64583...$
	...			$\sqrt{7} = 2{,}64575...$

Si el lema 11.1 lo retocamos un poco llegamos a otro resultado interesante:

COROLARIO 11.1. *Para $n \geq 1$ se cumple que:*

$$\alpha = \frac{r_{n+1} p_n + p_{n-1}}{r_{n+1} q_n + q_{n-1}}$$

DEMOSTRACIÓN. Si nos fijamos en las ecuaciones (11.1) y (11.2) que escribimos cuando explicábamos la definición de fracción continua, se puede ver que (11.1) son igualdades donde aparece α y los coeficientes $(a_0, \cdots, a_n, r_{n+1})$; en cambio en (11.2) las igualdades corresponden a la fracción p_n/q_n (que definimos después) y a los coeficientes $(a_0, \cdots, a_n, a_{n+1})$.

Por tanto, la demostración del lema 11.1 puede repetirse de idéntica manera pero utilizando α en lugar de p_n/q_n y $(a_0,\cdots,a_n,r_{n+1})$ en lugar de $(a_0,\cdots,a_n,a_{n+1})$ lo que lleva a escribir:

$$\alpha = \frac{r_{n+1}p_n+p_{n-1}}{r_{n+1}q_n+q_{n-1}} \qquad \text{en lugar de} \qquad \frac{p_n}{q_n} = \frac{a_{n+1}p_n+p_{n-1}}{a_{n+1}q_n+q_{n-1}}$$

que es lo que queríamos demostrar. □

El lema 11.1 no sólo es para calcular eficientemente los valores de p_n, q_n, sino que su resultado nos servirá posteriormente. Por ejemplo, para el siguiente lema:

LEMA 11.2. *Para $n \geq 1$ se cumple $p_n q_{n-1} - p_{n-1} q_n = (-1)^{n-1}$.*

DEMOSTRACIÓN. También por inducción sobre n. Para $n = 1$, tenemos que la afirmación es cierta:

$$p_1 q_0 - p_0 q_1 = (a_0 a_1 + 1)\cdot(1) - (a_0)\cdot(a_1) = 1$$

Supongamos ahora que el resultado es cierto para n. Entonces, para $n+1$:

$$p_{n+1}q_n - p_n q_{n-1} \stackrel{(a)}{=} (a_{n+1}p_n + p_{n-1})\cdot q_n - p_n \cdot (a_{n+1}q_n + q_{n-1}) =$$
$$= p_{n-1}q_n - p_n q_{n-1} \stackrel{(b)}{=} -(-1)^{n-1} = (-1)^n$$

donde en (a) hemos aplicado el lema 11.1 y en (b) la hipótesis de inducción para n. □

Todos estos resultados son ciertos para cualquier α irracional, pero ahora vamos a concentrarnos en nuestro objetivo, cuando $\alpha = \sqrt{d}$.

PROPOSICIÓN 11.1. *Si $\alpha = \sqrt{d}$ entonces $r_i = \frac{m_i+\sqrt{d}}{k_i}$ con m_i, k_i números enteros y que cumplen las siguientes ecuaciones recursivas:*

$$m_{i+1} = a_i k_i - m_i \qquad y \qquad k_{i+1} = \frac{d-m_{i+1}^2}{k_i}$$

DEMOSTRACIÓN. Cuando calculamos algunos residuos del ejemplo $\sqrt{7}$ ya vimos intuitivamente que todos son del tipo $r_i = (m_i + \sqrt{7})/k_i$.

En el caso general, vamos a demostrarlo por inducción. En primer lugar, para r_1:

$$r_1 = \frac{1}{\sqrt{d}-a_0} = \frac{1}{\sqrt{d}-a_0}\cdot\frac{\sqrt{d}+a_0}{\sqrt{d}+a_0} = \frac{\sqrt{d}+a_0}{d-a_0^2}$$

donde, además, se cumple que $m_1 = a_0 k_0 - m_0 = a_0\cdot 1 - 0$ y $k_1 = (d-m_1^2)/k_0 = d-a_0^2$, tal y como se anuncia en la proposición. Ahora, suponiendo que la identidad es cierta para $r_n = (m_n+\sqrt{d})/k_n$, debemos demostrarla para r_{n+1}:

$$r_{n+1} = \frac{1}{\frac{m_n+\sqrt{d}}{k_n}-a_n} = \frac{k_n}{(m_n-a_n\cdot k_n)+\sqrt{d}} = \frac{k_n}{(m_n-a_n\cdot k_n)+\sqrt{d}}\cdot\frac{(m_n-a_n\cdot k_n)-\sqrt{d}}{(m_n-a_n\cdot k_n)-\sqrt{d}} =$$
$$= \frac{(a_n\cdot k_n - m_n)+\sqrt{d}}{\frac{d-(m_n-a_n\cdot k_n)^2}{k_n}} := \frac{m_{n+1}+\sqrt{d}}{k_{n+1}}$$

donde hemos definido $m_{n+1} = a_n k_n - m_n$ y $k_{n+1} = (d - m_{n+1}^2)/k_n$, lo que queríamos comprobar.

Solamente hay que asegurarse que k_{n+1}, tal como lo hemos definido, es un número entero, pero eso puede demostrarse también por inducción, ya que $k_{n+1} = (d - (m_n - a_n k_n)^2)/k_n$ y el denominador k_n divide al numerador porque éste puede escribirse como $d - (m_n - a_n k_n)^2$, es decir, $(d - m_n^2) + k_n \cdot (2 a_n m_n + a_n^2 k_n)$, siendo los dos sumandos divisibles por k_n (el primero, por hipótesis de inducción, ya que $d - m_n^2 = k_n \cdot k_{n+1}$; el segundo, de manera trivial). □

Ahora llegamos al núcleo del problema. Vamos a demostrar que para los casos $\alpha = \sqrt{d}$ se cumple una curiosa propiedad en la fracción continua: los coeficientes llega un momento que empiezan a repetirse de manera periódica, de modo que se cumple que, en algún momento, $a_j = a_i$ ($j > i$) y, a partir de entonces, $a_{j+n} = a_{i+n}$ ($\forall n$ natural). Por ejemplo, para $\alpha = \sqrt{7}$ se cumple que la fracción continua tiene coeficientes $(2,1,1,1,4,1,1,1,4,...)$ repitiéndose la secuencia $\{1,1,1,4\}$ indefinidamente. Cuando ocurre eso, decimos que la fracción continua es **periódica**, de periodo $N = j - i$ (en nuestro ejemplo, $N = 4$) y se escribe como $(a_0, ..., a_{i-1}, \overline{a_i, ..., a_{j-1}})$ (en nuestro ejemplo, $(2, \overline{1,1,1,4})$).

PROPOSICIÓN 11.2. *La función continua de $\alpha = \sqrt{d}$ es periódica.*

DEMOSTRACIÓN. Primero vamos a demostrar que, con la notación de la proposición 11.1, se cumple:

$$|m_i| < \sqrt{d} \qquad y \qquad 0 < k_i < d \qquad\qquad (\forall i \geq 0)$$

Para ello, de nuevo, usamos inducción. Para $i = 0$ el resultado es cierto, ya que $|m_0| = 0 < \sqrt{d}$ y $0 < k_0 = 1 < d$. Suponemos que es cierto para i e intentamos demostrarlo para $i+1$:

$$|m_{i+1}| = |a_i k_i - m_i| = \left|\left\lfloor \frac{m_i + \sqrt{d}}{k_i} \right\rfloor \cdot k_i - m_i\right| \stackrel{(a)}{<} |(m_i + \sqrt{d}) - m_i| = \sqrt{d}$$

$$k_{i+1} = \frac{d - m_{i+1}^2}{k_i} \stackrel{(b)}{<} \frac{d}{k_i} \stackrel{(c)}{<} d$$

la desigualdad (a) es cierta por ser $(m_i + \sqrt{d})$ y k_i positivos (ambas afirmaciones, por hipótesis de inducción), la (b) es cierta ya que $0 < d - m_{n+1}^2 < d$ (de nuevo por ser $(m_i + \sqrt{d})$ positivo) y la (c) es cierta porque, de nuevo, k_i es positivo. Además de las dos desigualdades anteriores, es fácil ver que k_{i+1} es positivo por ser una división entre números positivos (tanto $d - m_{i+1}^2$ como k_i lo son).

Una vez demostrado lo anterior, deducimos entonces que el número $r_i = (m_i + \sqrt{d})/k_i$ sólo puede tomar un número finito de posibilidades, ya que tanto m_i como k_i son enteros acotados tanto superior como inferiormente. Por tanto, los residuos, en algún momento, deben repetirse, por ejemplo $r_j = r_i$ y, por la definición de residuos, eso significa que, a partir de entonces, todos los residuos se calculan como ya se había hecho antes ($r_{j+n} = r_{i+n}$) y lo mismo ocurre para los coeficientes de la fracción continua ($a_{j+n} = a_{i+n}$). La fracción continua es, por tanto, periódica. □

Sólo nos queda demostrar un resultado más, encontrado por Lagrange en 1770, y que deja, por fin, el camino despejado para encontrar las soluciones de la ecuación de Pell.

DEFINICIÓN 11.2. *Llamamos **irracional cuadrático** al número que puede escribirse como $\beta = (P + \sqrt{d})/Q$ con P, Q enteros positivos. Llamamos **conjugado** de β y lo denotamos como β' al número $\beta = (P - \sqrt{d})/Q$. Si se cumple que $\beta > 1$ y que $-1 < \beta' < 0$ entonces decimos que β es un **irracional cuadrático reducido**.*

TEOREMA 11.1. *(Lagrange) Un irracional cuadrático reducido tiene una fracción continua periódica pura ($\overline{a_0, ..., a_j}$), es decir, su periodo empieza en el primer término.*

DEMOSTRACIÓN. Sea β un irracional cuadrático reducido que tiene coeficientes de fracción continua $(a_0, ..., a_k, ...)$. Entonces se cumple que su residuo r_1 también es un irracional cuadrático, ya que:

- Tenemos que $r_1 = 1/(\beta - \lfloor \beta \rfloor)$ y, por tanto, $r_1 > 1$ por ser $0 < \beta - \lfloor \beta \rfloor < 1$ (irracional menos su parte entera).
- Tenemos que su conjugado $r_1' = 1/(\beta' - \lfloor \beta \rfloor)$ y, por tanto $-1 < r_1' < 0$ por ser $\beta' - \lfloor \beta \rfloor < -1$ (un número negativo menos un entero positivo).

Es decir, hemos partido de un β irracional cuadrático reducido con coeficientes $(a_0, ..., a_k, ...)$ y hemos llegado a otro irracional cuadrático reducido (su primer residuo r_1) con coeficientes $(a_1, ..., a_k, ...)$, ya que hemos avanzado un paso en el algoritmo de la definición de fracciones continuas. Pero podemos continuar aplicando este razonamiento para deducir lo mismo de $r_2, r_3, ...$ y todos los residuos, que deben ser, por tanto, también irracionales cuadráticos reducidos.

Tenemos, por definición, que $r_{k+1} = 1/(r_k - a_k)$, lo cual es cierto también para sus conjugados $r_{k+1}' = 1/(r_k' - a_k)$ o, lo que es lo mismo, $a_k = (-1/r_{k+1}') + r_k'$. Pero en el párrafo anterior hemos visto que $-1 < r_k' < 0$ (por ser irracional cuadrático reducido), lo que nos ayuda a determinar que $a_k = \lfloor -1/r_{k+1}' \rfloor$ (ya que $-1/r_{k+1}'$ es un número irracional positivo mayor que 1 al que restamos un negativo mayor que -1 para encontrar un entero). Es decir, hemos visto que se cumple:

$$(11.4) \qquad a_k = \left\lfloor \frac{-1}{r_{k+1}'} \right\rfloor \qquad \forall k \geq 0$$

Ahora bien, la proposición 11.2 nos dice que un irracional cuadrático reducido tiene una fracción continua periódica (en realidad lo vimos para $\alpha = \sqrt{d}$, pero la demostración es análoga), por lo que se cumple que, para un ciertos $j > k \geq 1$, $r_{j+n} = r_{k+n}$ $\forall n$ (y sus correspondientes coeficientes). Entonces, por lo encontrado en (11.4), tenemos:

$$a_{j+n-1} = \left\lfloor \frac{-1}{r_{j+n}'} \right\rfloor \text{ y } a_{k+n-1} = \left\lfloor \frac{-1}{r_{k+n}'} \right\rfloor$$

Si $r_{j+n} = r_{k+n}$ entonces $r_{j+n}' = r_{k+n}'$ y, por tanto, $a_{j+n-1} = a_{k+n-1}$, de lo que se deduce $r_{j+n-1} = r_{k+n-1}$ (ya que, por definición, $r_{j+n-1} = a_{j+n-1} + 1/r_{j+n}$ y $r_{k+n-1} = a_{k+n-1} + 1/r_{k+n}$).

Es decir, hemos podido "retroceder" la igualdad de coeficientes $r_{j+n} = r_{k+n}$ en un paso del algoritmo y demostrar $r_{j+n-1} = r_{k+n-1}$. Eso puede repetirse indefinidamente hasta llegar a $r_{j-k} = r_0$, por lo que el período empieza en el primer término. □

El lector puede comprobar todo lo dicho con un ejemplo de irracional cuadrático reducido como es $2 + \sqrt{7}$.

COROLARIO 11.2. *Se cumple que los coeficientes de la fracción continua de $\alpha = \sqrt{d}$ pueden escribirse como $(a_0, \overline{a_1, ..., a_N})$ (es decir, el periodo siempre empieza en el segundo coeficiente) y que $k_N = 1$.*

DEMOSTRACIÓN. $\alpha = \sqrt{d}$ no es un irracional cuadrático reducido ($\alpha > 1$ pero $\alpha' = -\sqrt{d} < -1$), pero sí lo es $\beta = \lfloor \sqrt{d} \rfloor + \sqrt{d} = a_0 + \sqrt{d}$ ($\beta > 1$, por supuesto, pero además $-1 < \beta' = a_0 - \sqrt{d} < 0$). Entonces, por el teorema anterior, β tiene fracción continua periódica pura y, en este caso, ésta empieza por $2a_0$. Podemos escribirla como $(\overline{2a_0, a_1, ..., a_M})$ y, por tanto, $\alpha = \beta - a_0$

tiene fracción continua periódica $(a_0, \overline{a_1, ..., a_M, 2a_0})$ (el primer coeficiente cambia ya que hemos restado a_0 (un número entero) a β, pero a partir de ahí todos los residuos son iguales), que podemos reescribir como $(a_0, \overline{a_1, ..., a_N})$.

Para la segunda afirmación a demostrar, partimos de que $a_N = 2a_0$ (como hemos visto en el párrafo anterior), lo que significa que $r_N = (a_0 + \sqrt{d})/1$ (ya que $r_N = (m_N + \sqrt{d})/k_N$ y en la demostración de la proposición 11.2 vimos que $|m_N| < \sqrt{d}$, lo que obliga a que $m_N = a_0$ y $k_N = 1$ para conseguir que $a_N = \lfloor r_N \rfloor$ llegue al valor de $2a_0$). Por tanto, $k_N = 1$. □

Soluciones de la ecuación de Pell

Todo el trabajo anterior nos ha permitido llegar al siguiente teorema:

TEOREMA 11.2. *Sea $\alpha = \sqrt{d}$ con los residuos de su fracción continua $r_n = (m_n + \sqrt{d})/k_n$ y sus convergentes p_n/q_n. Entonces se cumple que $p_{n-1}^2 - d \cdot q_{n-1}^2 = (-1)^n \cdot k_n \quad \forall n \geq 1$.*

DEMOSTRACIÓN. En el corolario 11.1 demostramos que:

$$\alpha = \frac{r_n p_{n-1} + p_{n-2}}{r_n q_{n-1} + q_{n-2}} \qquad (\forall n > 1)$$

Por tanto:

$$\sqrt{d} = \frac{\left(\frac{m_n + \sqrt{d}}{k_n}\right) \cdot p_{n-1} + p_{n-2}}{\left(\frac{m_n + \sqrt{d}}{k_n}\right) \cdot q_{n-1} + q_{n-2}} = \frac{(m_n + \sqrt{d}) \cdot p_{n-1} + k_n \cdot p_{n-2}}{(m_n + \sqrt{d}) \cdot q_{n-1} + k_n \cdot q_{n-2}} \quad \Rightarrow$$

$$\Rightarrow \quad \sqrt{d} \cdot \left[(m_n + \sqrt{d}) \cdot q_{n-1} + k_n \cdot q_{n-2}\right] = (m_n + \sqrt{d}) \cdot p_{n-1} + k_n \cdot p_{n-2} \quad \Rightarrow$$

$$\Rightarrow \quad (d \cdot q_{n-1}) + \sqrt{d} \cdot (m_n \cdot q_{n-1} + k_n \cdot q_{n-2}) = (m_n \cdot p_{n-1} + k_n \cdot p_{n-2}) + \sqrt{d} \cdot p_{n-1}$$

Igualando, en la ecuación anterior, términos libres (por una parte) y los que acompañan a $\sqrt{d}$ (por la otra):

$$\begin{cases} d \cdot q_{n-1} = m_n \cdot p_{n-1} + k_n \cdot p_{n-2} \\ p_{n-1} = m_n \cdot q_{n-1} + k_n \cdot q_{n-2} \end{cases}$$

Multiplicando la primera ecuación por q_{n-1}, la segunda por p_{n-1} y restando las dos ecuaciones resultantes llegamos a:

$$p_{n-1}^2 - d \cdot q_{n-1}^2 = k_n \cdot (p_{n-1} q_{n-2} + q_{n-1} p_{n-2})$$

Finalmente, aplicamos el lema 11.2 para $n-1$, $p_{n-1} q_{n-2} + q_{n-1} p_{n-2} = (-1)^{n-2}$ y encontramos el resultado buscado $p_{n-1}^2 - d \cdot q_{n-1}^2 = (-1)^n \cdot k_n$ □

n	a_n	p_n	q_n	$p_n^2 - 7 \cdot q_n^2$	k_n	r_n
0	2	2	1	$2^2 - 7 \cdot 1^2 = -3$	1	$(0+\sqrt{7})/1$
1	1	3	1	$3^2 - 7 \cdot 1^2 = 2$	3	$(2+\sqrt{7})/3$
2	1	5	2	$5^2 - 7 \cdot 2^2 = -3$	2	$(1+\sqrt{7})/2$
3	1	8	3	$8^2 - 7 \cdot 3^2 = 1$	3	$(2+\sqrt{7})/3$
4	4	37	14	$37^2 - 7 \cdot 14^2 = -3$	1	$(2+\sqrt{7})/1$
5	1	45	17	$45^2 - 7 \cdot 17^2 = 2$	3	$(2+\sqrt{7})/3$
6	1	82	31	$82^2 - 7 \cdot 31^2 = -3$	2	$(1+\sqrt{7})/2$
7	1	127	48	$127^2 - 7 \cdot 48^2 = 1$	3	$(1+\sqrt{7})/3$
				...		

En la tabla anterior se puede ver varios de los resultados que hemos estado viendo, aplicados al ejemplo $\alpha = \sqrt{7}$. En primer lugar, en la columna de la derecha están los residuos, que al estar acotados han tenido que repetirse, siendo r_5 el que lo ha hecho primero, resultando ser igual que r_1 (tal y como asegura el corolario 11.2, en la primera repetición está involucrado r_1), lo que provoca que ahí acabe el periodo (y NO cuando se repite el primer coeficiente a_n como erróneamente alguien puede confundir). Por tanto, el periodo es igual a 4 y, tal y como vimos en el mismo corolario, se cumple que $k_4 = 1$ y $a_4 = 2a_0$.

La columna anterior a los residuos son los valores de k_n (es decir, los denominadores de los residuos), los cuales, como acabamos de demostrar, deben coincidir con los valores de $p_n^2 - 7 \cdot q_n^2$, aunque desplazados una posición y con signo distinto de manera alternada. Por tanto, para $n = 3$ ya tenemos la primera solución de la ecuación de Pell (por ser $k_4 = 1$ y tocar signo positivo): $8^2 - 7 \cdot 3^2 = 1$.

Sólo falta escribir y demostrar el caso genérico para acabar nuestro problema.

COROLARIO 11.3. *Sean* $(a_0, \overline{a_1, ..., a_N})$ *los coeficientes de la fracción continua de* $\alpha = \sqrt{d}$. *Si el valor de* N *es par, entonces* $p_{bN-1}^2 - d \cdot q_{bN-1}^2 = 1$ *para todo* b *natural; si, en cambio, el valor de* N *es impar, entonces* $p_{2bN-1}^2 - d \cdot q_{2bN-1}^2 = 1$ *para todo* b *natural.*

DEMOSTRACIÓN. Por el teorema anterior tenemos $p_{n-1}^2 - d \cdot q_{n-1}^2 = (-1)^n \cdot k_n$, pero en los casos que n es múltiplo del periodo, $n = bN$ (b número natural), demostramos en el corolario 11.2 que $k_{bN} = 1$ (vimos que $k_N = 1$, el resto se deduce por ser la fracción continua periódica), lo que significa que $p_{bN-1}^2 - d \cdot q_{bN-1}^2 = (-1)^{bN}$.

Si N es par, $(-1)^{bN} = 1$ y tenemos lo buscado; si, en cambio, N es impar, $(-1)^{bN} = 1$ es 1 sólo cuando b es par, de ahí la necesidad de utilizar los valores pares. $\square$

Observación– Para ningún otro valor de n vamos a conseguir que $k_n = 1$, ya que cuando $r_n = m_n + \sqrt{d}$ (es decir, cuando $k_n = 1$) tenemos que $a_n = m_n + a_0$ y:

$$r_{n-1} = \frac{1}{r_n - (m_n + a_0)} = \frac{1}{\sqrt{d} - a_0} = r_1$$

lo que significa que n debe ser múltiplo del periodo.

Para nuestro ejemplo de $\alpha = \sqrt{7}$ teníamos que su fracción continua era $(2, \overline{1, 1, 1, 4})$. Eso significa que su período es 4, por lo que tendremos que $p_{4b-1}^2 - 7 \cdot q_{4b-1}^2 = 1$ para todo b natural: tenemos por tanto, infinitas soluciones a la ecuación de Pell $x^2 - 7y^2 = 1$ con los valores de las convergentes de índices $\{3, 7, 11, ...\}$. La primera solución es con los valores de p_3, q_3 ($8^2 - 7 \cdot 3^2 = 1$).

Para otro ejemplo como $\sqrt{73}$ los números involucrados son mayores, pero la teoría es la misma. Primero debemos encontrar su fracción continua, que será periódica y del tipo $(a_0, \overline{a_1, ..., a_N})$ (corolario 11.2), y resulta ser $(8, \overline{1, 1, 5, 5, 1, 1, 16})$. Eso significa que su período es 7, por lo que $p_{14b-1}^2 - 73 \cdot q_{14b-1}^2 = 1$ para todo b entero. Después debemos buscar las convergentes con las ecuaciones (11.3) y concentrarnos en los índices $\{13, 27, 41, ...\}$ que nos darán las soluciones. Con p_{13}, q_{13} encontramos la primera solución, que es de valores un poco "grandes":

$$(2281249)^2 - 73 \cdot (267000)^2 = 1$$

OBSERVACIONES FINALES

– Es posible comprobar que las soluciones a la ecuación de Pell que aportan las fracciones continuas son, en realidad, las **únicas** soluciones de la ecuación. Dejamos al lector interesado la tarea de informarse sobre esta afirmación.

– Una vez encontrado el modo de resolver la ecuación de Pell, pueden resolverse muchas ecuaciones diofánticas de segundo grado a partir de ella. Gauss, en su obra *"Disquisiciones aritméticas"* (escrita a los 21 años) dedica un capítulo entero del libro para explicar el método completo.

Por ejemplo, es posible encontrar las soluciones enteras de $x^2 + 8xy + y^2 + 2x - 4y + 1 = 0$ aplicando cambios de variables convenientes que la transforman en la ecuación $t^2 - 15 \cdot u^2 = 1$, lo que permite encontrar las soluciones:

$$(x, y) = [(1, -2), (-1, 0), (-1, 12), (13, -98), (13, -2), (-97, 12), ...]$$

Capítulo 12

Billar de forma circular

(Alhazen – 1015)

PROBLEMA

Determinar a qué puntos de la banda de una mesa de billar circular hay que enviar una bola para que rebote e impacte en otra.

HISTORIA

Este problema se otorga al matemático árabe Abu Ali al Hassan ibn al Hassan ibn Alhaitham (965 – 1039), cuyo nombre fue transformado a Alhazen por los traductores de su obra "Óptica". En ella, el problema estaba enunciado de la siguiente (equivalente) manera: "Encontrar el punto en un espejo esférico donde un rayo de luz que proviene de un punto dado se refleja en otro punto dado".

Figura de Alhazen
Billete de 10 dinares (Iraq)

Alhazen escribió el primer tratado sobre lentes, estudió la reflexión y refracción de la luz, entendió la formación del arco iris y defendió la idea del espesor finito de la atmósfera, entre otros logros.

Una serie completa de famosos matemáticos tomaron este problema después de Alhazen, entre ellos Huygens, Barrow, de L'Hôpital, Riccati y Quételet.

SOLUCIÓN

Llamemos C a la circunferencia que forma la banda de la mesa de billar, M al centro de la circunferencia, r a su radio, P_1 y P_2 las posiciones originales de las 2 bolas (que consideramos puntos sin espesor). Tomemos M como el origen de un sistema de coordenadas perpendiculares $x - -y$. Sin pérdida de generalidad, podemos suponer que $r = 1$, que P_1 está en el primer cuadrante del sistema de coordenadas y que su distancia a M es mayor (o igual) que la de P_2 a M (en caso contrario, tomaríamos P_2 como P_1). También podemos suponer que P_2 está en el cuarto cuadrante y que el eje x es la bisectriz del ángulo $\widehat{P_1MP_2}$. (El lector debe comprobar que, en efecto, cualquier posición original de las bolas puede convertirse, mediante una conveniente rotación y una posible simetría, en un caso como el estudiado)

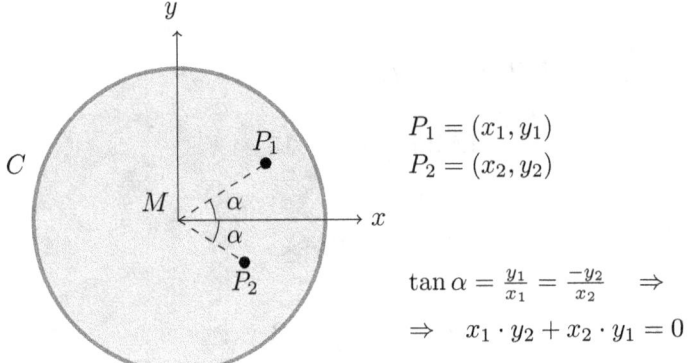

Figura 12.1

Tomando dicha referencia, las coordenadas de $P_1 = (x_1, y_1)$ y $P_2 = (x_2, y_2)$ cumplen las condiciones siguientes:

(12.1) $$\begin{cases} 0 \leq x_2 \leq x_1 \leq r \\ 0 \leq -y_2 \leq y_1 \leq r \end{cases}$$

(12.2) $$x_1 \cdot y_2 + x_2 \cdot y_1 = 0$$

La ecuación (12.2) se deduce del hecho que el eje x es la bisectriz del ángulo $\widehat{P_1MP_2}$ (ver figura 12.1).

Supongamos ahora que el punto buscado en la banda del billar es el punto O de coordenadas (x, y). En ese caso, la propiedad de que la bola rebotará en la banda en el punto O como lo haría en una mesa de billar (sin efectos) equivale a decir que el ángulo $\widehat{P_1OM}$ es igual al ángulo $\widehat{P_2OM}$ (es decir, ángulo de entrada es igual al ángulo de salida). Llamemos ϕ a dicho ángulo.

Además, designamos a los ángulos de los segmentos $\overline{P_1O}$, $\overline{P_2O}$ y $\overline{MO}$ con el eje x los nombres α_1, α_2 y β, respectivamente.

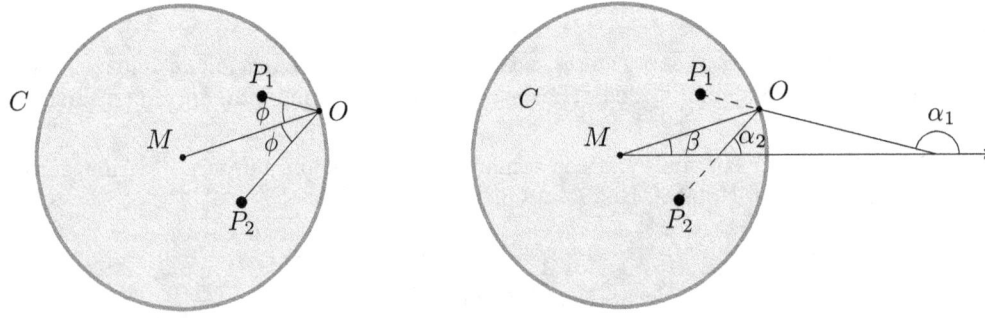

Figura 12.2

Como se ve en la figura 12.2, del triángulo que forman M, O y el punto de intersección de $\overline{P_1O}$ con el eje x, se deduce que:

$$(180 - \alpha_1) + \beta + (180 - \phi) = 180 \quad \Rightarrow \quad \phi = (180 - \alpha_1) + \beta \quad \Rightarrow$$

(12.3) $$\Rightarrow \quad \tan\phi = \frac{\tan(180 - \alpha_1) + \tan\beta}{1 - \tan(180 - \alpha_1) \cdot \tan\beta} \quad \Rightarrow \quad \tan\phi = \frac{-\tan\alpha_1 + \tan\beta}{1 + \tan\alpha_1 \cdot \tan\beta}$$

También, del triángulo que forman M, O y el punto de intersección de $\overline{P_2O}$ con el eje x, se deduce que:

$$(180 - \alpha_2) + \beta + \phi = 180 \quad \Rightarrow \quad \phi = \alpha_2 - \beta \quad \Rightarrow$$

(12.4) $$\Rightarrow \quad \tan\phi = \frac{\tan\alpha_2 - \tan\beta}{1 + \tan\alpha_2 \cdot \tan\beta}$$

Finalmente, teniendo en cuenta que (ver figura 12.3):

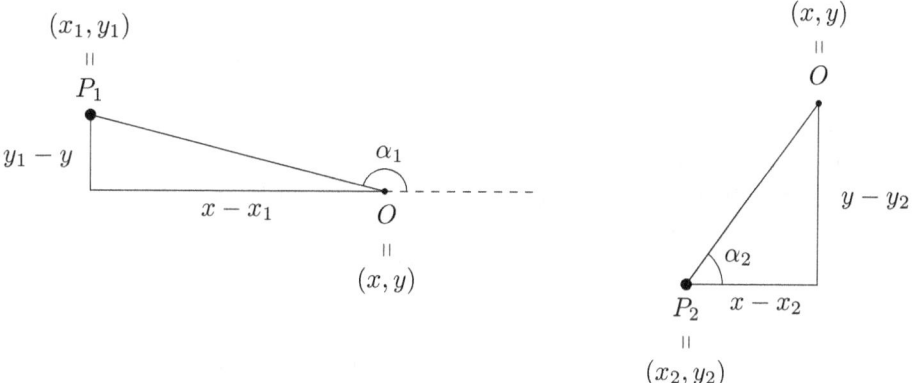

Figura 12.3

$$\tan\alpha_1 = \frac{y - y_1}{x - x_1} \qquad \tan\beta = \frac{y}{x} \qquad \tan\alpha_2 = \frac{y - y_2}{x - x_2}$$

igualamos las fórmulas (12.3) y (12.4), sustituyendo en ellas los valores encontrados anteriormente:

$$\frac{-\frac{y-y_1}{x-x_1} + \frac{y}{x}}{1 + \frac{y-y_1}{x-x_1} \cdot \frac{y}{x}} = \frac{\frac{y-y_2}{x-x_2} - \frac{y}{x}}{1 + \frac{y-y_2}{x-x_2} \cdot \frac{y}{x}} \quad \Rightarrow$$

(12.5) $$\Rightarrow \quad \frac{x \cdot y_1 - y \cdot x_1}{x^2 + y^2 - x \cdot x_1 - y \cdot y_1} = \frac{-x \cdot y_2 + y \cdot x_2}{x^2 + y^2 - x \cdot x_2 - y \cdot y_2}$$

Esta fórmula (12.5) se ha deducido suponiendo que el punto O solución está en el primer cuadrante, aunque se llegaría a la misma suponiendo que estuviera en cualquiera de los otros. Operando un poco más la fórmula (12.5) llegamos a la ecuación:

(12.6) $$H \cdot (x^2 - y^2) - 2Kxy + (x^2 + y^2) \cdot [hy - kx] = 0$$

donde $H = x_1 \cdot y_2 + x_2 \cdot y_1$, $K = x_1 \cdot x_2 - y_1 \cdot y_2$, $h = x_1 + x_2$ y $k = y_1 + y_2$

Sin embargo hemos visto en (12.2) que $H = 0$, por lo que finalmente, podemos decir que el (o los) punto(s) O solución a nuestro problema cumplen la ecuación:

(12.7) $$-2Kxy + (x^2 + y^2) \cdot [hy - kx] = 0$$

Hasta ahora no hemos aplicado que el punto O debe ser de la circunferencia, por lo que en realidad los puntos O solución al problema son los que cumplen el sistema:

$$\begin{cases} -2Kxy + (x^2+y^2)\cdot[hy-kx] = 0 \\ x^2+y^2 = 1 \end{cases} \Rightarrow \begin{cases} -2Kxy + [hy-kx] = 0 \\ x^2+y^2 = 1 \end{cases}$$

Es decir, los puntos buscados corresponden a la intersección entre la ecuación cuadrática:

(12.8)
$$-2Kxy + [hy-kx] = 0$$

y la circunferencia unidad que corresponde a la banda de la mesa de billar. Por tanto, debemos estudiar en primer lugar que tipo de cuadrática corresponde a la ecuación (12.8).

En primer lugar, hay que tener en cuenta, por las propiedades definidas en (12.1) que las variables definidas anteriormente K, h, k son todas ellas no negativas (para K, h se deduce rápidamente, mientras que k es positiva por la imposición que P_1 está a mayor distancia que P_2 del origen y por el hecho que el eje X es la bisectriz del ángulo $\widehat{P_1MP_2}$). Después, escribimos la ecuación (12.8) en forma matricial, tal y como es conocida en la teoría de cónicas:

(12.9)
$$\begin{pmatrix} x & y & 1 \end{pmatrix} \cdot \begin{pmatrix} 0 & -K & -k/2 \\ -K & 0 & h/2 \\ -k/2 & h/2 & 0 \end{pmatrix} \cdot \begin{pmatrix} x \\ y \\ 1 \end{pmatrix} = 0$$

Llamemos D_3 al determinante de la matriz 3x3 en (12.9), D_2 al determinante 2x2 de las primeras 2 filas y columnas y D_1 a la suma de los valores en la diagonal. Tenemos:

$$D_3 = K\cdot\frac{kh}{2} \qquad D_2 = -K^2 \qquad D_1 = 0$$

Caso general

En el caso general ($K \neq 0, k \neq 0, h \neq 0$), es decir, las bolas de billar no están ni en el centro ni en el mismo diámetro, tenemos que $D_3 > 0$, $D_2 < 0$ y $D_1 = 0$, lo que, en teoría de cónicas, equivale a una **hipérbola equilátera**.

De hecho, suponiendo dicho caso general, aplicando a la ecuación (12.8) los siguientes cambios de coordenadas:

(12.10)
$$\begin{cases} x' = x - \frac{h}{2K} \\ y' = y + \frac{k}{2K} \end{cases}$$

tenemos que la ecuación (12.8) se convierte en otra que tiene la perfecta forma de hipérbola equilátera:

(12.11)
$$x'\cdot y' = -\frac{k\cdot h}{4K^2}$$

Por tanto, la solución general al problema (cuando ninguna de las bolas está en el centro y ambas no están en el mismo diámetro) es la siguiente: "**Los puntos hacia donde debemos apuntar son las intersecciones de la hipérbola (12.11) con la circunferencia que define la mesa**".

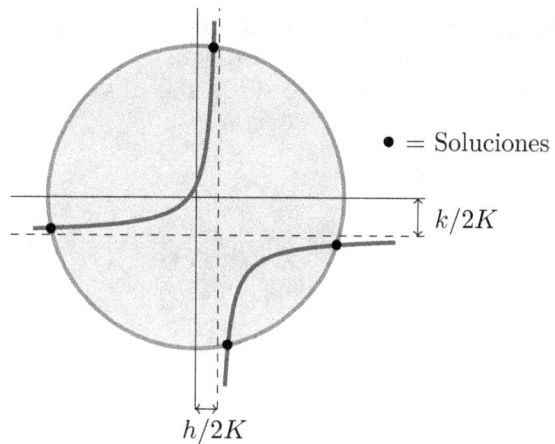

Figura 12.4

OBSERVACIONES FINALES

Podemos estudiar ahora algunos casos particulares: los 3 primeros son casos no contemplados por la solución general (alguna bola en el centro o ambas en el mismo diámetro), con lo que habremos completado el problema; el último es un caso particular de la solución general que es especialmente interesante (las 2 bolas a igual distancia del centro de la mesa).

Caso no contemplado: (Bolas en el mismo diámetro, eje vertical)

Supongamos que $x_1 = x_2 = 0$, lo que implica que $h = 0$, y que $y_1 \neq 0 \neq y_2$ es decir, tenemos las 2 bolas sobre el eje y, **una a cada lado del centro de la mesa**, sin estar ninguna de ellas en él (figura 12.5).

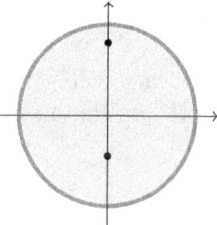

Figura 12.5

En ese caso, tenemos que la ecuación (12.8) se convierte en $-2Kxy - kx = 0$, que tiene a las rectas $x = 0$ e $y = -k/(2K)$ como soluciones. La intersección con el círculo unidad nos da los 2 puntos obvios $(0, 1)$, $(0, -1)$ y 2 puntos más a la altura de la recta $y = -k/(2K)$, es decir, en el semicírculo de ordenadas negativas, donde está la bola más cercana al centro.

Hay que tener en cuenta que, en algunos casos dicha recta **NO** tiene intersección con el círculo unidad (por ejemplo, $y_1 = 1/4$ e $y_2 = -3/8$ dan como solución la recta $y = -2$), mientras que sí tiene para otros casos (por ejemplo, $y_1 = 1/2$ e $y_2 = -3/8$ dan como solución la recta $y = -1/3$).

Caso no contemplado: (Bolas en el mismo diámetro, eje horizontal)

Supongamos que $y_1 = y_2 = 0$, lo que implica que $k = 0$, y que $x_1 \neq 0 \neq x_2$ es decir, tenemos las 2 bolas sobre el eje x, **ambas en el mismo lado de la mesa**, sin estar ninguna de ellas en el centro (figura 12.6).

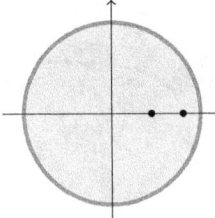

Figura 12.6

En ese caso, tenemos que la ecuación (12.8) se convierte en $-2Kxy + hy = 0$, que tiene a las rectas $y = 0$ y $x = h/2K$ como soluciones. La intersección con el círculo unidad nos da los 2 puntos obvios $(1,0)$, $(-1,0)$ y 2 puntos más en la recta $x = h/2K$.

Pero, a diferencia del caso anterior, esta recta **NUNCA** tiene intersección con la circunferencia unidad. En efecto, tenemos que para este caso, aplicando las propiedades de (12.2) y la propiedad de que la media aritmética es mayor que la geométrica para números positivos:

$$\frac{h}{2K} = \left(\frac{x_1 + x_2}{2}\right) \cdot \frac{1}{x_1 \cdot x_2} > \sqrt{x_1 \cdot x_2} \cdot \frac{1}{x_1 \cdot x_2} = \frac{1}{\sqrt{x_1 \cdot x_2}} > 1$$

Es decir, nunca tendremos otras soluciones aparte de las 2 triviales.

Caso no contemplado: (Bola en el centro de la mesa)

Supongamos que $x_2 = y_2 = 0$, lo que implica que $K = 0$, y que $x_1 \neq 0 \neq y_1$ es decir, tenemos una bola en el centro de la mesa y la otra no (figura 12.7).

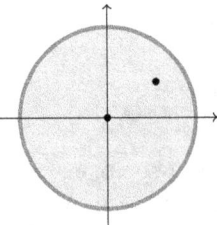

Figura 12.7

En ese caso, tenemos que la ecuación (12.8) se convierte en $hy - kx = 0$, que es precisamente la recta que une a las 2 bolas. Por tanto sólo existen las 2 soluciones obvias de tirar en la misma dirección (en cualquier sentido) del segmento que une ambas bolas.

Caso particular de la solución general: (Bolas a misma distancia del centro)

Supongamos finalmente el interesante caso en el que la distancia de las bolas al centro de la mesa es idéntico, pero dentro del caso general. Es decir, $x_1 = x_2 \neq 0$, $y_1 = -y_2 \neq 0$ y, si definimos c como la distancia de una de las bolas al centro de la mesa, tenemos $c^2 = x_1^2 + y_1^2 = x_2^2 + y_2^2 > 0$.

Este caso entra dentro del caso general, por lo que las soluciones (lugares donde debemos apuntar) son los indicados en la figura 12.3. Lo que aquí vamos a ver es una propiedad curiosa adicional que se cumple en este caso, y que he considerado conveniente demostrar.

En este caso, tenemos que la ecuación (12.8) se convierte en $-2c^2xy+2x_1y = 0$, con las 2 soluciones obvias de $y = 0$ más las 2 soluciones de la recta $x = x_1/c^2$. Dependiendo de las posiciones de las bolas esta recta tendrá o no intersección con la circunferencia unidad: si no hay intersección, sólo las 2 soluciones triviales existen, así que vamos a suponer ahora que $x_1/c^2 < 1$, es decir, $c^2 > x_1$.

Busquemos ahora la circunferencia que tiene centro en el eje de las abcisas y que pasa tanto por M como por las 2 soluciones anteriores (intersecciones de la recta $x = x_1/c^2$ con la circunferencia unidad, a las que llamamos puntos Q). Supongamos que el centro de dicha circunferencia está en el punto $(r_1, 0)$ y sea N el punto opuesto a M en ella (ver figura 12.8).

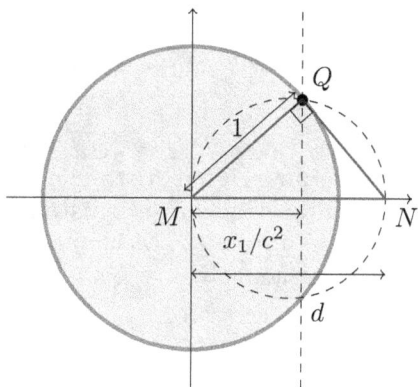

Figura 12.8

Como Q pertenece al círculo unidad tenemos que $\overline{MQ} = 1$ y su proyección al eje de las abcisas mide x_1/c^2, como hemos visto anteriormente. Pero además, $\widehat{MQN}$ es un ángulo recto (por ser Q punto de la circunferencia de diámetro $\overline{MN}$). Entonces podemos aplicar el teorema del cateto al triángulo rectángulo MQN para deducir:

$$\overline{MN} = \frac{\overline{MQ}^2}{(x_1/c^2)} = \frac{1}{(x_1/c^2)} = \frac{c^2}{x_1}$$

Por tanto, tenemos que la circunferencia de centro $(c^2/2x_1, 0)$ y radio $c^2/(2x_1)$ pasa tanto por M como por Q. Pero además, vamos a demostrar que también pasa por los puntos P_1 y P_2, donde están las bolas. Para ello hay que demostrar que la distancia d de $(c^2/2x_1, 0)$ a (x_1, y_1) es el radio, es decir, $c^2/(2x_1)$. Pero, en efecto, tenemos que:

$$d^2 = \left(\frac{c^2}{2x_1} - x_1\right)^2 + y_1^2 = \left(\frac{c^2}{2x_1}\right)^2 - c^2 + x_1^2 + y_1^2 = \left(\frac{c^2}{2x_1}\right)^2$$

con lo que hemos demostrado que M, P_1 y Q con concéntricos.

Es decir, los cuatro vértices del cuadrilátero MP_1QP_2 están en una misma circunferencia, lo que es conocido como un **cuadrilátero cíclico** (ver figura 12.9). El Teorema de Ptolomeo afirma que, en un cuadrilátero cíclico, la suma del producto de los lados opuestos es igual al producto de sus diagonales. Por tanto, en este caso:

$$\overline{P_1Q} \cdot \overline{P_2M} + \overline{P_2Q} \cdot \overline{P_1M} = \overline{MQ} \cdot \overline{P_1P_2} \quad \Rightarrow$$

(12.12) $$\Rightarrow \quad (\overline{P_1Q} + \overline{P_2Q}) \cdot c = 2y_1$$

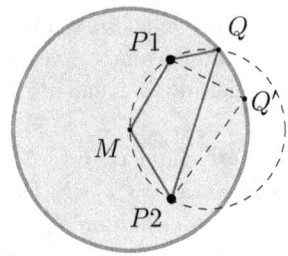

Figura 12.9

Para otro punto Q' cualquiera de C tenemos que el cuadrilátero $MP_1Q'P_2$ no es cíclico y, también por el Teorema de Ptolomeo, la suma del producto de los lados opuestos es **mayor** que el producto de sus diagonales. Por tanto:

(12.13) $\qquad\Rightarrow\qquad (\overline{P_1Q'}+\overline{P_2Q'})\cdot c > 2y_1$

De (12.12) y (12.13) se deduce que $\overline{P_1Q}+\overline{P_2Q} < \overline{P_1Q'}+\overline{P_2Q'}$ y de ahí la curiosa propiedad de que, "**en el caso de que las bolas están a igual distancia del centro de la mesa, las soluciones no triviales del problema de Alhazen (si existen) son las que cumplen que la suma de distancias a las 2 bolas es mínima**". Dicha propiedad es idéntica a la de suma de distancias mínima en una mesa de billar normal.

Capítulo 13

La expansión binomial

(Khayyam – 1090)

PROBLEMA

Obtener la potencia n–ésima del binomial $a + b$ en potencias de a y b cuando n es un número entero positivo cualquiera.

HISTORIA

El teorema del binomio (o expansión binomial) fue probablemente descubierto por el persa Omar Khayyam (1048 – 1131), considerado uno de los mejores astrónomos y matemáticos de la época medieval. Al menos él se enorgullecía de haber descubierto la expansión "para todo exponente (entero positivo) n, cosa que nadie había conseguido antes".

Estatua de Omar Khayyam
Pabellón de Ilustres persas (Sede ONU en Viena)
Foto: Yamaha5 (Wikimedia Commons)

Este teorema convive con el estudiante de ciencias durante gran parte de sus estudios, pero tal vez muchos no han podido observar nunca su deducción.

SOLUCIÓN

$$(a+b)^n = (a+b)(a+b)\cdots(a+b)$$

Como es bien sabido, el producto anterior equivale a una suma de términos del tipo Ca^rb^s, donde C es una constante a determinar que depende de n, r y s, y donde $r+s=n$. La raíz del problema es determinar el llamado *coeficiente polinomial* C, es decir, responder a la pregunta: ¿Cuántas veces aparece el producto a^rb^s en la expansión binomial?

Veamos primero un ejemplo. Supongamos que queremos saber las veces que aparece el término a^4b^2 en el desarrollo de $(a+b)^6$, es decir $n=6$, $r=4$ y $s=2$. La fórmula que tenemos que encontrar nos tiene que dar, para este caso, un total de $C=15$ casos, que son los que se consiguen con estas combinaciones:

$$
\begin{array}{ccccc}
aaaabb & aaabab & aabaab & abaaab & baaaab \\
aaabba & aababa & abaaba & baaaba & aabbaa \\
ababaa & baabaa & abbaaa & babaaa & bbaaaa
\end{array}
$$

donde en cada una de ellas se ha conservado el orden del factor que se escogió para cada paréntesis (es decir, por ejemplo, el término $abaaba$ sale de escoger $(\underline{a}+b)(a+\underline{b})(\underline{a}+b)(\underline{a}+b)(a+\underline{b})(\underline{a}+b)$).

Para encontrar de manera sencilla la fórmula para el cálculo de C, vamos a pensar de la siguiente manera: supongamos que tenemos 4 libros cuyo título es "a" pero de colores distintos entre ellos, y otros 2 libros cuyo título es "b" pero de colores distintos entre ellos. Pensemos en todas las maneras posibles de colocarlos en una estantería donde hay exactamente 6 sitios: en el primer sitio podemos colocar cualquiera de los 6 libros (6 posibilidades); una vez colocado el primero, ahora tenemos 5 posibilidades (entre los que quedan) para poner el siguiente; para el tercero tenemos 4 posibilidades; y así sucesivamente hasta que sólo nos queda una posibilidad (el libro que falta) para colocar en el último espacio.

Es decir, hay $6\cdot 5\cdot 4\cdot 3\cdot 2\cdot 1 = 720$ posibilidades de poner los 6 libros en los 6 huecos de la librería. A esta multiplicación de un número natural n por todos sus naturales menores se abrevió, hace siglos, con la notación $n!$ y se le llamó el **factorial de** n, por lo que en nuestro ejemplo hay un total de $6!$ disposiciones de libros.

Un ejemplo de una **disposición de libros**, con sus colores, de entre las $6! = 720$ posibles:

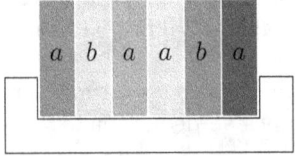

Figura 13.1

La disposición anterior puede asociarse al **orden de factores** $abaaaba$. El problema es que hay muchas disposiciones de libros que, al quitar los colores, dan el mismo orden de factores. Por ejemplo, el orden de los libros:

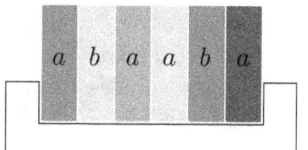 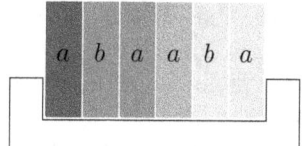

Figura 13.2

da el mismo orden de factores *abaaba*. Pero al menos sabemos que para cada orden de factores hay un número de disposiciones de libros idéntica, por lo que ahora tenemos que coger un orden de factores cualquiera, como *abaaba* y deducir con cuántas disposiciones de libros está relacionado. Si fueran, por ejemplo, 10 disposiciones para cada uno, eso significa que hay un total de 720/10 distintas maneras de ordenar los factores.

Tenemos, por tanto, que deducir cuántas disposiciones de libros llevan al mismo orden de factores. Supongamos que nos olvidamos por un momento que los libros de título "b" tienen color. En ese caso, todas las posibilidades de cambiar de lugar entre ellos todos los libros de título "a" dan la misma disposición de libros: pero los libros de título "a" son 4 y hay 4 sitios donde colocarlos (hay que cambiarlos entre ellos), por lo que, como hemos visto antes, eso son 4! = 24 posibilidades distintas.

Por tanto, si dividimos 720/24 = 30 estamos quitando los colores de los "a" y quedan todos los órdenes de factores en los que los "b" siguen estando coloreados.

¿Cuántas de ellas llevan al mismo orden de factores cuando quitamos el color de los "b"? Por la misma razón que antes, 2! = 2 posibilidades (hay dos libros para 2 posiciones). Por tanto, hay un total de 30/2 = 15 órdenes de factores posibles, que es el número que habíamos calculado al principio (sencillamente escribiendo todos los casos).

El razonamiento es idéntico para el caso general: primero hay un total de $n!$ disposiciones de libros, luego dividimos por $r!$ para quitar los colores de los libros de título "a" y luego dividimos entre $s!$ para quitar los colores de los libros de título "b". El razonamiento es curioso, porque primero calculamos muchas más posibilidades (al añadir colores) que lo pedido en el problema, para luego reducirlas (al quitarlos); sin embargo, en mi opinión ésta es la manera más sencilla de deducir la formula.

Por tanto, la fórmula para C es:

$$C = \frac{n!}{r! \cdot s!} = \frac{n!}{r! \cdot (n-r)!}$$

donde recordemos que $s = n - r$. A la expresión anterior se le decidió, por su importancia en la teoría de probabilidad, darle un nombre y un símbolo. El nombre fue "**binomial de n sobre r**" (precisamente por provenir de la exponenciación de un binomio de factores) y el símbolo fue:

$$\binom{n}{r}$$

Si ahora sólo vamos con cuidado de definir $0! = 1$ (es sólo una convención para que no haya problemas posteriores en las fórmulas), finalmente recuperamos la famosa manera de escribir la expansión binomial tal y como la conocemos ahora:

$$(a+b)^n = \sum_{0 \leq r \leq n} \binom{n}{r} a^r b^{n-r} = \binom{n}{0} a^n + \binom{n}{1} \cdot a^{n-1} b + \cdots + \binom{n}{n-1} \cdot ab^{n-1} + \binom{n}{n} b^n$$

En nuestro ejemplo:

$$(a+b)^6 = \binom{6}{0} a^6 + \binom{6}{1} a^5 b^1 + \binom{6}{2} a^4 b^2 + \binom{6}{3} a^3 b^3 + \binom{6}{4} a^2 b^4 + \binom{6}{5} a^1 b^5 + \binom{6}{6} b^6 =$$

$$= \frac{6!}{6! \cdot 0!} a^6 + \frac{6!}{5! \cdot 1!} a^5 b^1 + \frac{6!}{4! \cdot 2!} a^4 b^2 + \frac{6!}{3! \cdot 3!} a^3 b^3 + \frac{6!}{2! \cdot 4!} a^2 b^4 + \frac{6!}{1! \cdot 5!} a^1 b^5 + \frac{6!}{0! \cdot 6!} b^6 =$$

$$= a^6 + 6a^5 b + 15a^4 b^2 + 20a^3 b^3 + 15a^2 b^4 + 6ab^5 + b^6$$

OBSERVACIONES FINALES

– La deducción realizada se puede fácilmente extender para dar con la potencia n-ésima del polinomio $(a + b + c + \cdots)$. Con 3 términos, por ejemplo, tenemos:

$$(a+b+c)^n = \sum_{r+s+t=n} \frac{n!}{r!s!t!} a^r b^s c^t$$

donde la suma incluye todos los posibles términos en los que r, s, t son enteros no negativos satisfaciendo la ecuación $r + s + t = n$.

– Los binomiales $\binom{n}{r}$ son los famosos coeficientes del triángulo de Pascal, que se construye gracias a la conocida fórmula:

$$\binom{n}{r} + \binom{n}{r+1} = \binom{n+1}{r+1}$$

la cual se puede deducir fácilmente con lo que hemos visto anteriormente:

$$\binom{n}{r} + \binom{n}{r+1} = \frac{n!}{r! \cdot (n-r)!} + \frac{n!}{(r+1)! \cdot (n-r-1)!} =$$

$$= \frac{(r+1) \cdot n!}{(r+1)! \cdot (n-r)!} + \frac{n! \cdot (n-r)}{(r+1)! \cdot (n-r)!} = \frac{[(r+1)+(n-r)] \cdot n!}{(r+1)! \cdot (n-r)!} =$$

$$= \frac{(n+1) \cdot n!}{(r+1)! \cdot (n-r)!} = \frac{[(n+1)!]}{(r+1)! \cdot (n-r)!} = \binom{n+1}{r+1}$$

Es decir, en el triángulo de Pascal (ver figura 13.3), un término cualquiera (excepto los extremos de cada línea, que siempre valen 1) es igual a la suma de los dos valores más próximos de la fila anterior. Eso permite encontrar los coeficientes de cada fila en función de la fila anterior, lo cual es interesante pero poco efectivo si queremos calcular un coeficiente de una fila alejada del inicio.

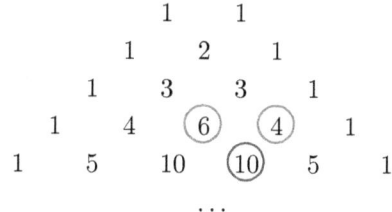

Figura 13.3

Capítulo 14

Máxima visión de los anillos de Saturno

(Muller – 1471)

PROBLEMA

Determinar la latitud a la que tiene que estar un observador en la superficie de Saturno para ver los anillos con el máximo ángulo posible.

HISTORIA

Después del impresionante desarrollo de las Matemáticas en la antigüedad (egipcios, chinos y griegos, especialmente), la ciencia no avanzó tanto durante los siglos siguientes.

Estatua dedicada a Johannes Muller
Konigsberg (Baviera)
Foto: Tilman2007 (Wikimedia Commons)

De hecho, es curioso observar que el primer problema de búsqueda de extremos (posterior a la antigüedad) no aparece hasta 1471, cuando el matemático Johannes Muller (conocido también por su apodo latino "Regiomontano") le propone al profesor Christian Roder el problema que nos ocupa (expresado en otras condiciones pero equivalente al de los anillos de Saturno, de enunciado más llamativo).

La solución presentada aquí, de gran sencillez y elegancia, no es la original de Muller, sino la encontrada en el volumen XXIII del libro "Zeitschrift für Mathematik und Physik".

SOLUCIÓN

Saturno puede considerarse una esfera de radio igual a 56900 Kilómetros y sus anillos pueden considerarse como uno solo, circular, en el plano del ecuador de Saturno, con un radio interior de 88500 Kilómetros y uno exterior de 138800. Evidentemente, el problema puede simplificarse, por simetría, a tomar un meridiano cualquiera de Saturno y a considerar solo un hemisferio, por lo que el problema a estudiar queda expuesto en la figura 14.1.

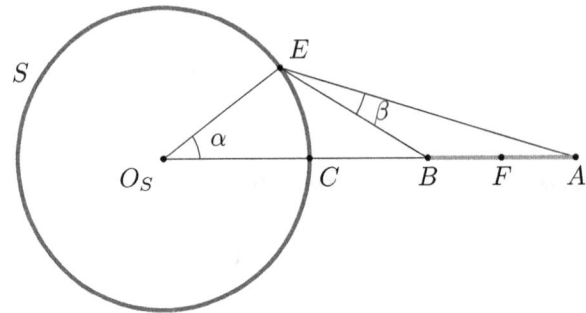

Figura 14.1

Sea S el meridiano de Saturno escogido, O_S el centro del planeta y r_S su radio (=56900 km). Sea A (resp., B) el punto exterior (resp., interior) del anillo que está en el plano del meridiano S ($\overline{O_SA}$ =138800 km, $\overline{O_SB}$ =88500 km). La recta que pasa por A y B también pasa por O_S (ya que hemos supuesto que los anillos están en el plano del ecuador), y llamamos C al punto en el que esta recta cruza al meridiano S entre A y O_S. Finalmente, sea F el punto medio del segmento $\overline{AB}$, sea E un punto cualquiera del meridiano S, α el ángulo $\widehat{EO_SC}$, es decir, la latitud buscada, y β el ángulo $\widehat{BEA}$, el cual queremos maximizar.

PROPOSICIÓN 14.1. *Con la notación empleada, el punto E_0 desde donde observaríamos el segmento $\overline{AB}$ con mayor ángulo sería el punto de tangencia entre S y la circunferencia que pasa por A, por B y es tangente a S.*

DEMOSTRACIÓN. Consideremos una circunferencia T de radio r_T que pasa por A y por B (su centro O_T debe estar en la mediatriz de $\overline{AB}$ que pasa por F), y sea G un punto de ella que está en el semiplano definido por la recta que pasa por $\overline{AB}$ y contiene a O_T. Por la propiedad del ángulo central (ver teorema 25.1), el valor del ángulo $\widehat{BGA}$ es la mitad del valor del ángulo $\widehat{BO_TA}$, como vemos en la figura 14.2.

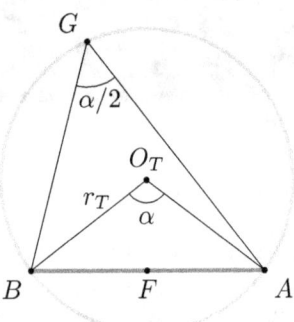

Figura 14.2

Además, hay una relación trigonométrica entre el ángulo $\widehat{BO_TA}$ y el radio r_T, ya que $\sin(\widehat{BO_TA}/2) = \overline{AF}/r_T$, es decir, $\widehat{BO_TA}/2 = \arcsin(\overline{AF}/r_T)$. Uniendo esta observación con lo observado en el párrafo anterior, tenemos que $\widehat{BGA} = \arcsin(\overline{AF}/r_T)$ y se deduce, por tanto, que a medida que aumenta r_T disminuye el ángulo $\widehat{BGA}$.

Imaginemos las posibilidades de la circunferencia T:

- Si T no corta a S, no hay punto a estudiar.
- Si T es tangente a S, llamamos G' al punto de tangencia entre S y T (ver segunda parte de la figura 14.2); el ángulo a estudiar es el $\widehat{BG'A}$.

- Si T corta a S en 2 puntos llamados G_1 y G_2 (ver la figura 14.3), el ángulo $\widehat{BG_1A}$ (o $\widehat{BG_2A}$) será menor que el ángulo $\widehat{BG'A}$ ya que el radio de la circunferencia T que corta a S en G_1 y G_2 es mayor que el radio de la circunferencia T tangente a S. Como el radio es mayor, por la propiedad encontrada antes, significa que el ángulo $\widehat{BG_1A}$ es menor que el ángulo $\widehat{BG'A}$.

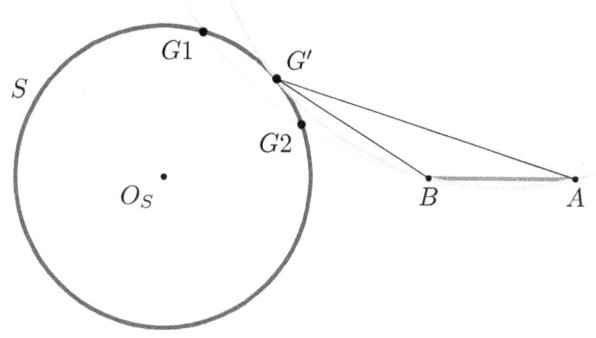

Figura 14.3

Por tanto, el ángulo $\widehat{BG'A}$ es el mayor de los producidos por las circunferencias T que tocan con S y es la solución buscada. □

Una vez encontrada la solución, nuestra última misión será escribir las fórmulas para definirla con precisión. Sin embargo, antes es necesario introducir un nuevo concepto: la "potencia de un punto" respecto a una circunferencia.

DEFINICIÓN 14.1. *Sea S una circunferencia de radio r y sea P un punto exterior a ella. Supongamos una recta que pasa por P y corta a S en dos puntos S_1 y S_2. Llamamos* **potencia del punto P respecto a la circunferencia** S *(y escribimos $P(S)$) al valor:*

$$P(S) = \overline{PS_1} \cdot \overline{PS_2}$$

PROPOSICIÓN 14.2. *La potencia de P respecto a S no depende de la recta escogida. Es decir, si escogiéramos cualquier otra recta que pase por P y corte a S en otros dos puntos S_1' y S_2' entonces se cumple:*

$$\overline{PS_1} \cdot \overline{PS_2} = \overline{PS_1'} \cdot \overline{PS_2'}$$

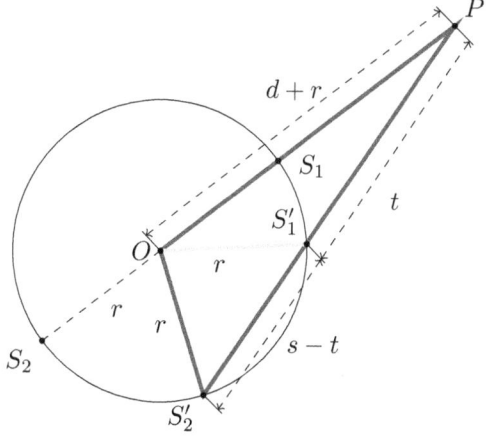

Figura 14.4

DEMOSTRACIÓN. Vamos a utilizar el teorema 2.2 (de Stewart) en la figura 14.4, donde hemos dibujado la recta (que llamamos "**central**") que pasa por P y por el centro O de la circunferencia (corta a S en los puntos S_1 y S_2), y otra recta cualquiera que corta a S (en los puntos S'_1 y S'_2). Si vemos que el valor de la potencia de P respecto a S es el mismo para las dos rectas, entonces ya habremos demostrado que será el mismo para cualquier otra (siempre será igual al valor calculado con la recta "central").

Si llamamos d a la distancia entre P y S_1, entonces tenemos que, para la recta central, el valor de la potencia de P se calcula como $\overline{PS_1} \cdot \overline{PS_2} = d \cdot (d + 2r)$. Tenemos que ver, por tanto, que el valor de la potencia de P calculado con la otra recta $(\overline{PS'_1} \cdot \overline{PS'_2})$ da el mismo valor.

Como hemos dicho, utilizaremos el teorema de Stewart, tomando como triángulo el formado por P, O y S'_2, y como cuerda a $\overline{OS'_1}$. Llamamos t a la distancia entre P y S'_1, y sea s la distancia entre P y S'_2. Aplicando el teorema, tenemos:

$$t \cdot r^2 + (s-t) \cdot (r+d)^2 = s \cdot (r^2 + (s-t) \cdot t) \quad \Rightarrow \quad (s-t) \cdot (r+d)^2 = (s-t) \cdot [r^2 + s \cdot t] \quad \Rightarrow$$

$$\Rightarrow \quad (r+d)^2 = \cdot [r^2 + s \cdot t] \quad \Rightarrow \quad s \cdot t = (r+d)^2 - r^2 = 2dr + d^2 = d \cdot (d + 2r)$$

Por tanto, el cálculo de la potencia de P respecto a S utilizando una recta cualquiera es $\overline{PS'_1} \cdot \overline{PS'_2} = t \cdot s = d \cdot (d + 2r)$, que coincide con el calculado con la recta central. $\square$

COROLARIO 14.1. *Sea* $a = \overline{O_S A}$ *y* $b = \overline{O_S B}$. *Con la notación utilizada hasta ahora, en el punto* E_0 *donde se observa* $\overline{AB}$ *con mayor ángulo, se cumple:*

$$\cos \alpha = \frac{(a+b) \cdot r_S}{ab + r_S^2} \quad y \quad \sin \beta = \frac{(a-b) \cdot r_S}{ab - r_S^2}$$

DEMOSTRACIÓN. La solución encontrada en la proposición anterior indica que E_0 es el punto de tangencia entre S y la circunferencia T que pasa por A y B y es tangente a S. En este caso podemos realizar los siguientes cálculos.

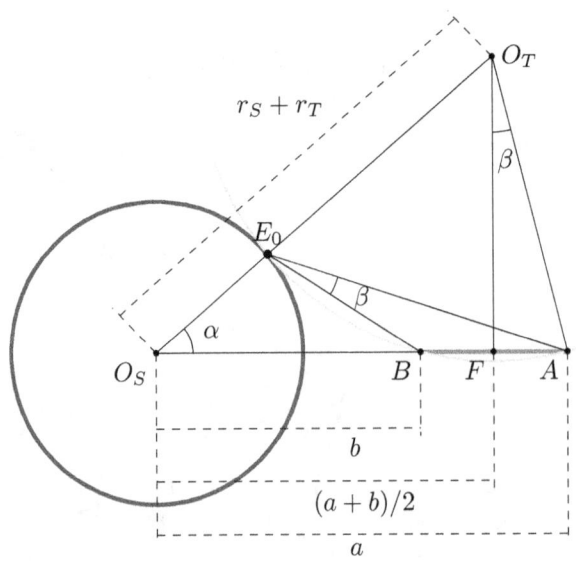

Figura 14.5

Considerando los triángulos rectángulos $O_S O_T F$ y $A O_T F$ podemos deducir (ver figura 14.5):

(14.1) $$\cos\alpha = \frac{\overline{O_S F}}{\overline{O_S O_T}} = \frac{(a+b)/2}{r_S + r_T} \qquad y \qquad \sin\beta = \frac{\overline{AF}}{\overline{AO_T}} = \frac{(a-b)/2}{r_T}$$

donde, recordemos, hemos vuelto a aplicar el teorema del ángulo central para deducir que $\beta = \widehat{BE_0 A} = \widehat{FO_T A}$.

En las ecuaciones (14.1) todos los valores son conocidos excepto r_T. Para encontrar una ecuación que nos relacione r_T con el resto de variables, vamos a aplicar la proposición 14.2. En concreto, vamos a aplicar que la potencia del punto O_S respecto a la circunferencia T es la misma sin importar la recta que escojamos de las que cortan a T en dos puntos.

En concreto, consideramos la recta $\overline{O_S AB}$ (que corta a T en los puntos A y B) y la recta $\overline{O_S E_0 Z}$ (que corta a T en los puntos E_0 y Z - el opuesto a E_0 respecto al centro de la circunferencia). Aplicando la proposición 14.2 para estas dos rectas, tenemos:

$$\overline{O_S A} \cdot \overline{O_S B} = (\overline{O_S O_T} - r_T) \cdot (\overline{O_S O_T} + r_T) \quad \Rightarrow$$

(14.2) $$\Rightarrow \quad a \cdot b = r_S \cdot (r_S + 2r_T) = r_S^2 + 2 r_S r_T \quad \Rightarrow \quad r_T = \frac{ab - r_S^2}{2 r_S}$$

Ahora solamente es necesario sustituir el valor de r_T encontrado en (14.2) en cada una de las ecuaciones de (14.1) para encontrar las relaciones buscadas. □

Si ahora aplicamos las distancias mencionadas al principio (radio de Saturno y los radios interior y exterior), vemos que el resultado aproximado sería:

$$\cos\alpha = \frac{(138800 + 88500) \cdot 56900}{138800 \cdot 88500 + 56900^2} \approx 0{,}833$$

$$\sin\beta = \frac{(138800 - 88500) \cdot 56900}{138800 \cdot 88500 - 56900^2} \approx 0{,}316$$

$\alpha \approx 33{,}5°$ (latitud solución) $\qquad \beta \approx 18{,}4°$ (máximo ángulo de visión)

OBSERVACIONES FINALES

Si la Tierra tuviera un anillo de espesor y distancia en idéntica proporción que el de Saturno (proporcional a los radios de ambos planetas), la latitud solución y ángulo de visión máximo tendrían el mismo valor. Por ejemplo, los habitantes de Trípoli (Libia) o Sydney (Australia), ambos a una latitud cercana a 33,5° (Norte en el caso de Trípoli, Sur en el caso de Sydney), serían los afortunados de tener esa mejor panorámica, mientras que cerca del Ecuador (Singapur o Quito, por ejemplo) apenas verían el anillo de perfil.

Capítulo 15

Solución de la cúbica

(Tartaglia – 1530)

PROBLEMA

Determinar un procedimiento general para resolver las ecuaciones de tercer grado con coeficientes complejos $x^3 + px^2 + qx + r = 0$.

HISTORIA

La resolución de la ecuación de segundo grado con coeficientes reales era conocida desde la antigüedad, pero todos los intentos para encontrar un método que resolviera la de tercer grado (también llamada **cúbica**) fracasaron hasta el siglo XVI. En 1530, Niccolò FONTANA (1500 –1557), apodado "Tartaglia" ("El tartamudo") recibió dos problemas de ecuaciones cúbicas de Zuanne da Coi y anunció que los había resuelto, manteniendo en secreto el método empleado.

Estatua dedicada a Niccolò Fontana
Jardines de Villa Borghese (Roma)
Foto: www.threesixty360.wordpress.com

Sin embargo, Gerolamo CARDANO (1501 – 1576) convenció a Tartaglia en 1539 para que le revelara el secreto, con la condición de que nunca lo haría público ni escribiría un libro sobre cúbicas sin dar tiempo a Tartaglia de publicar primero el suyo. En 1545, incumpliendo su promesa, Cardano publicó en su libro "Ars Magna" la solución de la cúbica (al menos, citó que Tartaglia también la conocía), aunque el método descrito era, según sus palabras, de otro matemático llamado Ferro. Tartaglia, enojado, retó a Cardano a una competición pública de resolución de estas ecuaciones (curiosa manera de retar a alguien, aunque tal vez mejor que el clásico duelo con armas de la época) que éste no aceptó. El desafío fue recogido por un estudiante de Cardano, Lodovico FERRARI (1522 – 1565), quien ganó la competición, dejando a Tartaglia sin el dinero que habían apostado y, lo que es peor, sin el prestigio de ser reconocido como el inventor del método que durante siglos se resistió a la comunidad matemática.

SOLUCIÓN

Vamos a deducir el método completo para solucionar cualquier ecuación (con coeficientes complejos) del tipo:

(15.1) $$x^3 + px^2 + qx + r = 0$$

Observación – Normalmente, la solución a la cúbica se explica con un primer paso que consiste en hacer el cambio de variable $x = t - p/3$, que convierte la ecuación (15.1) en:

$$t^3 + \frac{3q - p^2}{3}t + \frac{2p^3 - 9pq + 27r}{27} = 0$$

Se puede observar que el término cuadrático ha desaparecido. A partir de ahí, renombramos los coeficientes como $t^3 + mt + n = 0$ y el método de Tartaglia continúa de manera más sencilla.

Sin embargo, aquí vamos a proponer una solución partiendo de la ecuación general, ya que así podremos observar las similitudes con la solución a las ecuaciones de cuarto grado (que veremos en otro problema) y empezaremos a entender qué ocurre en las ecuaciones de quinto grado para que no tengan solución (también explicado en detalle en otro problema).

La resolvente de Lagrange (para la resolución de la cúbica)

En su estudio de las ecuaciones de quinto grado, el matemático de origen francés (aunque nacido en Turín) Joseph-Louis de LAGRANGE, encontró unas funciones, a las que llamó resolventes, que ayudaban a encontrar las soluciones de la cúbica y la cuártica.

En el caso de la cúbica, supongamos que llamamos x_1, x_2, x_3 a las soluciones de la ecuación (15.1) y w_1, w_2 a las dos raíces cúbicas de la unidad distintas a 1 ($w_1 = (-1 + i\sqrt{3})/2$, $w_2 = (-1 - i\sqrt{3})/2$). Como se cumple que $w_1 = (w_2)^2$ (también se cumple $w_2 = (w_1)^2$, por ser ambas raíces cúbicas de la unidad), renombramos w_1 como w (y, por tanto, w_2 como w^2).

Se define la resolvente de Lagrange como las dos funciones:

(15.2) $$\begin{cases} A = x_1 + w \cdot x_2 + w^2 \cdot x_3 \\ B = x_1 + w^2 \cdot x_2 + w \cdot x_3 \end{cases}$$

Ahora definimos también las funciones que equivalen al cubo de las anteriores:

(15.3) $$\begin{cases} a = A^3 = \left(x_1 + w \cdot x_2 + w^2 \cdot x_3\right)^3 \\ b = B^3 = \left(x_1 + w^2 \cdot x_2 + w \cdot x_3\right)^3 \end{cases}$$

Con paciencia, vamos a comprobar que los valores de $a + b$ y ab pueden ambos escribirse en función de los coeficientes de la ecuación (15.1). En primer lugar, por ser x_1, x_2, x_3 las soluciones de (15.1), tenemos la igualdad:

(15.4) $$x^3 + px^2 + qx + r = (x - x_1) \cdot (x - x_2) \cdot (x - x_3)$$

de la cual recuperamos (igualando los coeficientes que acompañan a cada exponente) las (famosas) fórmulas de Vieta:

(15.5) $$\begin{cases} p = -(x_1 + x_2 + x_3) \\ q = x_1 x_2 + x_1 x_3 + x_2 x_3 \\ r = -(x_1 x_2 x_3) \end{cases}$$

Por otro lado, teniendo en cuenta que $w + w^2 = -1$ y $w \cdot w^2 = 1$, podemos empezar a desarrollar el cálculo de $a + b$ y ab:

$$a + b = (x_1 + w \cdot x_2 + w^2 \cdot x_3)^3 + (x_1 + w^2 \cdot x_2 + w \cdot x_3)^3 = \cdots = 2(x_1^3 + x_2^3 + x_3^3) + 12 x_1 x_2 x_3 - \\ - 3(x_1^2 x_2 + x_1^2 x_3 + x_2^2 x_1 + x_2^2 x_3 + x_3^2 x_1 + x_3^2 x_2)$$

$$ab = (x_1 + w \cdot x_2 + w^2 \cdot x_3)^3 \cdot (x_1 + w^2 \cdot x_2 + w \cdot x_3)^3 = \cdots = (x_1^2 + x_2^2 + x_3^2 - (x_1 x_2 + x_1 x_3 + x_2 x_3))^3$$

Sustituyendo lo encontrado en (15.5) en las ecuaciones anteriores:

$$a + b = 2(x_1^3 + x_2^3 + x_3^3) - 3(x_1^2 x_2 + x_1^2 x_3 + x_2^2 x_1 + x_2^2 x_3 + x_3^2 x_1 + x_3^2 x_2) - 12r$$
$$a \cdot b = (x_1^2 + x_2^2 + x_3^2 - q)^3$$

Pero, además, el lector puede comprobar las siguientes igualdades:

$$x_1^2 + x_2^2 + x_3^2 = (x_1 + x_2 + x_3)^2 - 2(x_1 x_2 + x_1 x_3 + x_2 x_3) = p^2 - 2q$$

$$x_1^3 + x_2^3 + x_3^3 = (x_1 + x_2 + x_3)^3 - 3(x_1 + x_2 + x_3) \cdot (x_1 x_2 + x_1 x_3 + x_2 x_3) + 3(x_1 x_2 x_3) = -p^3 + 3pq - 3r$$

$$(x_1^2 x_2 + x_1^2 x_3 + x_2^2 x_1 + x_2^2 x_3 + x_3^2 x_1 + x_3^2 x_2) = (x_1^2 + x_2^2 + x_3^2) \cdot (x_1 + x_2 + x_3) - (x_1^3 + x_2^3 + x_3^3) = \\ - (p^2 - 2q) \cdot (-p) - (-p^3 + 3pq - 3r) - -pq + 3r$$

por lo que finalmente podemos completar los cálculos de $a + b$ y ab:

$$a + b = 2 \cdot (-p^3 + 3pq - 3r) - 3 \cdot (-pq + 3r) - 12r$$
$$ab = ((p^2 - 2q) - q)^3$$

es decir:

(15.6) $$\begin{cases} a + b & = -2p^3 + 9pq - 27r \\ ab & = (p^2 - 3q)^3 \end{cases}$$

Uso de la resolvente para solucionar la cúbica

La utilidad de la resolvente de Lagrange es que hemos conseguido escribir 2 valores ($a + b$ y ab) en función únicamente de los coeficientes de la ecuación original (15.1) y que dichos valores son los coeficientes de una ecuación de **segundo** grado cuyas soluciones son a y b. En efecto, de manera parecida a los visto en (15.4) una ecuación de segundo grado con soluciones a y b puede escribirse como:

(15.7) $$x^2 - (a + b) \cdot x + ab = (x - a) \cdot (x - b)$$

Como sabemos resolver las ecuaciones de segundo grado, podemos encontrar los valores a y b en función de los coeficientes de la ecuación (15.7) (los ahora conocidos $a+b$ y ab). Como éstos, a su vez, pueden escribirse, como hemos visto en (15.6), en función de los coeficientes de la ecuación (15.1), deducimos que podemos encontrar a y b en función de p, q, r.

Una vez hallados los valores de a y b, deducimos los de A y B (sus raíces cúbicas). Y ahora, tenemos un sistema lineal de 3 ecuaciones y 3 incógnitas que nos permite hallar, finalmente, las soluciones x_1, x_2, x_3:

$$(15.8) \quad \begin{cases} A = x_1 + w \cdot x_2 + w^2 \cdot x_3 \\ B = x_1 + w^2 \cdot x_2 + w \cdot x_3 \\ -p = x_1 + x_2 + x_3 \end{cases}$$

Las dos primeras ecuaciones son las definidas en (15.2), donde ahora A y B son números conocidos, mientras que la tercera es la primera fórmula de Vieta en (15.5), donde p es también un valor conocido.

Ejemplo: Resolución de una ecuación cúbica

Pongamos como ejemplo la ecuación $x^3 - 107x^2 + 2131x - 2025 = 0$, que tiene soluciones enteras y que algunos lectores considerarán sencilla (de hecho, podríamos resolverla por el método elemental de Ruffini); la razón para utilizarla es que esta ecuación aparecerá cuando resolvamos un ejemplo de la cuártica en un capítulo posterior. Sin embargo, el método aplicado se va a entender a la perfección y sólo hay que tener en mente que el procedimiento sería idéntico para cualquier otra ecuación con cualesquiera números complejos como coeficientes.

En primer lugar calculamos los valores de a+b y ab según lo encontrado en (15.6), lo que da unos valores de:

$$a + b = -2 \cdot (-107)^3 + 9 \cdot (-107) \cdot 2131 - 27 \cdot (-2025) = 452608$$
$$ab = \left(107^2 - 3 \cdot 2131)\right)^3 = 129247215616$$

Ahora resolvemos la ecuación $x^2 - (a+b) \cdot x + ab = 0$, que tiene como soluciones a y b. En concreto, la ecuación $x^2 - 452608x + 129247215616$ tiene como soluciones a:

$$a = \frac{452608 + \sqrt{452608^2 - 4 \cdot 129247215616}}{2} \approx 226304 + 279345{,}15i$$

$$b = \frac{452608 - \sqrt{452608^2 - 4 \cdot 129247215616}}{2} \approx 226304 - 279345{,}15i$$

El siguiente paso es calcular las raíces cúbicas de ambos valores. Para cada valor tenemos 3 valores:

$$A_1 = \sqrt[3]{a} \approx 68 + 20{,}78i \qquad A_2 = \sqrt[3]{a} \approx -52 + 48{,}50i \qquad A_3 = \sqrt[3]{a} \approx -16 - 69{,}28i$$
$$B_1 = \sqrt[3]{b} \approx 68 - 20{,}78i \qquad B_2 = \sqrt[3]{b} \approx -52 - 48{,}50i \qquad B_3 = \sqrt[3]{b} \approx -16 + 69{,}28i$$

Por la definición de A y B en (15.2) y aprovechando los cálculos hechos en el apartado anterior, se debe cumplir que $AB = p^2 - 3q = 5056$. Por tanto, no todos los pares (A_i, B_j) nos llevan a una solución correcta de (15.1). En este caso, sólo tenemos soluciones si escogemos (A_1, B_1), (A_2, B_2) y (A_3, B_3).

Si escogemos (A_1, B_1) entonces ya sólo queda resolver el sistema de ecuaciones lineal que vimos en (15.8):

$$68 + 20{,}78i = x_1 + (-1 + \sqrt{3})/2 \cdot x_2 + (-1 - \sqrt{3})/2 \cdot x_3$$
$$68 - 20{,}78i = x_1 + (-1 - \sqrt{3})/2 \cdot x_2 + (-1 + \sqrt{3})/2 \cdot x_3$$
$$107 = x_1 + x_2 + x_3$$

.. que nos da como solución los valores $x_1 = 81$, $x_2 = 1$, $x_3 = 25$. En el caso que hubiéramos escogido (A_2, B_2), los valores encontrados hubieran sido los mismos, pero en diferente orden ($x_1 = 1$, $x_2 = 25$, $x_3 = 81$), de igual modo que (A_3, B_3) nos hubiera conducido a $x_1 = 25$, $x_2 = 81$, $x_3 = 1$.

OBSERVACIONES FINALES

– Cuando afrontemos el problema de la **cuártica** (ecuación de cuarto grado), también utilizaremos una resolvente de Lagrange. En ese caso, serán 3 funciones que se definen también a partir de las soluciones y que después nos llevan a una ecuación de grado inferior (grado 3), de modo parecido a lo que hemos visto en este problema.

Como ahora ya sabemos resolver las ecuaciones de tercer grado, eso ya no será un problema y llegaremos a un sistema lineal de ecuaciones que nos permitirá encontrar las cuatro soluciones.

Una vez visto que el método funcionaba para las ecuaciones de tercer y cuarto grado, Lagrange creyó que podría extenderse para el quinto grado y superiores. Pero a pesar de sus intentos, no logró encontrar unas funciones resolventes que funcionaran. En el capítulo dedicado a la **quíntica** entraremos en profundidad en lo que ocurre para que el método no sirva para ese caso.

– Si seguimos el método descrito para los coeficientes de la ecuación (sin particularizarlos en un ejemplo), encontraremos la "fórmula" genérica para resolver las ecuaciones de tercer grado:

$$x = \frac{1}{3} \cdot \sqrt[3]{\frac{(2p^3 - 9pq + 27r) + \sqrt{(2p^3 - 9pq + 27r)^2 - 4(p^2 - 3q)^3}}{2}} +$$

$$+ \frac{1}{3} \cdot \sqrt[3]{\frac{(2p^3 - 9pq + 27r) - \sqrt{(2p^3 - 9pq + 27r)^2 - 4(p^2 - 3q)^3}}{2}} - \frac{p}{3}$$

Capítulo 16

Ruedas deslizantes

(Cardano – 1540)

PROBLEMA

Describir el recorrido (lugar geométrico) que sigue un punto marcado en un disco circular que se desliza por el lado interior de otro disco de radio doble que el primero.

HISTORIA

Gerolamo CARDANO fue un astrólogo, matemático y médico italiano (1501 – 1576), que pasó a la posteridad, principalmente, por su fórmula para la resolución de las ecuaciones de tercer grado que vimos en el problema anterior. Como médico llegó a tratar al Papa, lo cual no impidió que años después fuera acusado de hereje y encarcelado durante varios meses, hasta que abjuró públicamente de los polémicos textos que había publicado (especialmente un horóscopo de Jesucristo).

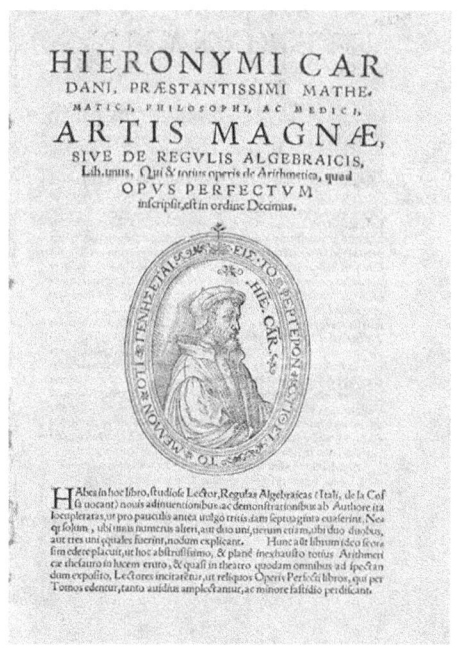

Edición antigua de "Ars Magna" (1545)
La obra por la que Cardano pasó a la posteridad

Los problemas sobre lugares geométricos eran muy comunes hace siglos, tal vez impulsados por la necesidad de crear nuevas herramientas que, por ejemplo, transformaran un movimiento circular en uno lineal o viceversa. A lo largo del libro veremos varios de ellos, todos resueltos con elegantes soluciones que grandes matemáticos nos han dejado como legado; por ejemplo, este problema de ruedas deslizantes se resuelve tan sólo con nociones geométricas muy sencillas.

SOLUCIÓN

Llamemos C_1 a la rueda (circunferencia) de mayor radio r_1 y centro O_1; y C_2 a la rueda de menor radio r_2 y centro O_2, la cual se desliza por el interior de la primera. Por las condiciones del problema, tenemos que $r_1 = 2r_2$.

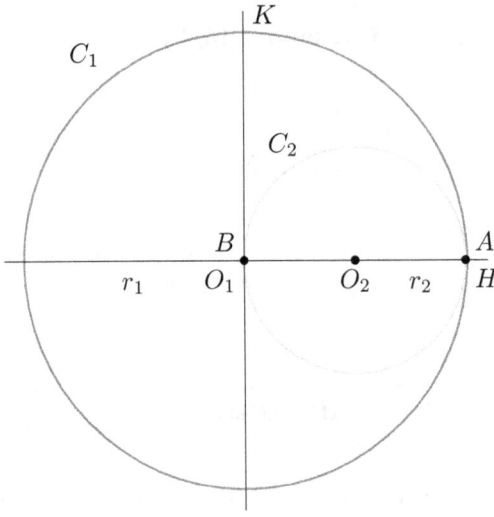

Figura 16.1

En primer lugar vamos a observar qué recorrido describe un diámetro cualquiera de C_2 cuando se produce el deslizamiento. Llamemos A y H a los puntos de contacto de C_2 y C_1, respectivamente, al inicio del movimiento; B al punto opuesto de A en C_2 (es decir, el segmento $\overline{AB}$ es un diámetro de C_2 y B está, en ese momento, en O_1); y K al punto de C_1 que está en el extremo del diámetro perpendicular a $\overline{O_1H}$ y en la dirección del movimiento (ver figura 16.1).

Al cabo de un cierto tiempo, la rueda C_2 se ha desplazado un ángulo w (en radianes) hacia K, de manera que al nuevo punto de contacto entre ambas ruedas lo llamamos T, al punto de intersección de C_2 con $\overline{O_1H}$ lo llamamos X y al punto de intersección entre C_2 y $\overline{O_1K}$ lo llamamos Y (ver figura 16.2).

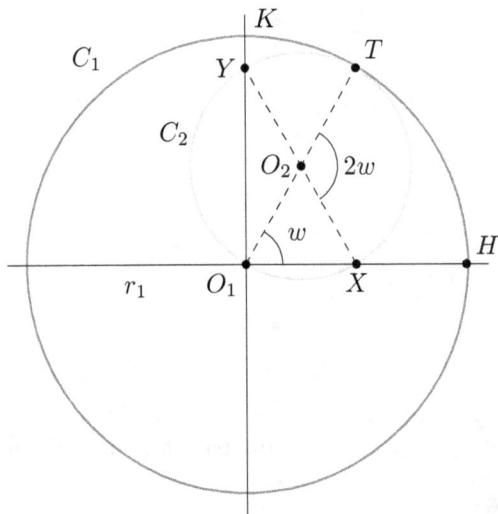

Figura 16.2

Por la propiedad de arco capaz (teorema 25.1), como el ángulo $\widehat{XO_1Y}$ es recto, se deduce que $\overline{XY}$ es un diámetro de C_2 y, por tanto, la intersección de $\overline{XY}$ con O_1T es el centro de C_2, es decir,

O_2. Ahora, por la propiedad de ángulo central en una circunferencia (también teorema 25.1), se deduce que el ángulo $\widehat{XO_2T}$ es igual a $2w$.

La longitud del arco TH se puede calcular de la siguiente manera: TH es un arco de ángulo w (en radianes) y radio $r_1 = 2r_2$, por tanto su longitud es $2wr_2$. Por su parte, el arco TX proviene de un ángulo $2w$ y radio r_2, por lo que su longitud es también $2wr_2$. ¿Qué conclusión podemos sacar entonces? Que el punto X es, en realidad, nuestro punto original A, aquel que ocupaba originalmente el mismo lugar que H: como las ruedas se mueven (sin deslizamiento) se conserva la misma longitud de arco XT y HT.

Ahora bien, si X corresponde al punto A y tenemos que $\overline{XY}$ es un diámetro de C_2, entonces se deduce también que el punto Y corresponde en realidad al punto B original, que se ha desplazado por tanto hasta allí.

Conclusión 1: "*La rotación de un disco a lo largo del margen interior de otro disco de radio doble provoca que los extremos de un diámetro cualquiera del disco interior se muevan a lo largo de dos diámetros fijos y ortogonales del disco mayor*". En nuestro ejemplo, A se mueve en el diámetro que pasa por O_1 y H, mientras que B se mueve en el diámetro (ortogonal al anterior) que pasa por O_1 y K.

Falta por determinar qué ocurre con un punto cualquiera M (no necesariamente en el extremo de un diámetro $\overline{AB}$) del disco pequeño. En ese caso, el lugar geométrico que recorre el punto M es el mismo que el de un punto en un segmento cuyos extremos A y B recorren dos lados de un ángulo recto (los lados $\overline{OK}$ y $\overline{OH}$). Pero, tal y como veremos en el problema 25 ("Deslizamiento de un triángulo"), dicho movimiento corresponde a un punto de una elipse.

Conclusión 2: "*La rotación de un disco a lo largo del margen interior de otro disco de radio doble provoca que un punto cualquiera del disco interior que no sea del borde del mismo se mueva a lo largo de una elipse*". En nuestro ejemplo, M se mueve en una elipse (centrada en O_1) donde las longitudes de los semiejes corresponden a las distancias de M a los 2 extremos del diámetro que pasa por él. Evidentemente, en el caso que M sea el centro O_2, la elipse será una circunferencia.

OBSERVACIONES FINALES

El estudio de las "ruedas deslizantes" de Cardano y el lugar geométrico que recorren sus puntos dio lugar a importantes avances en la construcción de engranajes mecánicos y a imprentas de alta velocidad, por ejemplo.

En el problema "La astroide" aparecerá, de manera sorprendente, otro ejemplo de ruedas deslizantes, aunque con una relación de radios distinta.

Capítulo 17

Solución de la cuártica

(Ferrari – 1545)

PROBLEMA

Determinar un procedimiento general para resolver las ecuaciones de cuarto grado con coeficientes complejos $x^4 + px^3 + qx^2 + rx + s = 0$.

HISTORIA

Después del gran salto en el tiempo que pasó entre las resoluciones de las ecuaciones de segundo y tercer grado, podría pensarse que el paso de la cúbica a la cuártica llevaría siglos, tal vez. Sin embargo, las dificultades hasta el éxito de la cúbica de algún modo hicieron progresar a los matemáticos de la época y de hecho el ya conocido Lodovico FERRARI, discípulo de CARDANO y ganador del desafío contra TARTAGLIA, publicó un método correcto en el libro "Ars Magna" (con Cardano de coautor). El procedimiento se basa en la resolución de la cúbica y se cree que, de hecho, lo descubrió incluso antes de saber cómo solucionar aquélla.

Estatua de Lagrange en Turín
Foto: www.britannica.com

En este capítulo no explicaremos el método de Ferrarri, sino el que encontró Joseph-Louis de LAGRANGE (1736 – 1813) a partir de sus famosas resolventes, cómo vimos también en la solución de la cúbica. Este procedimiento, publicado en 1770, es significativo por el hecho que reúne las soluciones de la cuadrática, la cúbica y la cuártica en un solo principio matemático. A pesar de ello, Lagrange no logró ampliarlo a la resolución de la quíntica, pero sentó las bases para la conocida como teoría de GALOIS, verdadera revolución del álgebra y normalmente la asignatura con la que un matemático acaba los actuales estudios universitarios.

SOLUCIÓN

Vamos a resolver la ecuación de cuarto grado (con coeficientes complejos):

(17.1) $$x^4 + px^3 + qx^2 + rx + s = 0$$

que tiene como soluciones los valores x_1, x_2, x_3 y x_4. El método de resolución será muy parecido al que aplicamos para las ecuaciones de tercer grado, empezando por definir la resolvente de Lagrange.

La resolvente de Lagrange (para la resolución de la cuártica)

Se define la resolvente de Lagrange como las tres funciones:

(17.2) $$\begin{cases} A = x_1 + x_2 - x_3 - x_4 \\ B = x_1 - x_2 + x_3 - x_4 \\ C = x_1 - x_2 - x_3 + x_4 \end{cases}$$

Ahora definimos también las funciones que equivalen al cuadrado de las anteriores:

(17.3) $$\begin{cases} a = A^2 = (x_1 + x_2 - x_3 - x_4)^2 \\ b = B^2 = (x_1 - x_2 + x_3 - x_4)^2 \\ c = C^2 = (x_1 - x_2 - x_3 + x_4)^2 \end{cases}$$

Los valores de $a+b+c$, $ab+ac+bc$ y abc pueden escribirse en función de los coeficientes p, q, r, s de la ecuación (17.1). En primer lugar, por ser x_1, x_2, x_3, x_4 las soluciones de (17.1), tenemos la igualdad:

(17.4) $$x^4 + px^3 + qx^2 + rx + s = (x - x_1) \cdot (x - x_2) \cdot (x - x_3) \cdot (x - x_4)$$

de la cual recuperamos (igualando los coeficientes que acompañan a cada exponente) las fórmulas de Vieta:

(17.5) $$\begin{cases} p = -(x_1 + x_2 + x_3 + x_4) \\ q = (x_1x_2 + x_1x_3 + x_1x_4 + x_2x_3 + x_2x_4 + x_3x_4) \\ r = -(x_1x_2x_3 + x_1x_2x_4 + x_1x_3x_4 + x_2x_3x_4) \\ s = (x_1x_2x_3x_4) \end{cases}$$

De igual modo a lo que ocurría en el caso de la cúbica, podemos ahora calcular $a+b+c$, $ab+ac+bc$ y abc en función de los coeficientes p, q, r, s. Los cálculos son laboriosos, pero el lector interesado no tendrá problemas en comprobar las siguientes igualdades:

(17.6) $$\begin{aligned} a + b + c &= 3p^2 - 8q \\ ab + ac + bc &= 3p^4 - 16p^2q + 16pr + 16q^2 - 64s \\ abc &= (p^3 - 4pq + 8r)^2 \end{aligned}$$

Uso de la resolvente para solucionar la cuártica

Con la resolvente de Lagrange hemos conseguido esta vez escribir 3 valores ($a+b+c$, $ab+ac+bc$ y abc) en función únicamente de los coeficientes de la ecuación original (17.1) y que dichos valores son los coeficientes de una ecuación de tercer grado cuyas soluciones son a, b y c. En efecto, de manera parecida a los visto en (17.4) una ecuación de tercer grado con soluciones a, b y c puede escribirse como:

(17.7) $$x^3 - (a+b+c)x^2 + (ab+ac+bc)x + abc = (x-a)\cdot(x-b)\cdot(x-c)$$

Como sabemos resolver las ecuaciones de tercer grado, podemos encontrar los valores a, b y c en función de los coeficientes de la ecuación (17.7) (los ahora conocidos $a+b+c$, $ab+ac+bc$ y abc). Como éstos, a su vez, pueden escribirse, como hemos visto en (17.6) en función de los coeficientes de la ecuación (17.1), deducimos que podemos encontrar a, b y c en función de p, q, r, s.

Una vez hallados los valores de a, b y c, deducimos los de A, B y C (sus raíces cuadradas). Y ahora, tenemos un sistema lineal de 4 ecuaciones y 4 incógnitas que nos permite hallar, finalmente, las soluciones x_1, x_2, x_3, x_4:

(17.8) $$\begin{cases} A = x_1 + x_2 - x_3 - x_4 \\ B = x_1 - x_2 + x_3 - x_4 \\ C = x_1 - x_2 - x_3 + x_4 \\ -p = x_1 + x_2 + x_3 + x_4 \end{cases}$$

Las tres primeras ecuaciones son las definidas en (17.2), donde ahora A, B y C son números conocidos, mientras que la cuarta es la primera fórmula de Vieta en (17.5), donde p es también un valor conocido.

Ejemplo: Resolución de una ecuación cuártica

Pongamos como ejemplo la ecuación $x^4 - 11x^3 + 32x^2 - 4x - 48 = 0$, que es muy sencilla en sus soluciones pero que sirve para entender el método (que sería idéntico para cualquier otra ecuación de cuarto grado con cualesquiera números complejos como coeficientes). En primer lugar calculamos los valores de $a+b+c$, $ab+ac+bc$ y abc según lo encontrado en (17.6), lo que da unos valores de:

$$a+b+c = 3\cdot(11)^2 - 8\cdot(32) = 107$$
$$ab+ac+bc = 3\cdot(11)^4 - 16\cdot(-11^2)\cdot 32 + 16\cdot(-11)\cdot(-4) + 16\cdot(32)^2 - 64\cdot(-48) = 2131$$
$$abc = (11^3 - 4\cdot 11\cdot 32 + 8\cdot(-4))^2 = 2025$$

Ahora resolvemos la ecuación $x^3-(a+b+c)x^2+(ab+ac+bc)x+abc = 0$, que tiene como soluciones a, b y c. En concreto, la ecuación que se forma es $x^3 - 107x^2 + 2131x - 2025 = 0$, precisamente el ejemplo que comentamos en el capítulo sobre las ecuaciones de tercer grado, cuyas soluciones eran:

$$a = 81 \quad ; \quad b = 1 \quad ; \quad c = 25$$

El siguiente paso es calcular las raíces cuadradas de los anteriores valores. Para cada valor tenemos 2 valores:

$$A_1 = \sqrt{a} = 9 \quad ; \quad B_1 = \sqrt{b} = 1 \quad ; \quad C_1 = \sqrt{c} = 5$$
$$A_2 = \sqrt{a} = -9 \quad ; \quad B_2 = \sqrt{b} = -1 \quad ; \quad C_2 = \sqrt{c} = -5$$

Teniendo en cuenta que, por la definición de A, B y C en (17.2) y aprovechando los cálculos hechos en el apartado anterior, se debe cumplir que $ABC = -p^3 + 4pq - 8r = -45$, no todos los tríos (A_i, B_j, C_k) nos llevan a una solución correcta de (17.1). En este caso, sólo tenemos soluciones si escogemos (A_1, B_1, C_2), (A_1, B_2, C_1), (A_2, B_1, C_1) y (A_2, B_2, C_2). Si escogemos (A_1, B_1, C_2) entonces ya sólo queda resolver el sistema de ecuaciones lineal que vimos en (17.8):

$$\begin{cases} 9 &= x_1 + x_2 - x_3 - x_4 \\ 1 &= x_1 - x_2 + x_3 - x_4 \\ -5 &= x_1 - x_2 - x_3 + x_4 \\ 11 &= x_1 + x_2 + x_3 + x_4 \end{cases}$$

.. que nos da como solución los valores $x_1 = 4$, $x_2 = 6$, $x_3 = 2$, $x_4 = -1$. En el caso que hubiéramos escogido (A_1, B_2, C_1), los valores encontrados hubieran sido los mismos, pero en diferente orden ($x_1 = 6$, $x_2 = 4$, $x_3 = -1$, $x_4 = 2$), de igual modo que (A_2, B_1, C_1) nos hubiera conducido a ($x_1 = 2$, $x_2 = -1$, $x_3 = 4$, $x_4 = 6$) y (A_2, B_2, C_2) a ($x_1 = -1$, $x_2 = 2$, $x_3 = 6$, $x_4 = 4$).

OBSERVACIONES FINALES

El hecho que $a + b + c$ (y, de igual modo, $ab + ac + bc$ o abc) se puedan escribir como polinomios de los coeficientes de la ecuación original (las ecuaciones en (17.6)) **NO** es una feliz casualidad. $a+b+c$ es un ejemplo de lo que llamamos un **polinomio simétrico** en 4 variables. Un polinomio simétrico es aquél que no varía si cambiamos de orden sus variables en la definición.

$$a + b + c = (x_1 + x_2 - x_3 - x_4)^2 + (x_1 - x_2 + x_3 - x_4)^2 + (x_1 - x_2 - x_3 + x_4)^2$$

Es decir, el papel de las variables x_1, x_2, x_3, x_4 es simétrico en la definición de $a + b + c$.

Pues bien, hay un hermoso teorema que nos demuestra que todo polinomio simétrico en n variables se puede escribir como polinomio de los llamados **polinomios simétricos elementales** de n variables. Pero, ¿cuáles son, por definición, los polinomios simétricos elementales? Para 4 variables son, precisamente:

$$\begin{cases} x_1 + x_2 + x_3 + x_4 \\ x_1 x_2 + x_1 x_3 + x_1 x_4 + x_2 x_3 + x_2 x_4 + x_3 x_4 \\ x_1 x_2 x_3 + x_1 x_2 x_4 + x_1 x_3 x_4 + x_2 x_3 x_4 \\ x_1 x_2 x_3 x_4 \end{cases}$$

los cuales coinciden, salvo signo, son los coeficientes de la ecuación (17.1). En general, los polinomios simétricos elementales de n variables coinciden también, salvo signo, con las fórmulas de Vieta para las ecuaciones de grado n.

Capítulo 18

Un mapa terrestre conforme

(Mercator – 1569)

PROBLEMA

Dibujar un mapa terrestre en el que Ecuador y meridianos sean rectas y que, simultáneamente, conserve ángulos (es decir, sea un mapa conforme).

HISTORIA

Desde que la humanidad ha intentado dibujar mapas de la superficie terrestre se ha topado con un problema: no existe una manera "perfecta" de trasladar la información original (en una esfera) a un mapa (en un plano). Por ese motivo hay mapas que conservan áreas (el área de una región de la Tierra es la misma, salvando la escala, a la de su representación), otros que conservan distancias, otros que conservan direcciones, ... pero ninguno de ellos puede conservarlo todo a la vez.

Cada una de las maneras de representar la Tierra en un mapa se conoce como una proyección cartográfica y las más usuales suelen llevar el nombre de su inventor. La proyección de Mercator, que es igualmente importante para las ciencias geográfica y náutica, fue desarrollada por el cartógrafo alemán (aunque nacido en Flandes) Gerhard KREMER (1512 – 1594), también conocido como Mercator.

Retrato de Mercator
Frans Hogenberg (1574)

Vamos a definir la proyección de Mercator como él mismo la ideó y veremos que es solución de nuestro problema, teniendo en cuenta que un mapa es conforme, por definición, cuando conserva los ángulos, es decir, todo ángulo en el mapa es igual a su ángulo original en la esfera terrestre. El precio a pagar por conservar los ángulos será el no poder conservar las áreas, de manera que los países más cercanos a los polos ven exagerada su área real comparada con las de otros próximos al Ecuador.

SOLUCIÓN

Parametrización de la esfera

Una de las maneras que tenemos en Matemáticas para definir una superficie es la parametrización utilizando 2 variables. Es decir, cogemos dos variables (por ejemplo, u y v) que pueden variar en un rango de valores conocido y, para cada par de ellas definimos un punto en R^3 mediante una fórmula donde cada coordenada depende de u y v.

El primer ejemplo de parametrización de una superficie que se suele usar muchas veces es la esfera de radio 1, cuyo centro llamamos O. De la esfera escogemos un círculo al azar, al que llamamos **ecuador**, y un círculo perpendicular al ecuador (es decir, que el plano que contiene a ese círculo y el plano que contiene al ecuador sean perpendiculares) al que llamamos **meridiano principal**; al resto de círculos perpendiculares al ecuador también los llamaremos meridianos.

Supongamos un punto A de la esfera. Definimos ahora u como el ángulo (en radianes) entre el meridiano principal y el meridiano que contiene a A (a este ángulo se le llama **longitud**), y v como el ángulo (en radianes) entre el vector $\overrightarrow{OA}$ y el ecuador (a este ángulo se le llama **latitud**). Entonces, cualquier punto de la esfera A puede definirse correctamente, con los valores u y v adecuados, de la siguiente manera:

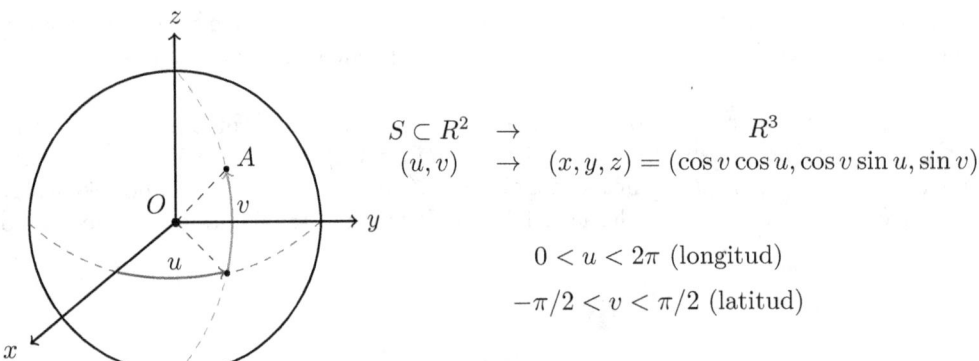

$$S \subset R^2 \to R^3$$
$$(u,v) \to (x,y,z) = (\cos v \cos u, \cos v \sin u, \sin v)$$

$0 < u < 2\pi$ (longitud)

$-\pi/2 < v < \pi/2$ (latitud)

Figura 18.1

Evidentemente, tenemos que se cumple, sin importar los valores de u y v, la ecuación $x^2+y^2+z^2=1$ propia de todos los puntos de la esfera.

Aunque ésta es la parametrización más conocida de la esfera, no es la única; de hecho, podemos pensar en muchas parametrizaciones posibles. Por razones que veremos más adelante, estudiemos ahora una de ellas, a la que llamaremos T, que varía ligeramente de la que hemos visto anteriormente:

Fijémonos en que hemos cambiado los nombres de las variables (para darles letras griegas que muchas veces son utilizadas para definir ángulos) y que en lugar de utilizar la más conocida latitud hemos usado la **colatitud** (con el Polo Norte como origen y rango $[0, \pi]$ en lugar del Ecuador como origen y rango $[-\pi/2, \pi/2]$).

La parametrización T transforma un punto en un plano (dos variables) en un punto de la esfera (tres variables), mientras que la parametrización inversa T^{-1} transforma un punto de la esfera en un punto del plano (es por tanto, una proyección cartográfica - es decir, un **mapa** -, tal y como definimos en la introducción). La proyección cartográfica T^{-1} representa al Ecuador como una recta ($\theta = \pi/2$) y a los meridianos como otras rectas ($\phi = $ cte) perpendiculares a aquél, pero se puede comprobar que **no** es una aplicación conforme (no conserva los ángulos).

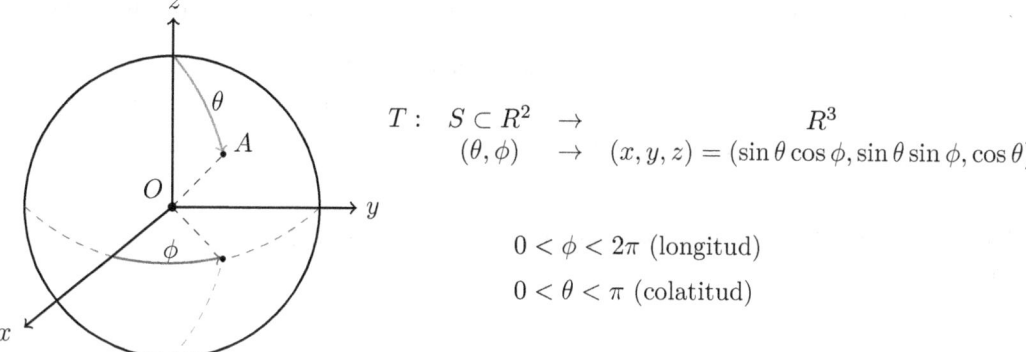

Figura 18.2

Este primer intento de encontrar un mapa conforme ha fracasado, pero al menos nos servirá para parametrizar curvas en la esfera. Para llegar a la solución vamos a plantear el problema desde otro punto de vista.

Loxodrómicas

Una **loxodrómica** es una curva de la superficie terrestre que corta con el mismo ángulo a todos los meridianos. Siempre que un barco no modifique su rumbo, está navegando sobre una loxodrómica. El ángulo k formado por la loxodrómica con los meridianos se llama el **azimut** de la ruta.

De manera parecida a lo que hemos visto con superficies, una manera de definir una trayectoria es mediante la parametrización; en este caso, sólo es necesaria una variable (ya que estamos definiendo una entidad de una dimensión), a diferencia de las dos variables que necesitábamos para una superficie (una entidad de dos dimensiones). Normalmente, por comodidad y para mejor comprensión, se utiliza como parámetro el tiempo y utilizamos la variable t, de manera que para cada valor de t la parametrización define un punto (x, y, z).

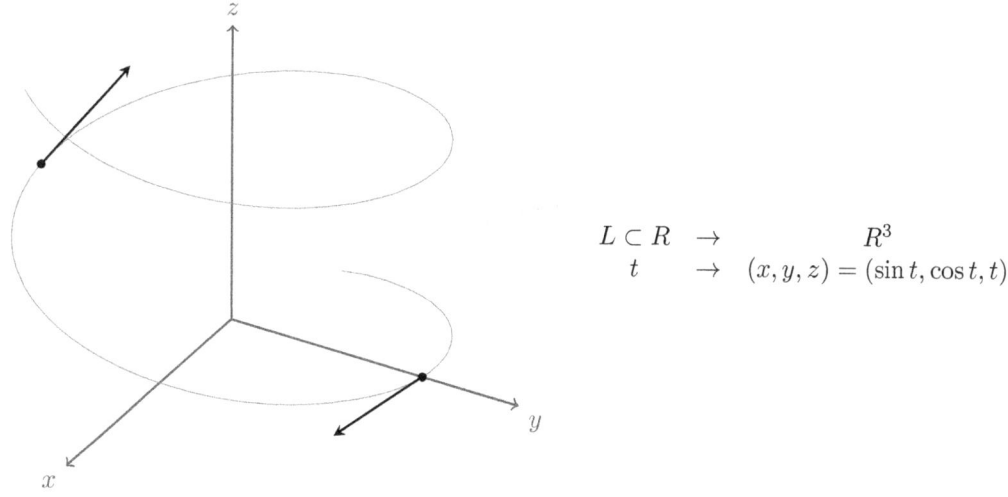

Figura 18.3

Por ejemplo, la parametrización que podemos ver en la figura 18.3 define la trayectoria de una especie de hélice: para $t = 0$ tenemos que el punto imaginario que sigue la trayectoria está en $(0, 1, 0)$, o para $t = \pi$ está en $(0, -1, \pi)$; es decir, para cada tiempo (en el intervalo de tiempos definido) sabemos donde está el punto, es decir, la trayectoria se define gracias al parámetro t (de ahí el concepto de parametrización).

Aunque no lo haremos aquí, se puede demostrar que la derivada (componente a componente) en un punto de la parametrización, indica la dirección de la tangente a la trayectoria en ese punto. En el ejemplo anterior, la derivada de la parametrización de la hélice es $(\cos t, -\sin t, 1)$ lo que significa que, por ejemplo, la tangente a la trayectoria en $t = 0$ tiene la dirección $(1, 0, 1)$ o que la tangente a la trayectoria en $t = \pi$ tiene la dirección $(-1, 0, 1)$, como también podemos ver en la figura 18.3.

Una vez explicado este preámbulo, vamos a intentar hallar una parametrización de una loxodrómica. Primero empecemos por una parametrización de una trayectoria cualquiera que recorre la superficie de la esfera:

$$(18.1) \qquad \alpha(t) = (\sin\theta(t)\cos\phi(t), \sin\theta(t)\sin\phi(t), \cos\theta(t))$$

Fijémonos que hemos tomado la parametrización de la esfera de la figura 18.2 y nos hemos limitado a escribir las variables θ y ϕ como dependientes del (mismo) parámetro t. Es decir, obligamos a que las dos variables θ y ϕ dejen de ser independientes y pasen a ser explicadas, ambas a la vez, por un único parámetro t. Eso implica que pasamos a tener una entidad de una sola dimensión (una trayectoria) pero, eso sí, nos aseguramos que dicha trayectoria ocurre siempre en la superficie de la esfera de radio 1.

A la ecuación genérica (18.1) le vamos a tener que imponer la condición de que siempre forme el mismo ángulo con los meridianos para encontrar una parametrización de la loxodrómica; eso no es fácil, pero lo haremos enseguida.

Por otro lado, la parametrización de un meridiano debe cumplir que la longitud es contante, es decir, $\theta(t) = C$, lo que implica que tanto $\cos\theta(t)$ como $\sin\theta(t)$ son constantes (llamemos A y B, repectivamente, a estos dos valores; se cumple que $A^2 + B^2 = 1$). Por tanto, un meridiano tiene la siguiente parametrización (los valores de A y B varían según el meridiano escogido):

$$(18.2) \qquad \gamma(t) = (A\sin\theta(t), B\sin\theta(t), \cos\theta(t))$$

Ahora tenemos que derivar ambas parametrizaciones para, como hemos explicado antes, calcular los vectores tangentes a las trayectorias y luego calcular el ángulo que forman los dos; ese ángulo debe ser siempre el mismo por definición de loxodrómica.

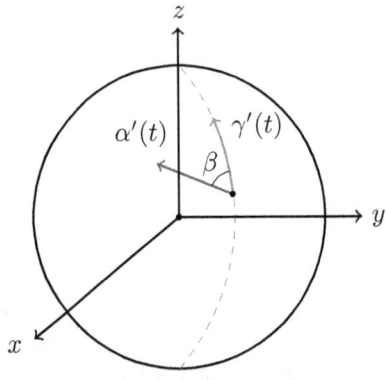

Figura 18.4

Por tanto, derivemos primero las parametrizaciones (18.1) y (18.2):

$$\alpha'(t) = (\cos\theta(t)\cos\phi(t) \cdot \theta'(t) - \sin\theta(t)\sin\phi(t) \cdot \phi'(t),$$
$$\cos\theta(t)\sin\phi(t) \cdot \theta'(t) + \sin\theta(t)\cos\phi(t) \cdot \phi'(t), -\sin\theta(t) \cdot \theta'(t))$$
$$\gamma'(t) = (A\cos\theta(t) \cdot \theta'(t), -B\sin\theta(t) \cdot \theta'(t), -\sin\theta(t) \cdot \theta'(t))$$

y ahora calculemos sus valores en un tiempo cualquiera t_1 (suponemos, por tanto, que para ese tiempo, $\cos\theta(t_1) = A$ y $\sin\theta(t_1) = B$):

$$\alpha'(t_1) = (A\cos\phi(t_1) \cdot \theta'(t_1) - B\sin\phi(t_1) \cdot \phi'(t_1),$$
$$A\sin\phi(t_1) \cdot \theta'(t_1) + B\cos\phi(t_1) \cdot \phi'(t_1), -B \cdot \theta'(t_1))$$
$$\gamma'(t_1) = (A^2 \cdot \theta'(t_1), -B^2 \cdot \theta'(t_1), -B \cdot \theta'(t_1))$$

Finalmente, el ángulo β que forman ambos vectores en el instante t_1, tal y como veremos en la proposición 46.1, puede calcularse con la fórmula:

$$\cos\beta = \frac{\langle\alpha'(t_1),\gamma'(t_1)\rangle}{|\alpha'(t_1)| \cdot |\gamma'(t_1)|}$$

donde $\langle *,* \rangle$ es el producto escalar de 2 vectores y $|*|$ es la norma del vector. Los cálculos son engorrosos, pero el lector puede comprobar que el resultado final es el siguiente:

$$\cos\beta = \frac{\theta'(t_1)}{\sqrt{(\theta'(t_1))^2 + \sin^2\theta(t_1) \cdot (\phi'(t_1))^2}}$$

Ahora bien, por definición de loxodrómica, tenemos que imponer que el ángulo β sea constante **para todo tiempo** t. Tenemos entonces que la ecuación de la loxodrómica cumple la siguiente ecuación diferencial en la que, por comodidad, escribimos θ' y ϕ' en lugar de $\theta'(t)$ y $\phi'(t)$:

(18.3) $$\cos\beta = \frac{\theta'}{\sqrt{(\theta')^2 + \sin^2\theta \cdot (\phi')^2}}$$

Para resolver (18.3) debemos primero fijarnos que es equivalente a escribir (aplicando que $\sin^2\beta + \cos^2\beta = 1$):

(18.4) $$\sin\beta = \frac{\sin\theta \cdot \phi'}{\sqrt{(\theta')^2 + \sin^2\theta \cdot (\phi')^2}}$$

Ahora, dividiendo (18.4) entre (18.3) llegamos a:

$$\tan\beta = \frac{\pm\sin\theta \cdot \phi'}{\theta'} \quad \Rightarrow \quad \frac{\theta'}{\sin\theta} = \pm\frac{\phi'}{\tan\beta}$$

La última ecuación es una ecuación diferencial ordinaria con las variables separadas así que puede resolverse integrando a ambos lados, llegando a:

(18.5) $$\ln\left(\tan\left(\frac{\theta}{2}\right)\right) = \pm\frac{\phi + c}{\tan\beta}$$

Esta es la ecuación que define la loxodrómica, donde están relacionadas las dos variables de la parametrización (longitud y colatitud), el azimut constante β y la constante c que depende de un punto cualquiera del rumbo. Los valores $\pm$ dependen de si nos dirigimos hacia el norte o hacia el sur (en el caso de ir por latitud constante la ecuación es trivial).

Observación: La ecuación (18.5) es la que explica la necesidad de escoger la colatitud (figura 18.2, donde $0 < \phi < \pi$) en lugar de la latitud (figura 18.1, donde $-\pi/2 < \phi < \pi/2$), ya que de esta manera nos aseguramos que $\tan(\phi/2)$ sea siempre un valor positivo y, por tanto, podemos calcular $\ln(\tan(\phi/2))$.

Proyección de Mercator

Una vez establecida la ecuación de una loxodrómica (18.5), podemos reflexionar de la siguiente manera:

Nosotros estamos buscando una proyección en la que se conserven los ángulos. Podemos buscarla de manera que los meridianos se transforman en rectas y, además, necesitaremos que las loxodrómicas se transformen también en rectas, ya que si no fuera así, al cortar los meridianos (que sí son rectas) en algún momento lo haría con un ángulo distinto.

Pues para conseguir que las loxodrómicas se conviertan en rectas en la proyección, una manera de hacerlo será con el siguiente cambio de variable:

(18.6)
$$\begin{cases} u = -\ln\left(\tan\left(\frac{\theta}{2}\right)\right) \\ v = \phi \end{cases}$$

Con este cambio, los meridianos (ϕ constante) se convierten en rectas en el mapa (v constante), pero también las loxodrómicas, ya que la ecuación (18.5) encontrada en el apartado anterior queda como:

$$u = \mp \frac{v+c}{\tan\beta}$$

lo que define una recta en las variables (u, v). El signo negativo en la definición de u es un detalle, ya que queremos que los puntos del hemisferio Norte ($0 < \theta < \pi/2$) queden con $u > 0$, mientras que los del hemisferio Sur ($\pi/2 < \theta < \pi$) resulten con $u < 0$.

La función (18.6) es, por tanto, la proyección que buscamos que transforma a un punto de la esfera (expresado en función de la colatitud y la longitud) en un punto del plano (es decir, el mapa de Mercator), de manera que se conservan los ángulos (un ángulo en la esfera es siempre equivalente al ángulo entre 2 loxodrómicas bien escogidas; al transformarse éstas en rectas en el mapa, conservan sus ángulos con los meridianos y, como consecuencia, el ángulo entre ellas).

OBSERVACIONES FINALES

- Aunque no es en absoluto intuitivo, hay que notar la diferencia entre seguir un rumbo fijo (se sigue una loxodrómica) y no variar el timón del barco (se sigue un círculo máximo). El primero que se dio cuenta de ello fue el científico portugués Pedro Nunes (1492 – 1577): antes de él, los marinos estaban convencidos que si un barco seguía un rumbo fijo entonces iba por un círculo máximo que le llevaría después de dar la vuelta a la Tierra al mismo punto de partida (si no hubiera tierra firme en medio). Nunes fue el primero que avisó de ese error, asegurando que con rumbo fijo (loxodrómica) se tomaría un rumbo que se iría acercando en espiral a uno de los polos de la Tierra, sin llegar nunca a ellos.

- La proyección de Mercator fue un intento de ayudar a los barcos en su navegación, permitiendo calcular rumbos fijos en el mapa con exactitud. Aunque es muy útil para navegación, en otros campos se utilizan otras proyecciones, como la proyección cónica de Lambert (para navegación aérea) o la proyección de Winkel-Tripel (usada por la National Geographic Society).

- Para el lector interesado, hay una manera sencilla de encontrar la función inversa a la proyección de Mercator, es decir, aquella que transforma un punto del mapa de Mercator en su correspondiente en la esfera terrestre. Para ello, aplicamos en el sistema (18.6) la fórmula trigonométrica del ángulo mitad:

$$e^{-u} = \tan\left(\frac{\theta}{2}\right) = \frac{1 + \sec\theta}{\tan\theta} = \frac{1 + \cos\theta}{\sin\theta} \quad \text{y, por tanto,} \quad e^u = \frac{\sin\theta}{1 + \cos\theta}$$

Se puede deducir, sumando (y restando) ambas ecuaciones:

$$e^u + e^{-u} = \frac{\sin\theta}{1 + \cos\theta} + \frac{1 + \cos\theta}{\sin\theta} = \frac{1 + 2\cos\theta + \cos^2\theta + \sin^2\theta}{\sin\theta \cdot (1 + \cos\theta)} =$$
$$= \frac{2 + 2\cos\theta}{\sin\theta \cdot (1 + \cos\theta)} = \frac{2}{\sin\theta}$$

$$e^u - e^{-u} = \frac{\sin\theta}{1 + \cos\theta} - \frac{1 + \cos\theta}{\sin\theta} = \frac{\sin^2\theta - 1 - 2\cos\theta - \cos^2\theta}{\sin\theta \cdot (1 + \cos\theta)} =$$
$$= \frac{-2\cos\theta - 2\cos^2\theta}{\sin\theta \cdot (1 + \cos\theta)} = \frac{-2}{\tan\theta}$$

Es decir, tenemos que:

$$\sin\theta = \frac{2}{e^u + e^{-u}} \quad \text{y} \quad \cos\theta = \frac{-e^u + e^{-u}}{e^u + e^{-u}}$$

Por tanto, la función inversa a la proyección de Mercator es, sustituyendo las fórmulas anteriores en la parametrización x de la esfera propuesta en la figura 18.1:

$$\begin{array}{rcl} y: \quad V \subset R^2 & \to & R^3 \\ (u,v) & \to & \left(\frac{2}{e^u + e^{-u}} \cdot \cos v, \frac{2}{e^u + e^{-u}} \cdot \sin v, \frac{-e^u + e^{-u}}{e^u + e^{-u}}\right) \end{array}$$

$$-\infty < u < \infty \text{ (latitud ''exagerada'')}$$
$$0 < v < 2\pi \text{ (longitud)}$$

Capítulo 19

La loxodrómica

(Harriot – 1590)

PROBLEMA

Determinar la longitud de la loxodrómica que une 2 puntos de la superficie terrestre y comprobar que, en general, no es la longitud mínima entre esos dos puntos.

HISTORIA

Como vimos en el problema anterior, la proyección de Mercator transforma a una loxodrómica (nombre que procede del holandés Willebrord Snell) en una recta en el mapa, lo que hará muy simple calcular distancias entre 2 puntos unidos por ella. El primero que hizo los cálculos (se cree que utilizando algo parecido al cálculo integral descubierto siglos después por Newton y Leibniz) fue el matemático inglés Thomas HARRIOT (1560 – 1621), aunque aquí aplicaremos técnicas más avanzadas.

Retrato de Thomas Harriot
Autor desconocido (1602)

Como ya había observado Nunes, Harriot demostró que la distancia siguiendo la loxodrómica no era la mínima entre dos puntos, lo cual fue una información importante a tener en cuenta por los barcos de la época: no hay que seguir un rumbo fijo (loxodrómica) para viajes largos, sino seguir el llamado círculo máximo terrestre. Hoy en día, por supuesto, esta técnica es bien conocida, y los aviones la utilizan, tal y como vemos en las pantallas de nuestros asientos en vuelos intercontinentales (el rumbo seguido por el avión aparece como una línea curva en la pantalla).

Vamos a explicar cómo realizar ambos cálculos (distancia por loxodrómica y círculo máximo) con una explicación previa y un ejemplo posterior bastante clarificador.

SOLUCIÓN

Longitud de una curva regular parametrizada

En primer lugar, vamos a ver cómo se calcula la longitud de una curva en una superficie, en este caso en una esfera. Por teoría de curvas y superficies que el lector interesado puede consultar, la longitud entre los puntos t_0 y t de una curva regular parametrizada por $\alpha(t)$ puede calcularse como:

(19.1)
$$L = \int_{t_0}^{t} |\alpha'(t)| \cdot dt$$

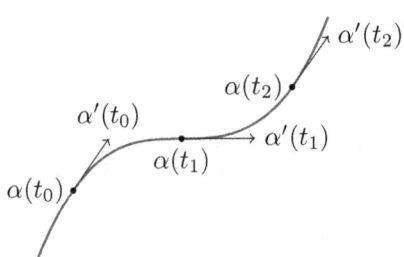

Figura 19.1

La demostración de (19.1) no es sencilla, pero podemos intuir la idea que hay detrás: vamos aproximando trozos de curva ($\alpha(t)$), en muchos puntos de ella, por los vectores tangentes ($\alpha'(t)$) en esos puntos. Después calculamos la longitud de esos vectores ($|\alpha'(t)|$) y los sumamos; cuanto más cercanos sean los puntos considerados, mejor será la aproximación, y en el límite la suma se calcula con una integral.

Consideremos que la Tierra es una esfera de radio 1 y $\alpha(t)$ una curva que discurre por su superficie. Entonces, considerando la parametrización que vimos en la fórmula 18.1:

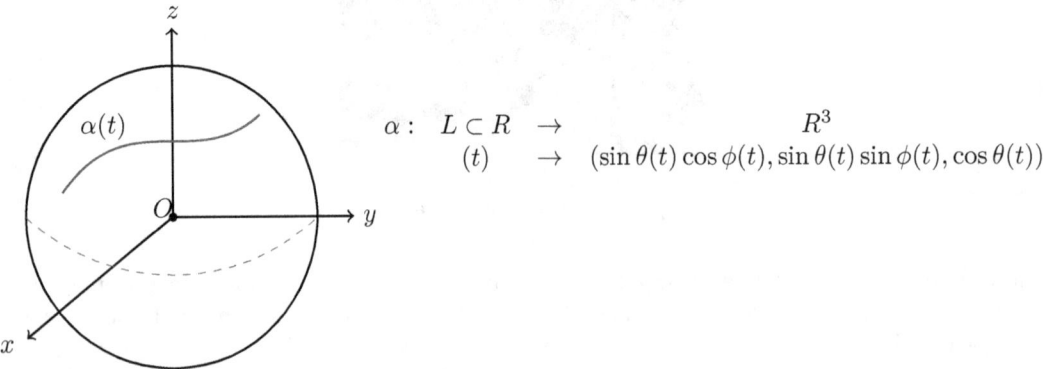

Figura 19.2

tenemos que el vector tangente es:

$$\alpha'(t) = (\cos\theta(t)\cos\phi(t)\theta'(t) - \sin\theta(t)\sin\phi(t)\phi'(t),$$
$$\cos\theta(t)\sin\phi(t)\theta'(t) + \sin\theta(t)\cos\phi(t)\phi'(t), -sin\theta(t)\theta'(t))$$

Calculamos ahora su longitud, con la ayuda del producto escalar:

$$|\alpha'(t)|^2 = <\alpha'(t),\alpha'(t)> = \cos^2\theta(t)\cos^2\phi(t)(\theta'(t))^2 + \sin^2\theta(t)\sin^2\phi(t)(\phi'(t))^2 -$$
$$- 2\cos\theta(t)\cos\phi(t)\theta'(t)\sin\theta(t)\sin\phi(t)\phi'(t) +$$
$$+ \cos^2\theta(t)\sin^2\phi(t)(\phi'(t))^2 + \sin^2\theta(t)\cos^2\phi(t)(\phi'(t))^2 -$$
$$+ 2\cos\theta(t)\cos\phi(t)\theta'(t)\sin\theta(t)\sin\phi(t)\phi'(t) +$$
$$+ \sin^2\theta(t)\cdot(\theta'(t))^2 = (\theta'(t))^2 + \sin^2\theta(t)\cdot(\phi'(t))^2$$

(19.2)
$$|\alpha'(t)| = \sqrt{(\theta'(t))^2 + \sin^2\theta(t)\cdot(\phi'(t))^2}$$

La ecuación (19.2) es cierta para cualquier curva contenida en la superficie terrestre pero para una **loxodrómica** vimos, en el problema anterior, que se cumple además:

$$\cos\beta = \frac{\theta'(t)}{\sqrt{(\theta'(t))^2 + \sin^2\theta(t)\cdot(\phi'(t))^2}}$$

por lo que, sustituyendo lo encontrado en (19.2), nos da que:

(19.3)
$$|\alpha'(t)| = \frac{\theta'(t)}{\cos\beta}$$

Por tanto, para una loxodrómica (y sólo para ella), la ecuación (19.3) es cierta, lo que podemos utilizar en el fórmula (19.1) para el cálculo de la longitud de la curva:

(19.4)
$$L = \int_{t_0}^{t} |\alpha'(t)| \cdot dt = \int_{t_0}^{t} \frac{\theta'(t)}{\cos\beta}\cdot dt = \int_{\theta_0}^{\theta} \frac{d\theta}{\cos\beta} = \frac{\theta - \theta_0}{\cos\beta}$$

donde θ_0 y θ son, respectivamente, las colatitudes del punto inicial y final, y β el ángulo que forma la loxodrómica que los une con cualquier meridiano.

Es decir, la longitud de una curva sobre la superficie terrestre es muy fácil de calcular si la curva resulta ser una loxodrómica. Sólo es necesario calcular el azimut (valor de β) y para ello lo mejor es aprovechar que las loxodrómicas son rectas en el mapa de Mercator (como vimos en el problema anterior) para calcularlo allí. Veámoslo con un ejemplo:

Ejemplo

Calcular la distancia de la loxodrómica que une Valdivia (Chile) con Yokohama (Japón).

Valores de Valdivia: $\phi_1 = 286{,}582° = 5{,}002$ radianes (longitud)
$\theta_1 = 129{,}885° = 2{,}267$ radianes (colatitud)

Valores de Yokohama: $\phi_2 = 139{,}653° = 2{,}437$ radianes (longitud)
$\theta_2 = 054{,}557° = 0{,}952$ radianes (colatitud)

En primer lugar, pasamos estos 2 puntos de la superficie terrestre al mapa, mediante la proyección de Mercator (de nuevo, utilizando los resultados del problema anterior). Tenemos:

$$u_1 = -\ln\left(\tan\left(\frac{\theta_1}{2}\right)\right) = -0{,}7604 \qquad v_1 = \phi_1 = 5{,}002$$

$$u_2 = -\ln\left(\tan\left(\frac{\theta_2}{2}\right)\right) = -0{,}6623 \qquad v_2 = \phi_2 = 2{,}437$$

En el mapa, calculamos fácilmente el ángulo que forman la recta que une los 2 puntos con la de un meridiano cualquiera:

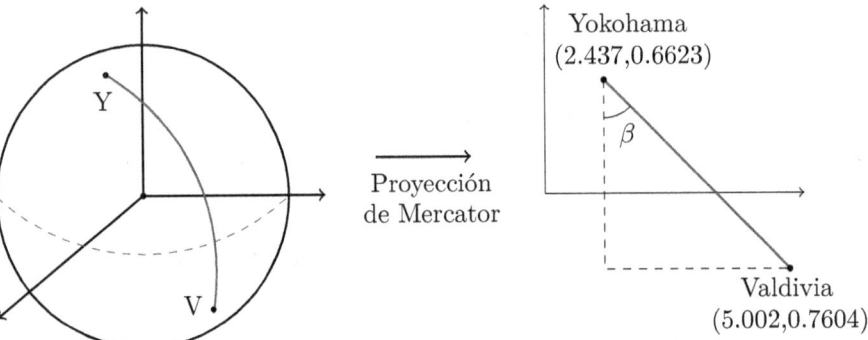

Figura 19.3

Por tanto,

$$\tan\beta = \frac{5{,}002 - 2{,}437}{0{,}7604 + 0{,}6623} = 1{,}803 \quad\Rightarrow\quad \beta = 1{,}064 \text{ radianes } (60{,}98°)$$

Como el mapa es conforme, el ángulo calculado corresponde con el real en la Tierra, por lo que ya podemos calcular la longitud utilizando la fórmula (19.4), la cual es válida sólo para loxodrómicas:

$$L = \frac{\theta - \theta_0}{\cos\beta} = \frac{2{,}267 - 0{,}952}{\cos 1{,}064} = 2{,}709$$

Todos estos cálculos han sido tomando el radio terrestre como la unidad. En realidad, el radio terrestre es, aproximadamente, de 6367 Km, por lo que todas las distancias deben ahora multiplicarse por él. Por tanto:

Longitud loxodrómica Valdivia-Yokohama $= 2{,}709 \cdot 6367$ Km $= 17247$ Km

Calcular la mínima distancia por superficie entre une Valdivia y Yokohama.

El camino más corto entre 2 puntos de una esfera se conoce como **geodésica** y se demuestra, en teoría de curvas y superficies, que es la línea que resulta de la intersección entre la esfera y el plano que resulta de los 2 puntos a unir y el centro de la Tierra (dicho plano siempre existe y es único, excepto en el caso que los 2 puntos sean opuestos en el globo: en tal caso hay infinitos planos y para cada uno de ellos hay una geodésica).

Para calcular la distancia, basta sólo con calcular el ángulo que forman los 2 vectores que unen el centro con los 2 puntos y multiplicar su resultado (en radianes) por el radio terrestre:

$$a_1 = (\sin 2{,}267 \cdot \cos 5{,}002, \sin 2{,}267 \cdot \sin 5{,}002, \cos 2{,}267) = (0{,}2191, -0{,}7353, -0{,}6413)$$

$$a_2 = (\sin 0{,}952 \cdot \cos 2{,}437, \sin 0{,}952 \cdot \sin 2{,}437, \cos 0{,}952) = (-0{,}6206, 0{,}5276, 0{,}5800)$$

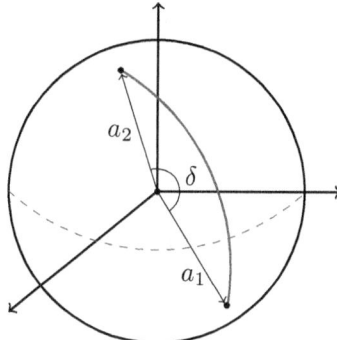

Figura 19.4

$$\cos \delta = \frac{<a_1, a_2>}{|a_1| \cdot |a_2|} = -0{,}8958 \qquad \Rightarrow \qquad \delta = 2{,}6811 \text{ radianes}$$

Longitud geodésica Valdivia-Yokohama $= 2{,}6811 \cdot 6367$ Km $= 17071$ Km

Como puede verse, la longitud siguiendo la geodésica (que NO es ir con rumbo fijo) es de unos 176 Km menor a la de la loxodrómica (yendo con rumbo fijo todo el trayecto).

OBSERVACIONES FINALES

- Si viéramos las trayectorias de la loxodrómica y la geodésica en el mapa de Mercator, se produce una curiosidad: la geodésica no sería la línea recta que une los dos puntos, ya que ésta es la loxodrómica, sino una curva que daría un pequeño rodeo. Eso no supone ninguna contradicción, ya que el mapa de Mercator conserva ángulos pero no distancias.

- Hay que ir con cuidado si se quiere repetir el cálculo del ejemplo anterior para otros puntos de inicio y final, ya que en algunos casos la loxodrómica más corta no sería la línea que une los puntos en el mapa de Mercator. En efecto, un punto con longitud muy grande (pongamos, 320°) y otro con longitud muy pequeña (pongamos 10°) quedan muy alejados en el mapa de Mercator, ya que el meridiano de Greenwich es "cortado" en el mapa y corresponde a la frontera exterior. En esos casos podemos considerar que las longitudes son, por ejemplo, 30° y 80°, conservando la diferencia de 50° pero eliminando el problema anterior. Otros problemas parecidos se resuelven con el mismo cuidado.

Capítulo 20

La ecuación de Kepler

(Kepler – 1609)

PROBLEMA

Suponiendo que conocemos la posición de un planeta (por ejemplo, la Tierra) en un momento dado, calcular en qué punto de la órbita estará en un momento futuro cualquiera.

HISTORIA

Johannes KEPLER (1571 – 1630) fue uno de los más grandes astrónomos de todos los tiempos. El famoso problema que nos ocupa se puede encontrar en el capítulo 60 de su obra maestra *"Astronomia nova"*, publicada en Praga en 1609.

Estatua a Kepler y Brahe (Praga)
Foto: Øyvind Holmstad (Wikimedia Commons)

Kepler fue el descubridor de las 3 leyes de las órbitas planetarias que llevan su nombre, y desde entonces buscó una manera de calcular la posición de los planetas suponiendo un punto inicial conocido y un tiempo transcurrido desde dicho punto inicial. Si las órbitas de los planetas hubieran sido circulares y sus velocidades angulares constantes, el problema sería muy sencillo, pero precisamente las leyes de Kepler afirman que las órbitas son elípticas y las velocidades de los planetas son distintas en cada momento (dependen de la posición que tengan en ese momento en la órbita). Kepler fue capaz de encontrar sus famosas leyes gracias a los datos precisos de la posición de Marte en el cielo cada noche que durante muchos años había recolectado el astrónomo danés Tycho BRAHE (1546 – 1601), con el que coincidió en Praga.

Para resolver el problema, Kepler definió los términos de anomalía media, excéntrica y real; son solamente nombres de conceptos que ayudarán a encontrar la solución, como veremos a continuación.

SOLUCIÓN

Definiciones

Sea S y P dos puntos que representan el Sol y el planeta que describe una órbita elíptica alrededor de él (el Sol está en uno de los focos de la elipse, tal y como aseguran las leyes de Kepler). Sea N el punto de la órbita del planeta más cercano al Sol, el llamado **perihelio**; sea O el origen de coordenadas, centro de la elipse y de su círculo circunscrito (dibujado también en la figura 20.1); sea P' el punto de intersección del círculo circunscrito con la paralela que pasa por P (de coordenadas (x,y)) al eje menor de la órbita; sea a y b el eje mayor y menor de la elipse, respectivamente; sea $\overline{OS} = e$ la llamada excentricidad lineal, $\epsilon = e/a$ la excentricidad astronómica, T el período de revolución del planeta y t el tiempo transcurrido para llegar a la posición del planeta P desde su paso por el perihelio.

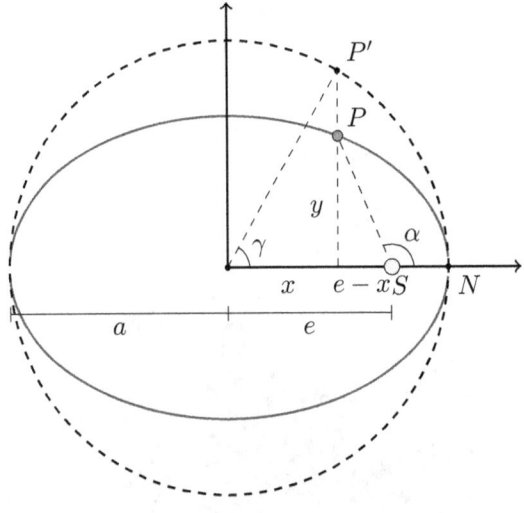

Figura 20.1

La anomalía verdadera α es el ángulo $\widehat{NSP}$, es decir, el ángulo descrito por el radio focal del planeta en el tiempo t. Este es **el ángulo que queremos conocer** en un tiempo cualquiera en el futuro, ya que nos permitirá saber dónde está el planeta.

La anomalía media β es el ángulo que el radio focal hubiera descrito en el tiempo t si creciera uniformemente (y completando la órbita en el mismo período de revolución T), de manera que su valor en radianes es:

(20.1) $$\beta = \frac{2\pi}{T} \cdot t$$

Este es **el ángulo que sabemos**, ya que se calcula a partir del tiempo que ha pasado desde una posición conocida del planeta (es decir, las variables t (tiempo transcurrido) y T (período de revolución del planeta, se supone conocido) son conocidas. Es un ángulo imaginario, y por eso no está representado en la figura 20.1.

Finalmente, la anomalía excéntrica γ es el ángulo $\widehat{NOP'}$ formado por el radio del círculo de circunscripción a P' y el radio $\overline{ON}$.

Relación entre anomalía verdadera y anomalía excéntrica

Vamos primero a encontrar la relación que existe entre la anomalía verdadera α y la anomalía excéntrica γ, que, tal y como hemos explicado, no tiene un significado práctico real, sino que tan sólo es una variable intermedia útil.

Tomando γ como variable tenemos que la ecuación de la órbita puede parametrizarse como:

$$\begin{cases} x = a\cos\gamma \\ y = b\sin\gamma \end{cases}$$

mientras que la ecuación del círculo circunscrito se escribe como:

$$\begin{cases} x = a\cos\gamma \\ y = a\sin\gamma \end{cases}$$

Si tomamos de la figura 20.1 el triángulo rectángulo de catetos $e - x, y$, aplicando las ecuaciones anteriores, podemos escribir:

$$\tan\alpha = \frac{b\sin\gamma}{a\cos\gamma - e} \quad \Rightarrow \quad \tan^2\alpha = \frac{b^2\sin^2\gamma}{a^2\cos^2\gamma - 2ae\cos\gamma + e^2} \quad \Rightarrow$$

$$\Rightarrow \quad -1 + \sec^2\alpha = \frac{(a^2 - e^2)\sin^2\gamma}{a^2\cos^2\gamma - 2ae\cos\gamma + e^2} = \frac{(1 - \epsilon^2)\sin^2\gamma}{\cos^2\gamma - 2\epsilon\cos\gamma + \epsilon^2} \quad \Rightarrow$$

$$\Rightarrow \quad \sec^2\alpha = \frac{\cos^2\gamma - 2\epsilon\cos\gamma + \epsilon^2 + \sin^2\gamma - \epsilon^2\sin^2\gamma}{\cos^2\gamma - 2\epsilon\cos\gamma + \epsilon^2} = \left(\frac{1 - \epsilon\cos\gamma}{\cos\gamma - \epsilon}\right)^2 \quad \Rightarrow$$

$$\Rightarrow \quad \cos\alpha = \frac{\cos\gamma - \epsilon}{1 - \epsilon\cos\gamma}$$

Para el último paso hemos ido con cuidado en escoger el signo correcto después de extraer la raíz y es fácil comprobar que esta ecuación es correcta para cualquier ángulo α entre 0 y 360°.

De la úlitma ecuación podemos deducir las dos siguientes:

$$1 - \cos\alpha = \frac{1 - \epsilon\cos\gamma - \cos\gamma + \epsilon}{1 - \epsilon\cos\gamma} = \frac{(1 + \epsilon)(1 - \cos\gamma)}{1 - \epsilon\cos\gamma}$$

$$1 + \cos\alpha = \frac{1 - \epsilon\cos\gamma + \cos\gamma - \epsilon}{1 - \epsilon\cos\gamma} = \frac{(1 - \epsilon)(1 + \cos\gamma)}{1 - \epsilon\cos\gamma}$$

Dividiendo ambas ecuaciones llegamos a:

$$\frac{1 - \cos\alpha}{1 + \cos\alpha} = \frac{1 + \epsilon}{1 - \epsilon} \cdot \frac{1 - \cos\gamma}{1 + \cos\gamma}$$

Finalmente, aprovechando las conocidas fórmulas trigonométricas del ángulo mitad:

$$1 - \cos\phi = 2\sin^2(\phi/2) \quad \text{y} \quad 1 + \cos\phi = 2\cos^2(\phi/2)$$

llegamos a una fórmula más compacta, conocida como fórmula de Gauss:

$$\tan\frac{\alpha}{2} = \sqrt{\frac{1+\epsilon}{1-\epsilon}} \cdot \tan\frac{\gamma}{2}$$

Relación entre anomalía media y anomalía excéntrica

Ahora buscamos la relación entre β y γ, con lo que, al finalizar la sección, estaremos en disposición de relacionar α y β (con la ayuda de lo encontrado en el apartado anterior), verdadero objetivo final. El ejemplo que expondremos más tarde ayudará a entender todo el proceso.

La relación que vamos a encontrar se basa en una de las conocidas leyes de Kepler sobre las órbitas de los planetas, que encontró por observación hace cientos de años: "*El radio focal de un planeta barre áreas iguales en tiempos iguales*".

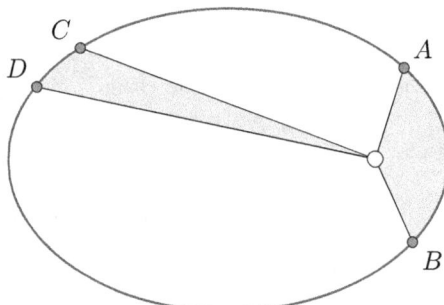

Figura 20.2

En la figura 20.2 vemos la idea que quiso transmitir Kepler: cuando el planeta está alejado del Sol el radio focal abarca mucha superficie cuando se mueve pocos grados; en cambio, cuando más cerca está de él, para conseguir igual superficie es necesario mayor ángulo. La ley de Kepler, aplicada a la figura, dice que si las dos áreas son iguales, el planeta tarda el mismo tiempo en ir de A a B que de C a D, aunque en este último caso la distancia recorrida por el planeta es mucho menor.

Es decir, el planeta va mucho más rápido en su órbita cuando está más cerca del Sol, ya que está obligado a cumplir la ley de Kepler y por tanto debe ir más rápido para conseguir igual superficie que cuando estaba más alejado. Esta ley se deduce (aunque no de manera trivial) a partir de la fórmula de atracción universal de Newton.

De la ley se deduce que hay una proporción directa entre el área y el tiempo empleado por el planeta en barrerla: el doble del área necesita el doble de tiempo, el triple del área necesita el triple de tiempo, etc. Vamos a aplicar esta proporción para 2 áreas determinada: el área de la órbita (en la figura 20.1) encerrada por los puntos SNP (a la que llamamos J y que el planeta tarda tiempo t en recorrerla) y el área de toda la órbita (que tiene el área de una elipse, es decir el valor πab, y que el planeta tarda su período T en recorrerla). Tenemos por tanto:

$$(20.2) \qquad \frac{J}{t} = \frac{\pi ab}{T} \quad \Rightarrow \quad J = \frac{ab}{2} \cdot \left(2\pi \cdot \frac{t}{T}\right) = \frac{ab}{2} \cdot \beta$$

donde en un momento hemos aplicado la ecuación (20.1). Sólo falta encontrar el valor del área J en función de la anomalía excéntrica γ para que, al sustituirla en (20.2), hallemos la relación buscada.

Fijémonos en la figura 20.3 y razonemos cómo calcular las áreas J_1, J_2 y finalmente la buscada J.

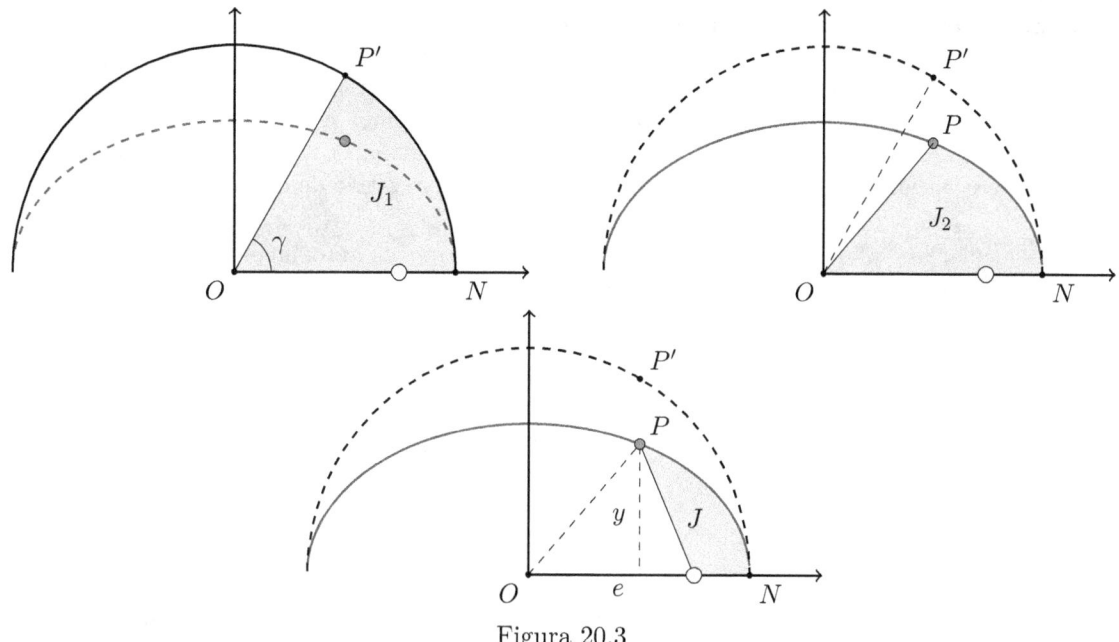

Figura 20.3

En primer lugar, el área J_1 puede calcularse con una simple proporción: si para un ángulo de 2π tenemos que el área del círculo de radio a es igual a $\pi \cdot a^2$, entonces para un ángulo γ tenemos que el área es $(\pi \cdot a^2) \cdot (\gamma/2\pi)$. Es decir, tenemos que $J_1 = (\pi \cdot a^2) \cdot (\gamma/2\pi) = a^2\gamma/2$.

Ahora, para el área J_2 tenemos que razonar de la siguiente manera: el área J_2 es el resultado de "aplanar" verticalmente el área J_1 de manera proporcional, de modo que si un segmento paralelo al eje y tenía antes longitud a ahora tendrá longitud b (se ve claramente en el mismo eje y, donde el radio de la circunferencia a se aplana hasta convertirse en el semieje de la elipse de longitud b; el resto de las alturas de los puntos de la circunferencia y la elipse – por ejemplo, la altura del eje x hasta P' se aplana hasta convertirse en la altura del eje x hasta P – siguen la misma proporción). Por tanto, eso significa que al área de J_2 es igual que la de J_1 pero multiplicada por el factor b/a, ya que un cuadrado de lado 1 en J_1, orientado según los ejes, se convierte ahora en un rectángulo de lados 1 (el lado paralelo al eje x, el cual no sufre variación) y b/a (el lado paralelo al eje y, aplanado como se ha explicado antes). Es decir, $J_2 = J_1 \cdot (b/a) = (ab\gamma)/2$.

Matemáticamente llegamos a la misma conclusión si denominamos $f(x)$ a la función que envuelve al área J_1 determinada por O, P' y N (por tanto, $f(x)$ consiste en un segmento unido a un trozo de circunferencia) y $g(x)$ a la función que envuelve al área J_2 determinada por O, P y N (también $g(x)$ es un segmento unido a un trozo de elipse). Como se cumple que $f(x) = (a/b) \cdot g(x)$, es fácil ver que:

$$J_2 = \int_0^N g(x)dx = \int_0^N \frac{b}{a} \cdot f(x)dx = \frac{b}{a} \int_0^N f(x)dx = \frac{b}{a} \cdot J_1 = \frac{b}{a} \cdot \frac{1}{2}a^2\gamma = \frac{ab}{2} \cdot \gamma$$

Finalmente, el área buscada J es igual a la de J_2 si le restamos el área definida por el triángulo OPS. Tenemos:

$$J = J_2 - \frac{ey}{2} = \frac{ab\gamma}{2} - \frac{a\epsilon b \sin\gamma}{2} = \frac{ab}{2} \cdot (\gamma - \epsilon \sin\gamma)$$

Sustituyendo esta expresión en (20.2), obtenemos finalmente la conocida como ecuación de Kepler:

(20.3) $$\gamma - \epsilon \sin\gamma = \beta$$

Solución aproximada a la ecuación de Kepler

Supongamos que conocemos el valor de β (es decir, conocemos el tiempo transcurrido desde el perihelio) y la excentricidad de la órbita del planeta ϵ, y queremos calcular el valor de γ que cumple la ecuación de Kepler. La solución no puede calcularse de manera exacta (no hay modo de aislar γ de la ecuación (20.3)), por lo que se plantea un modo iterativo de cálculo.

Vamos a calcular los valores γ_1, γ_2, γ_3, ... de modo que nos iremos aproximando rápidamente al valor de γ buscado, haciendo el error despreciable. Definimos los valores γ_1, γ_2, γ_3, ... a partir de las siguientes iteraciones:

$$\gamma_1 = \beta + \epsilon \sin \beta$$
$$\gamma_2 = \beta + \epsilon \sin \gamma_1$$
$$\gamma_3 = \beta + \epsilon \sin \gamma_2$$
$$...$$

El error cometido en el primer valor γ_1 respecto al valor buscado se puede acotar de la siguiente manera:

$$|\gamma - \gamma_1| = |\epsilon(\sin \gamma - \sin \beta)| \overset{(1)}{\leq} \epsilon \cdot |\gamma - \beta| = \epsilon^2 \cdot |\sin \gamma| \leq \epsilon^2$$

Para explicar la desigualdad (1) hay que aplicar el teorema del valor medio para funciones derivables: si tenemos la función $f(x)$ derivable en un intervalo abierto se cumple que, para todo $a < b$ puntos del intervalo, existe un valor c (donde $a < c < b$) tal que $[f(a) - f(b)]/[a - b] = f'(c)$. Si lo aplicamos a la función $f(x) = \sin x$ en el intervalo $(0, 2\pi)$, entonces tenemos que $(\sin \gamma - \sin \beta)/(\gamma - \beta) = f'(c)$ lo cual, en valores absolutos, nos lleva a $|\sin \gamma - \sin \beta| = |f'(c)| \cdot |\gamma - \beta|$. Ahora sólo hay que tener en cuenta que $|f'(c)| \leq 1$ (ya que la derivada de $f(x) = \sin x$ es $f'(x) = \cos x$ y ésta está acotada por el valor 1) para deducir la desigualdad.

El error cometido en el segundo valor se puede acotar de modo parecido:

$$|\gamma - \gamma_2| = |\epsilon(\sin \gamma - \sin \gamma_1)| \leq \epsilon \cdot |\gamma - \gamma_1| \leq \epsilon^3$$

Con razonamientos idénticos, encontramos los errores máximos de cada iteración, que tienden a 0 ya que $\epsilon < 1$. En el caso de la Tierra, su órbita tiene una excentricidad de $\epsilon = 0{,}01674$ que resulta en $\epsilon^3 = 0{,}00000469$. Teniendo en cuenta que 1 segundo de grado equivale, en radianes, a $0{,}00000485$, la aproximación γ_3 en el caso de la Tierra es exacta hasta un segundo de grado.

Como conclusión final, las fórmulas de Kepler y Gauss permiten obtener los valores de las anomalías γ y α a partir de la anomalía media β, es decir, a partir del tiempo que ha transcurrido desde el perihelio, recordando la ecuación (20.1).

Ejemplo

"Suponiendo que la Tierra está en el perihelio de su órbita el 1 de enero 2008 a las 0:00 GMT, buscar su posición en la órbita para el día 23 de abril de 2008 a las 19:17 GMT."

Un año sideral (tiempo que tarda la Tierra en dar una vuelta a su órbita) dura $365{,}256$ días de 24 horas (de ahí la necesidad de un año bisiesto cada 4, más o menos). El año 2008 fue bisiesto, por lo que a la hora indicada habían transcurrido $113{,}803$ días de 24 horas.

Por tanto, la anomalía media β era igual, en ese momento, a:

$$\beta = \frac{113{,}803}{365{,}256} \cdot 2\pi = 1{,}958 \qquad (= 112{,}19°)$$

Para calcular la anomalía excéntrica, usamos el método iterativo del apartado anterior:

$$\gamma_1 = \beta + \epsilon \sin \beta = 1{,}958 + 0{,}01674 \cdot \sin 1{,}958 = 1{,}973$$
$$\gamma_2 = \beta + \epsilon \sin \gamma_1 = 1{,}958 + 0{,}01674 \cdot \sin 1{,}973 = 1{,}973$$

ya no son necesarias más iteraciones porque hemos encontrado el mismo valor para γ_1 y γ_2. Por tanto, $\gamma = 1{,}973$ ($= 113{,}07°$). Finalmente, para calcular la anomalía real:

$$\tan \frac{\alpha}{2} = \sqrt{\frac{1+\epsilon}{1-\epsilon}} \cdot \tan \frac{\gamma}{2} = \sqrt{\frac{1+0{,}01674}{1-0{,}01674}} \cdot \tan \frac{1{,}973}{2} \quad \Rightarrow$$

$$\Rightarrow \quad \alpha = 2 \arctan(1{,}538) = 1{,}988 \qquad (= 113{,}95°)$$

Es decir, en el día y la hora indicada, la Tierra está en el punto de la órbita elíptica tal que el ángulo entre ella, el Sol y el perihelio vale 113,95 grados.

Debido a que la excentricidad de la Tierra es muy pequeña (es decir, su órbita es casi circular), hay poca diferencia entre las 3 anomalías. En otras órbitas (por ejemplo, en Marte) la discrepancia sería mucho mayor.

OBSERVACIONES FINALES

- La ecuación de Kepler permite calcular la posición de la Tierra respecto al Sol en cualquier momento, por anticipado, lo que permite calcular la llamada ecuación del tiempo e que está reflejada en unas tablas marítimas recogidas en el llamado "almanaque". Entre otras aplicaciones, la ecuación del tiempo calculada en esas tablas era necesaria, en la época, para conocer la posición de un barco, tal y como veremos en el problema "Cálculo de la posición en el mar".

- Las leyes de Kepler fueron deducidas por observación de datos y acierto de la hipótesis correcta. Por ejemplo, para la primera ley, en un momento dado Kepler supuso que las órbitas eran elípticas y que el Sol estaba en un foco (tal vez después de ver que otras hipótesis más simples – que fueran órbitas circulares o que fueran elípticas con el Sol en el centro de la elipse – no coincidían con los datos) y comprobó que las observaciones de Brahe coincidían a la perfección con esa suposición. Pero parece que en ningún momento entendió la razón por la que se cumplían.

- Tuvo que ser el gran científico inglés Isaac NEWTON (1643 – 1727), para muchos el genio más brillante de la Historia de la Humanidad, el que deduciría matemáticamente las leyes de Kepler a partir de la Ley de Gravitación Universal (1684) que había acabado de descubrir. Quedaba así resuelta una de las grandes preguntas de la historia de la ciencia.

Capítulo 21

Ampliación de un mapa

(Snellius – 1617)

PROBLEMA

Determinar la posición en un mapa de nuevos puntos recién descubiertos (por exploradores), a partir de las posiciones de puntos conocidos.

HISTORIA

Este problema era de gran importancia, siglos atrás, para la incorporación de nuevos puntos de la superficie terrestre en un reconocimiento de terreno y consecuentemente para la preparación de mapas precisos.

Para el problema, llamamos "punto accesible" a aquel punto donde está el explorador o a donde puede llegar con facilidad y calcular la distancia a otros puntos accesibles. En cambio, "punto inaccesible" es aquél al que el explorador no puede llegar (por ejemplo, porque hay un trozo de mar en medio) y por tanto, no sabe la distancia que le separa de él, pero sí puede ver y calcular, por ejemplo, el ángulo desde una dirección fija a la dirección que lo une a él.

Willebrord Snel
Retrato como profesor universitario

Exploradores terrestres y marinos se encontraban frecuentemente con los dos siguientes casos:

- Problema de Snellius–Pothenot o problema de los 3 puntos inaccesibles: *Determinar la posición de un punto desconocido en el mapa, pero accesible, a partir de las posiciones de 3 puntos conocidos A, B y C, pero en ese momento inaccesibles.*

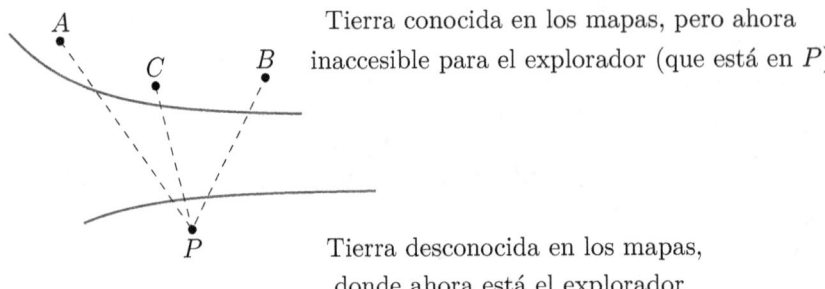

Figura 21.1

Este problema, el más famoso de todos los problemas de exploración terrestre, fue enunciado y resuelto por el holandés Willebrord Snel (1581 – 1626, también conocido como Snellius) en su trabajo de 1617 titulado "Eratosthenes Batavus", pero no atrajo la atención de sus contemporáneos. No fue ampliamente conocido hasta que fue resuelto de nuevo por el francés Pothenot (muerto en 1732) en un papel enviado en 1692 a la Academia Francesa. Desde entonces ha sido conocido como el problema de Photenot.

- Problema de Hansen o problema de la distancia inaccesible: *A partir de la posición de 2 puntos conocidos A y B en ese momento inaccesibles, determinar la posición de 2 puntos desconocidos P y P'.*

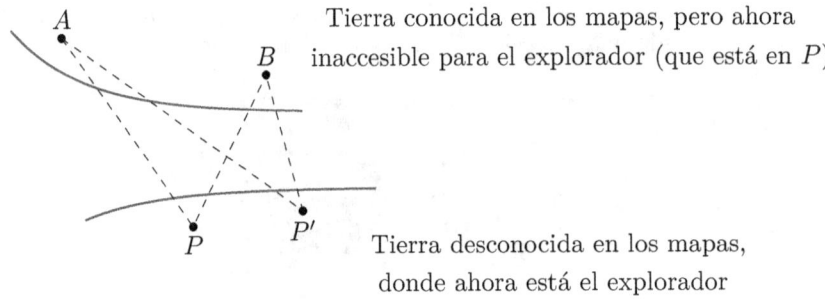

Figura 21.2

Comparado con el caso anterior, aquí solo hay 2 buenos puntos de referencia (faros, casas, etc.) que podían verse desde la porción de tierra accesible pero no existente en los mapas. Para ese caso se pensó en esta variante del problema, resuelta por el astrónomo alemán Hansen (1795 – 1874), pero también por otros autores antes que él.

SOLUCIÓN

Primero vamos a deducir una fórmula trigonométrica que nos servirá para las posteriores demostraciones:

LEMA 21.1. *Sea α y β dos ángulos tales que $\sin\alpha/\sin\beta = m/n$. Entonces se deduce que:*

$$\frac{\tan\frac{\alpha-\beta}{2}}{\tan\frac{\alpha+\beta}{2}} = \frac{m-n}{m+n}$$

DEMOSTRACIÓN. Primero demostremos la siguiente igualdad:

$$\text{(21.1)} \qquad \frac{\sin\alpha - \sin\beta}{\sin\alpha + \sin\beta} = \frac{m-n}{m+n}$$

Esto se ve gracias al siguiente razonamiento:

$$\frac{\sin\alpha - \sin\beta}{\sin\alpha + \sin\beta} = \frac{\frac{\sin\alpha - \sin\beta}{\sin\beta}}{\frac{\sin\alpha + \sin\beta}{\sin\beta}} = \frac{\frac{\sin\alpha}{\sin\beta} - 1}{\frac{\sin\alpha}{\sin\beta} + 1} \stackrel{(a)}{=} \frac{\frac{m}{n} - 1}{\frac{m}{n} + 1} = \frac{m-n}{m+n}$$

donde en (a) hemos aplicado la hipótesis del lema.

Por otro lado, aprovechamos la conocida relación trigonométrica de suma y resta de senos, cuya demostración obviamos por poder encontrarse fácilmente:

$$\text{(21.2)} \qquad \sin\alpha \pm \sin\beta = 2\cdot\sin\left(\frac{\alpha\pm\beta}{2}\right)\cdot\cos\left(\frac{\alpha\mp\beta}{2}\right)$$

Si sustituimos en (21.1) lo encontrado en (21.2) llegamos a la identidad buscada:

$$\frac{\sin\alpha - \sin\beta}{\sin\alpha + \sin\beta} = \frac{m-n}{m+n} \quad\Rightarrow\quad \frac{2\cdot\sin\left(\frac{\alpha-\beta}{2}\right)\cdot\cos\left(\frac{\alpha+\beta}{2}\right)}{2\cdot\sin\left(\frac{\alpha+\beta}{2}\right)\cdot\cos\left(\frac{\alpha-\beta}{2}\right)} = \frac{m-n}{m+n} \quad\Rightarrow$$

$$\Rightarrow \quad \frac{\tan\frac{\alpha-\beta}{2}}{\tan\frac{\alpha+\beta}{2}} = \frac{m-n}{m+n}$$

$\square$

Problema de Pothenot

En este problema se supone que conocemos (ya están incluidos en el mapa), las distancias entre los puntos conocidos AC y BC, que llamamos a y b, respectivamente, y el ángulo $\widehat{ACB}$, cuya magnitud llamamos γ. Por otro lado, en este momento estamos en el punto P, desconocido para el mapa, y calculamos sobre el terreno el ángulo $\widehat{APC}$ (al que llamamos α) y el ángulo $\widehat{BPC}$ (al que llamamos β). Por hipótesis, se supone que en este momento los puntos A, B y C son inaccesibles, lo que se traduce en que las distancias $\overline{AP}$ (llamada x), $\overline{BP}$ (llamada y) y $\overline{CP}$ (llamada z) son desconocidas, así como los ángulos $\widehat{CAP}$ (al que llamamos ψ) y $\widehat{CBP}$ (al que llamamos ϕ).

En la figura 21.3 están representadas todas las variables (algunas son conocidas, otras no lo son). Nuestro objetivo es determinar estas variables desconocidas ya que, una vez determinadas, podremos añadir el punto P a nuestro mapa con total exactitud.

Por el conocido teorema del seno aplicado a los triángulos ACP y BCP deducimos las ecuaciones:

$$\frac{\sin\psi}{\sin\alpha} = \frac{z}{a} \qquad \text{y} \qquad \frac{\sin\phi}{\sin\beta} = \frac{z}{b}$$

De la división de ambas se deduce:

$$\frac{\sin\psi}{\sin\phi} = \frac{b\cdot\sin\alpha}{a\cdot\sin\beta}$$

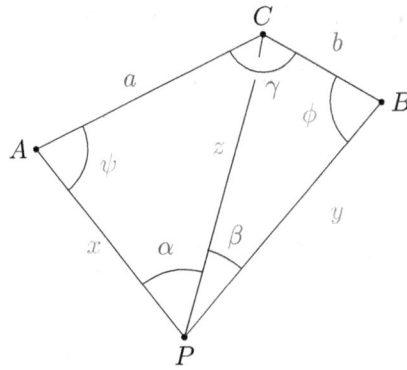

Figura 21.3

La parte de la derecha es conocida, ya que todos sus valores lo son. La llamamos μ para una mayor comodidad:

$$\frac{\sin\psi}{\sin\phi} = \mu$$

Ahora aplicamos el lema 21.1, con $m = \mu$ y $n = 1$. Así, llegamos a la ecuación:

(21.3) $$\frac{\tan\frac{\psi-\phi}{2}}{\tan\frac{\psi+\phi}{2}} = \frac{\mu - 1}{\mu + 1}$$

Como el ángulo $\psi + \phi$ es conocido (equivale a $360° - \alpha - \beta - \gamma$, todos ellos conocidos), la única incógnita de la ecuación (21.3) es $(\psi - \phi)/2$, por lo que la despejamos y calculamos su valor. Después de ello es fácil conocer ψ y ϕ por separado (juntando la información que sabemos de su suma y de su resta).

Finalmente, las incógnitas x, y, z se obtienen de las siguientes fórmulas derivadas del teorema del seno:

$$\frac{x}{a} = \frac{\sin(180° - \alpha - \psi)}{\sin\alpha} \qquad \frac{y}{b} = \frac{\sin(180° - \beta - \phi)}{\sin\beta} \qquad \frac{z}{a} = \frac{\sin\psi}{\sin\alpha}$$

La posición de P en el mapa queda perfectamente determinada por las magnitudes ψ, ϕ, x, y, z.

Problema de Hansen

En este problema se supone que conocemos la distancia $\overline{AB}$, a la que llamamos c, por ser A y B puntos conocidos del mapa. Por otro lado, en este momento hemos accedido como exploradores a los puntos P y P', desconocidos en el mapa, y calculamos sobre el terreno los ángulos $\widehat{APB}$, $\widehat{AP'B}$, $\widehat{BPP'}$ y $\widehat{AP'P}$ (a los que llamamos γ, γ', δ y δ', respectivamente). Por hipótesis, se supone que en este momento los puntos A y B son inaccesibles, lo que se traduce en que las distancias $\overline{AP}$ (llamada x), $\overline{AP'}$ (llamada x'), $\overline{BP}$ (llamada y) y $\overline{BP'}$ (llamada y') son desconocidas, así como los ángulos $\widehat{BAP'}$, $\widehat{ABP}$ (a los que llamamos ψ, ϕ respectivamente).

Los ángulos $\widehat{PAP'}$ y $\widehat{PBP'}$ (α y β, respectivamente) son conocidos, ya que cada uno completa un triángulo del que sabemos los otros dos ángulos. Por último, podemos suponer desconocida la distancia $\overline{PP'}$, a la que llamamos s (el problema se puede solucionar sin calcularla, así que no lo haríamos en un caso real).

En la figura 21.4 están representadas todas las variables (algunas son conocidas, otras no lo son). Nuestro objetivo es determinar estas variables desconocidas ya que, una vez determinadas, podremos añadir el punto P a nuestro mapa con total exactitud.

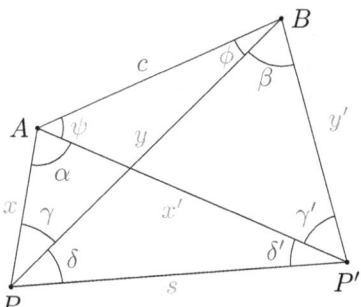

Figura 21.4

Por el teorema del seno aplicado a los triángulos BAP, APP', $PP'B$ y $P'BA$ deducimos las ecuaciones:

$$\frac{\sin\gamma}{\sin\phi}=\frac{c}{x} \qquad \frac{\sin\delta'}{\sin\alpha}=\frac{x}{s} \qquad \frac{\sin\beta}{\sin\delta}=\frac{s}{y'} \qquad \frac{\sin\psi}{\sin\gamma'}=\frac{y'}{c}$$

De la multiplicación de todas ellas se deduce:

$$\frac{\sin\psi\cdot\sin\beta\cdot\sin\gamma\cdot\sin\delta'}{\sin\phi\cdot\sin\alpha\cdot\sin\gamma'\cdot\sin\delta}=1 \qquad \Rightarrow \qquad \frac{\sin\psi}{\sin\phi}=\frac{\sin\alpha\cdot\sin\gamma'\cdot\sin\delta}{\sin\beta\cdot\sin\gamma\cdot\sin\delta'}$$

La parte de la derecha es conocida, llamémosla μ para una mayor comodidad:

$$\frac{\sin\psi}{\sin\phi}=\mu$$

Ahora aplicamos el lema 21.1, con $m=\mu$, $n=1$. Así, llegamos a la ecuación:

(21.4) $$\frac{\tan\frac{\psi-\phi}{2}}{\tan\frac{\psi+\phi}{2}}=\frac{\mu-1}{\mu+1}$$

Si llamamos D al punto donde se cruzan las diagonales del cuadrilátero $ABP'P$, entonces los ángulos $\widehat{ADB}$ y $\widehat{PDP'}$ son iguales; eso significa que $\psi+\phi=\delta+\delta'$, es decir, $\psi+\phi$ es un valor conocido. Por tanto, la única incógnita de la ecuación (21.4) es $(\psi-\phi)/2$, por lo que la despejamos y calculamos su valor. Después de ello es fácil conocer ψ y ϕ por separado (juntando la información que sabemos de su suma y de su resta).

Una vez conocidos ψ y ϕ es fácil calcular el resto de ángulos desconocidos (del triángulo ABP se deduce que $\gamma+\phi+\alpha+\psi=180$ y de ahí encontramos α, mientras que de forma similar con el triángulo ABP' encontramos β).

Finalmente, las incógnitas x, y, x', y', s se obtienen de las siguientes fórmulas derivadas del teorema del seno:

$$\frac{\sin\gamma}{\sin\phi}=\frac{c}{x} \qquad \frac{\sin\delta'}{\sin\alpha}=\frac{x}{s} \qquad \frac{\sin\beta}{\sin\delta}=\frac{s}{y'} \qquad \frac{\sin\alpha}{\sin(\delta+\phi)}=\frac{s}{x'} \qquad \frac{\sin\beta}{\sin(\delta'+\gamma')}=\frac{s}{y}$$

La posición de P en el mapa queda perfectamente determinada por las magnitudes ψ, ϕ, β, α, x, y, mientras que la posición de P' queda perfectamente determinada por las magnitudes ψ, ϕ, β, x', y'.

OBSERVACIONES FINALES

Como se puede observar, la formación matemática era parte importante en las expediciones terrestres y marítimas de la época, mucho más teniendo en cuenta que para calcular las funciones trigonométricas eran necesarias extensas tablas de cálculos. Después de ver esta solución, podemos imaginarnos las largas horas calculando valores que debían gastar los expedicionarios para mejorar los mapas de entonces.

Capítulo 22

Área de la hipérbola

(Saint-Vicent – 1630)

PROBLEMA

Determinar el área de una sección de hipérbola.

HISTORIA

En el problema "Área de la sección de una parábola" vimos como Arquímedes, en el lejano 240 a.C., encontró un maravilloso método que permitía encontrar el área encerrada dentro de una sección de parábola. Para lograr lo mismo con otra de las cónicas por excelencia, la hipérbola, hubo que esperar muchos siglos.

El primero que empezó a esbozar la solución fue un monje jesuita llamado Grégoire de Saint-Vicent (1584 – 1667), nacido en la ciudad de Brujas, por aquél entonces parte del imperio español.

Grégorie de Saint-Vicent
Retrato de la orden jesuita

En su estudio de cálculo de áreas, Saint-Vicent utilizó un método de aproximación que podríamos comparar con el moderno cálculo integral, que desarrollaron Leibniz y Newton mucho más tarde. En ese sentido, puede considerarse un adelantado a su época.

La siguiente solución al problema, sin embargo, es posterior a Saint-Vicent, aunque no utiliza el cálculo integral. Su dificultad (y belleza) da una idea de la imaginación y técnica con las que se trabajaba entonces.

SOLUCIÓN

Sistema de coordenadas adecuado

Supongamos una hipérbola cuyo eje mayor coincida con el eje X, el eje menor con el eje Y, a sea la longitud del semieje mayor y b la del semieje menor. En ese caso, es conocido que la ecuación de la hipérbola se escribe como:

(22.1)
$$\frac{x^2}{a^2} - \frac{y^2}{b^2} = 1$$

Llamemos α al ángulo que forma el eje X con cualquiera de las asíntotas de la hipérbola ($\tan \alpha = b/a$) y definamos c como el valor de $\sqrt{(a^2 + b^2)}$, de manera que $\cos \alpha = a/c$ y $\sin \alpha = b/c$.

Debemos encontrar el área A de una sección de la hipérbola cortada a una distancia d del origen de coordenadas ($d > a$), cuyos vértices llamaremos H y K y cuyas coordenadas son, respectivamente (d, f) y $(d, -f)$, tal y como vemos en la figura 22.1

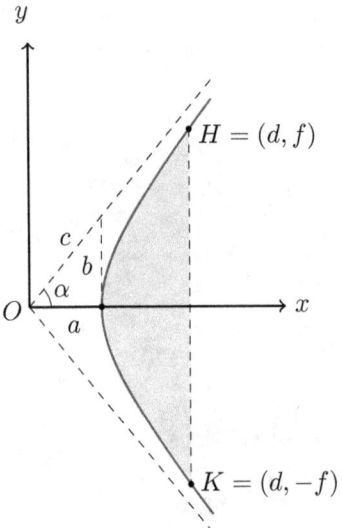

Figura 22.1

Hay que hacer notar que si podemos encontrar una fórmula para calcular esta área, cualquier otra área encerrada por la hipérbola y 2 de sus puntos podría encontrarse aplicando esta fórmula y un razonamiento similar al utilizado en el problema de la parábola de Arquímedes.

Saint-Vicent se dio cuenta que, en primer lugar, tenía que buscar un sistema de coordenadas más adecuado y ese era el que tenía las asíntotas a la hipérbola (dibujadas en la figura 22.1 con líneas discontinuas, y con ecuaciones $y = \pm(b/a) \cdot x$) como nuevos ejes de coordenadas, a la vez que se mantenía el mismo punto O como origen de coordenadas. Este nuevo sistema de coordenadas no es, en general, ortogonal (es decir, sus ejes no son perpendiculares), por lo que tendremos que ser cuidadosos en su tratamiento.

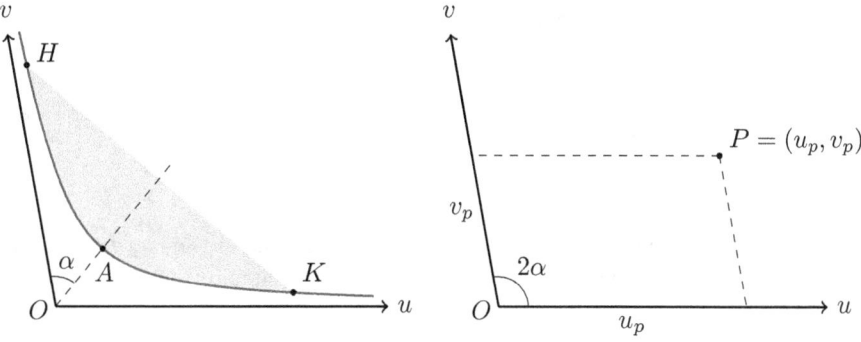

Figura 22.2

Una vez decididos los nuevos ejes de coordenadas, hay que escoger la escala a utilizar: Saint-Vicent decidió que los puntos (a, b) y $(a, -b)$, en el antiguo sistema de coordenadas (x, y), pasaran a ser los puntos $(0, c)$ y $(c, 0)$, en el nuevo sistema de coordenadas (u, v). Esta elección es la más idónea, ya que hemos convertido el vector (a, b) en el vector $(0, c)$ (ambos de igual longitud, c) y el vector $(a, -b)$ en el vector $(c, 0)$ (también ambos de igual longitud, c). Al conservar la longitud de dos vectores que en cada sistema pueden considerarse como una base del sistema de coordenadas, cualquier longitud de otro vector también se mantendrá idéntica y, como consecuencia, el área de cualquier figura se mantiene constante en ambos sistemas de coordenadas.

El lector puede comprobar que la aplicación lineal que transforma las coordenadas del sistema de coordenadas (x, y) al sistema de coordenadas (u, v) es:

(22.2) $$\begin{cases} u = (c/2a) \cdot x + (-c/2b) \cdot y \\ v = (c/2a) \cdot x + (c/2b) \cdot y \end{cases}$$

y su inversa es:

(22.3) $$\begin{cases} x = (a/c) \cdot u + (a/c) \cdot v \\ y = (-b/c) \cdot u + (b/c) \cdot v \end{cases}$$

Para el lector no familiarizado con sistemas de coordenadas no ortogonales, las coordenadas de un punto cualquiera $P = (u_p, v_p)$ se calculan gráficamente trazando paralelas a los ejes de coordenadas hasta encontrar los ejes: las distancias desde el origen O hasta los puntos de intersección son las coordenadas u_p y v_p (ver parte derecha de la figura 22.2).

Hay que fijarse también que, para el cálculo de áreas de paralelogramos en el nuevo sistema de coordenadas, el ángulo entre ejes de coordenadas tiene un valor de 2α; por ejemplo, el área del paralelogramo de la parte derecha de la figura 22.2 vale $u_p \cdot v_p \cdot \sin(2\alpha)$.

Pero, ¿por qué este sistema de coordenadas es idóneo para la resolución del problema? La razón es que, en este sistema de coordenadas, la ecuación de la hipérbola es muy sencilla. En efecto, si sustituimos las ecuaciones (22.3) en la expresión (22.1), hallamos la nueva ecuación de la hipérbola, ahora en las coordenadas (u, v), que pasa a ser:

(22.4) $$\frac{[(a/c) \cdot u + (a/c) \cdot v]^2}{a^2} - \frac{[(-b/c) \cdot u + (b/c) \cdot v]^2}{b^2} = 1 \quad \Rightarrow \quad \cdots \quad \Rightarrow \quad u \cdot v = \frac{c^2}{4}$$

Es decir, nos podemos olvidar de la ecuación (22.1) y sus molestos términos cuadráticos, y pasar a una ecuación sencilla como es (22.4), la cual nos permitirá calcular con facilidad el área buscada.

En el nuevo sistema de coordenadas, los puntos A, H y K pasan a tener coordenadas (aplicando 22.2):

(22.5) $$A = \frac{c}{2} \cdot (1,1) \qquad H = \frac{c}{2} \cdot \left(\frac{d}{a} - \frac{f}{b}, \frac{d}{a} + \frac{f}{b}\right) \qquad K = \frac{c}{2} \cdot \left(\frac{d}{a} + \frac{f}{b}, \frac{d}{a} - \frac{f}{b}\right)$$

Los valores d y f están relacionados entre sí, ya que se cumple que el punto (d, f) pertenece a la hipérbola y, por tanto, cumple la ecuación (22.1). Como dicha ecuación puede escribirse también como:

$$\left(\frac{x}{a} - \frac{y}{b}\right) \cdot \left(\frac{x}{a} + \frac{y}{b}\right) = 1$$

eso significa que para el punto (d, f) se cumple que:

(22.6) $$\left(\frac{d}{a} - \frac{f}{b}\right) \cdot \left(\frac{d}{a} + \frac{f}{b}\right) = 1$$

lo que implica que la multiplicación de las coordenadas del punto H (y del punto K también) da como resultado el valor $c^2/4$, como debe ser para cumplir la ecuación (22.4) ya que son puntos de la hipérbola (el punto A también cumple, claramente, la misma ecuación).

Relaciones entre áreas

El siguiente punto en el que Saint-Vicent pensó fue en cómo calcular el área buscada en el nuevo sistema de coordenadas. Pero antes estudió las diferentes áreas involucradas en el problema. Fijémonos en la figura 22.3.

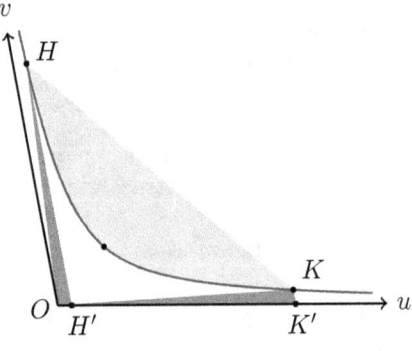

Figura 22.3

En la figura (22.3) tenemos dibujados dos triángulos: el primero tiene vértices en los puntos O, H y la intersección del eje u con la paralela al eje v que pasa por H (punto al que hemos llamado H'), mientras que el segundo tiene vértices en los puntos O, K y la intersección del eje u con la paralela al eje v que pasa por K (punto al que hemos llamado K').

El área del triángulo OHH' puede calcularse (recordemos la segunda parte de la figura 22.2) como la mitad de la multiplicación de las coordenadas del punto H y el valor de $\sin(2\alpha)$, es decir (aplicando 22.5 y 22.6):

$$\sin(2\alpha) \cdot u_h \cdot v_h = \sin(2\alpha) \cdot \frac{c}{2} \cdot \left(\frac{d}{a} - \frac{f}{b}\right) \cdot \frac{c}{2}\left(\frac{d}{a} + \frac{f}{b}\right) = \sin(2\alpha) \cdot \frac{c^2}{4}$$

De manera parecida, el área del triángulo OKK' puede calcularse como la mitad de la multiplicación de las coordenadas del punto K y el valor de $\sin(2\alpha)$, es decir:

$$\sin(2\alpha) \cdot u_k \cdot v_k = \sin(2\alpha) \cdot \frac{c}{2} \cdot \left(\frac{d}{a} + \frac{f}{b}\right) \cdot \frac{c}{2}\left(\frac{d}{a} - \frac{f}{b}\right) = sin(2\alpha) \cdot \frac{c^2}{4}$$

Es decir, las áreas de ambos triángulos son iguales.

Ahora, fijémonos en la figura 22.4: el resultado anterior nos muestra que el área dibujada en la figura de la parte izquierda tiene que ser igual al del área dibujada en la figura de la parte derecha, ya que para ir de la primera a la segunda hemos quitamos el área del triángulo OHH' y luego hemos añadido el área del triángulo OKK' (dejamos para el lector pensar qué sucede en el trozo de área que coincide en ambos triángulos). Pero ambas áreas hemos visto que son iguales, de ahí el resultado.

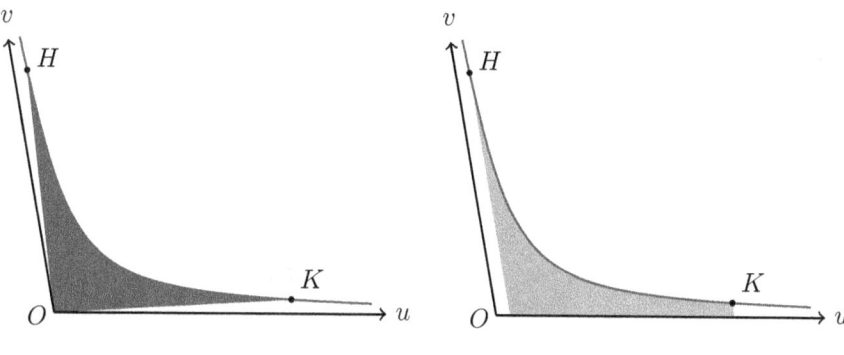

Figura 22.4

En resumen, Saint-Vicent llegó a la conclusión que si se podía calcular el área de la parte derecha sería suficiente para resolver el problema.

Por tanto, el siguiente paso consistirá en calcular esa área, a la que llamaremos **trapecio hiperbólico** (y que hoy en día calcularíamos con la ayuda de una integral).

Cálculo del área bajo la hipérbola

Supongamos que el valor del área del trapecio hiperbólico sea T. Podemos dividir esa área en n partes, de manera que cada una de las áreas tenga valor igual a T/n: lo conseguimos dividiendo la región con $n-1$ paralelas al eje v entre los puntos H y K, tal y como se ve en la figura 22.5. Las paralelas no están a la misma distancia entre ellas, sino que están más cercanas en los lugares cercanos a H, donde la altura de la sección es mayor, y más distantes en los lugares cercanos a K, donde es menor. Es evidente que esa división puede construirse con facilidad.

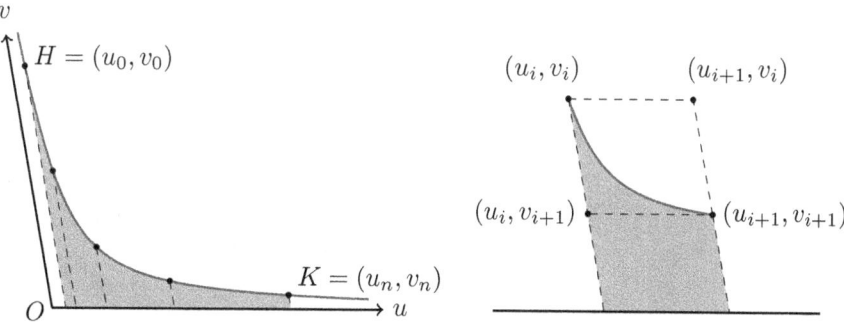

Figura 22.5

Llamemos (u_0, v_0) a las coordenadas del punto H, (u_1, v_1), (u_2, v_2), ..., (u_{n-1}, v_{n-1}) a las coordenadas de los puntos de la hipérbola donde las paralelas comentadas en el punto anterior intersectan con ella, y (u_n, v_n) a las coordenadas del punto K.

Como la hipérbola en el sistema de coordenadas (u, v) es decreciente (ver parte derecha de la figura 22.5, que es una ampliación de una parte de la figura de la parte izquierda), el paralelogramo de vértices $(u_i, 0)$, $(u_{i+1}, 0)$, (u_i, v_i) y (u_{i+1}, v_i) tiene un área mayor que el área de la sección entre la hipérbola, las rectas $u = u_i$ y $u = u_{i+1}$, y la recta $v = 0$ (área en color, y de valor igual a T/n), mientras que el paralelogramo de vértices $(u_i, 0)$, $(u_{i+1}, 0)$, (u_i, v_{i+1}) y (u_{i+1}, v_{i+1}) tiene un área mayor que el área de esa misma sección. Podemos escribir entonces que:

$$\text{Área paralelogramo mayor} = \sin(2\alpha) \cdot v_i \cdot (u_{i+1} - u_i) > \frac{T}{n}$$

$$\text{Área paralelogramo menor} = \sin(2\alpha) \cdot v_{i+1} \cdot (u_{i+1} - u_i) < \frac{T}{n}$$

Ambas expresiones pueden juntarse como:

$$\sin(2\alpha) \cdot v_{i+1} \cdot (u_{i+1} - u_i) < \frac{T}{n} < \sin(2\alpha) \cdot v_i \cdot (u_{i+1} - u_i) \quad \Rightarrow$$

$$\Rightarrow \quad v_{i+1} \cdot (u_{i+1} - u_i) < \frac{T}{n \cdot \sin(2\alpha)} < v_i \cdot (u_{i+1} - u_i) \quad \Rightarrow$$

$$\Rightarrow \quad v_{i+1} \cdot u_{i+1} \cdot \left(1 - \frac{u_i}{u_i + 1}\right) < \frac{T}{n \cdot \sin(2\alpha)} < v_i \cdot u_i \cdot \left(\frac{u_{i+1}}{u_i} - 1\right)$$

Aplicando (22.4) en las últimas desigualdades (podemos hacerlo porque todos los puntos son de la hipérbola) y definiendo

$$L = \frac{4T}{c^2 \cdot \sin(2\alpha)} \qquad \text{y} \qquad q_i = \frac{u_{i+1}}{u_i}$$

llegamos finalmente a:

$$\left(1 - \frac{1}{q_i}\right) < \frac{L}{n} < (q_i - 1)$$

lo que nos da, despejando q_i de ambas desigualdades, el siguiente resultado:

$$(22.7) \qquad 1 + \frac{L}{n} < q_i < \frac{1}{1 + \left(\frac{-L}{n}\right)}$$

Aplicando la fórmula anterior para $i = 0, 1, ..., n-1$ obtenemos n inecuaciones. Al multiplicarlas todas ellas obtenemos:

$$\left(1 + \frac{L}{n}\right)^n < \frac{u_n}{u_0} < \frac{1}{\left(1 + \left(\frac{-L}{n}\right)\right)^n}$$

Tal y como veremos en el problema "El número e", si incrementamos el valor de n infinitamente (es decir, aproximamos cada vez más los paralelogramos a la gráfica de la hipérbola), la parte izquierda y derecha de la inecuación tienen como límite el valor de e^L, siendo e el número de Euler ($e = 2{,}71828$), por lo que, necesariamente, el valor de u_n/u_0 tiene que ser igual a ese valor. Es decir:

$$\frac{u_n}{u_0} = e^L \qquad \Rightarrow \qquad L = \ln\left(\frac{u_n}{u_0}\right) \qquad \Rightarrow$$

$$\Rightarrow \quad T = \frac{c^2 \cdot \sin(2\alpha)}{4} \cdot \ln\left(\frac{u_n}{u_0}\right) \stackrel{*}{=} \frac{ab}{2} \cdot \ln\left(\frac{u_n}{u_0}\right)$$

donde en (*) hemos aplicado, como se puede deducir de la fórmula del ángulo doble y de la figura 22.1, que $\sin(2\alpha) = 2\sin\alpha\cos\alpha = 2 \cdot (a/c) \cdot (b/c)$. Finalmente, vimos en (22.5) las coordenadas de los puntos H y K, de donde deducimos que:

$$T = \frac{ab}{2} \cdot \ln\left(\frac{\frac{d}{a} + \frac{f}{b}}{\frac{d}{a} - \frac{f}{b}}\right) \stackrel{*}{=} \frac{ab}{2} \cdot \ln\left(\left(\frac{d}{a} + \frac{f}{b}\right)^2\right) = ab \cdot \ln\left(\frac{d}{a} + \frac{f}{b}\right)$$

donde en el paso (*) hemos aplicado la fórmula (22.6).

Cálculo del área de la hipérbola

Solamente falta completar el análisis ya mencionado para calcular el área A objetivo (el área en color de la figura 22.1). Como ya se ha dicho anteriormente, esta área es igual a la resta del área del triangulo OHK y la calculada en el apartado anterior. Por tanto, hemos logrado la siguiente remarcable y sencilla fórmula para el área buscada:

$$A = df - ab \cdot \ln\left(\frac{d}{a} + \frac{f}{b}\right)$$

donde, recordemos, las variables que intervienen en la fórmula están relacionadas entre sí por la ecuación 22.6.

OBSERVACIONES FINALES

En realidad, el método de Saint-Vicent no utilizaba logaritmos y se limitaba solamente a hipérbolas cuadradas (aquellas cuyas asíntotas forman un ángulo recto), pero hemos querido ser lo más fieles posible a su aproximación al problema (con integrales el problema no tiene dificultad).

Sin embargo, sí hay que reconocer a Saint-Vicent como el descubridor de que el área bajo la hipérbola $x \cdot y = k$ en el intervalo $[a, b]$ es la misma que en el intervalo $[c, d]$, si se cumple la condición $a/b = c/d$. Su discípulo Alphonse Antonio de Sarasa (1618 – 1667) reconoció la conexión de esta propiedad con las funciones logarítmicas, por aquel entonces también muy estudiadas de manera independiente, como explicamos en el problema "Serie de potencias de la función logarítmica".

Capítulo 23

El punto de Torricelli

(Torricelli – 1642)

PROBLEMA

Encontrar el punto interior de un triángulo cuya suma de distancias a los tres vértices sea la mínima posible.

HISTORIA

La leyenda dice que este problema fue propuesto por el matemático francés Fermat (1601 – 1665) al físico italiano Evangelista Torricelli (1608 – 1647), pero no hay prueba documental que sustente esta afirmación. Lo que sí está documentado es que Torricelli encontró varias soluciones al problema, publicadas tiempo después por uno de sus discípulos.

Torricelli fue alumno de Bendetto Castelli, quien a su vez era pupilo del gran Galileo; cuando éste último conoció los trabajos de Torricelli, a través de Castelli, le invitó a Florencia para trabajar juntos (lo cual era, sin duda, un gran honor). Desafortunadamente, Torricelli no llegó a Florencia hasta 1641 y Galileo murió en enero de 1642, por lo que su colaboración fue muy corta. A la muerte de Galileo, Torricelli fue nombrado su sucesor como el matemático de la corte del Gran Duque de Toscana, lugar que ocupó hasta su temprana muerte causada por fiebre tifoidea.

Evangelista Torricelli
Retrato con su barómetro de mercurio

A pesar de su notable faceta como matemático, Torricelli es conocido especialmente por haber sido el primero en determinar la presión atmosférica, gracias al barómetro que diseñó basado en un tubo lleno de mercurio.

SOLUCIÓN

Primero empezaremos demostrando un teorema parecido (suma de distancias a los lados del triángulo y no a los vértices) y solamente para los triángulos equiláteros. Veremos después como nos apoyaremos en él para buscar la solución a nuestro problema.

TEOREMA 23.1. *(Viviani) En un triángulo equilátero, la suma de las 3 distancias de un punto interior a los lados del triángulo es siempre la misma, independientemente de la posición del punto*

DEMOSTRACIÓN. Sea el triángulo equilátero de vértices P, Q y R, la longitud de un lado g, la altura del triángulo h y su área A.

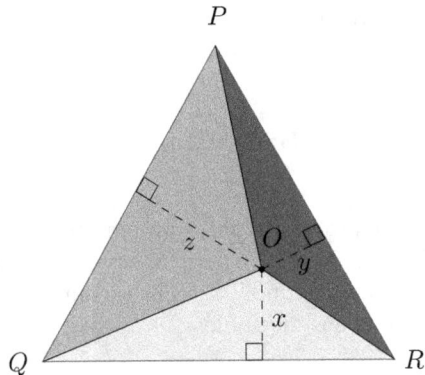

Figura 23.1

Si x, y, z son las distancias de un punto arbitrario O a los lados $\overline{QR}$, $\overline{RP}$ y $\overline{PQ}$ (respectivamente), entonces el área A del triángulo puede calcularse como la suma de las áreas de los tres triángulos formados en la figura 23.1:

$$A = \frac{1}{2}gx + \frac{1}{2}gy + \frac{1}{2}gz$$

Por tanto, la suma de distancias buscada, S, que equivale a $x + y + z$, se encuentra como:

$$S = x + y + z = \frac{2A}{g} = h$$

Es decir, la suma S es independiente de la posición de O y su valor equivale a la altura del triángulo. □

Aprovechando este teorema vamos a buscar la solución al problema original, aunque primero sólo lo haremos para los triángulos cuyos ángulos son menores de 120°.

TEOREMA 23.2. *(Fermat) Para los triángulos ABC cuyos ángulos son menores de 120°, el punto O cuya suma de distancias a los vértices es mínima es aquel que cumple que las perpendiculares en A, B, C a los segmentos $\overline{AO}$, $\overline{BO}$, $\overline{CO}$ (respectivamente) forman un triángulo equilátero.*

DEMOSTRACIÓN. Primero veamos que tal punto O existe, que es único y que es interior al triángulo ABC. En efecto, construimos para cada lado del triángulo un arco capaz de 120° (ver el teorema 25.1 para todas las propiedades del arco capaz). Llamemos T al punto donde se cortan los arcos capaces de $\overline{AB}$ y $\overline{BC}$; se cumple que los ángulo $\widehat{ATB}$ y $\widehat{BTC}$ valen 120° (por definición de arco capaz), por lo que el ángulo $\widehat{CTA}$ debe valer también 120° para completar la vuelta completa de 360°.

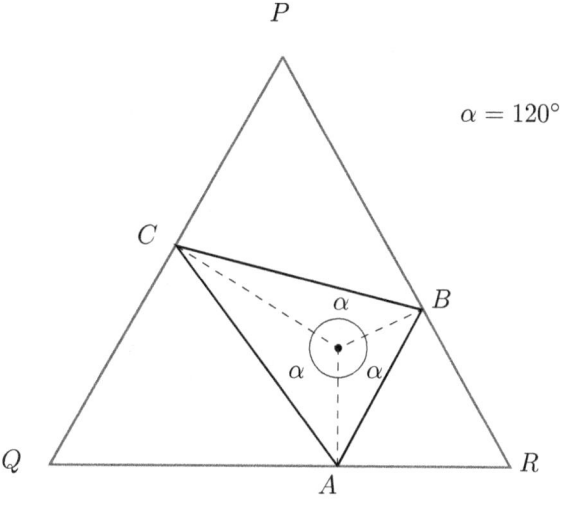

Figura 23.2

Es decir, el punto T también forma parte del arco capaz de $\overline{CA}$ y eso significa que los tres arcos capaces se cortan en un sólo punto, T. El razonamiento sólo es válido si todos los ángulos del triángulo ABC son menores de 120°, ya que en caso contrario el arco capaz del lado $\overline{AB}$ (suponiendo que C fuera el vértice cuyo ángulo excede de 120°) dejaría al punto C dentro de él y no cortaría a ninguno de los dos otros arcos.

Por tanto, en realidad, el punto T es el punto O descrito en el enunciado. Ahora, tal y como vemos en la figura 23.2, si $\widehat{AOB} = 120°$, $\widehat{OAR} = 90°$ y $\widehat{OBR} = 90°$, se deduce que $\widehat{ARB} = 60°$. La misma deducción para $\widehat{AQC}$ y $\widehat{CPB}$ nos lleva al triángulo equilátero PQR buscado.

Queremos demostrar que la suma de distancias $\overline{AO} + \overline{BO} + \overline{CO}$ es mínima para todos los puntos interiores de ABC.

Fijémonos en la figura 23.3, donde O' es otro punto del interior del triángulo. Si A', B' y C' son las proyecciones perpendiculares del punto O' sobre los lados del triángulo PQR, entonces tenemos que:

$$\overline{O'A'} \leq \overline{O'A} \qquad \overline{O'B'} \leq \overline{O'B} \qquad \overline{O'C'} \leq \overline{O'C}$$

ya que las distancias a los puntos donde proyectamos perpendicularmente siempre serán menores (o iguales) que las distancias a otros puntos de los lados.

De hecho, el signo igual en la primera desigualdad, por ejemplo, sólo se consigue si A y A' son el mismo punto, es decir, si A, O y O' están en una misma recta. Si eso ocurre con el punto A, es imposible que suceda (si O y O' son puntos distintos) para B y para C; es decir, las 3 igualdades no pueden cumplirse al mismo tiempo (en la figura 23.3 se ha escogido un punto O', diferente a O, cuya perpendicular al lado $\overline{QR}$ es la misma que la perpendicular del punto O al mismo lado, por lo que en este caso A y A' son el mismo punto).

Si ahora sumamos las 3 desigualdades anteriores (que NO pueden cumplirse todas a la vez):

$$\overline{O'A'} + \overline{O'B'} + \overline{O'C'} < \overline{O'A} + \overline{O'B} + \overline{O'C}$$

Sin embargo, por el teorema de Viviani tenemos que $\overline{O'A'} + \overline{O'B'} + \overline{O'C'}$ tiene el mismo valor que $\overline{OA} + \overline{OB} + \overline{OC}$ (suma de distancias a los lados de un triángulo equilátero). Por tanto, sustituyendo en la desigualdad anterior:

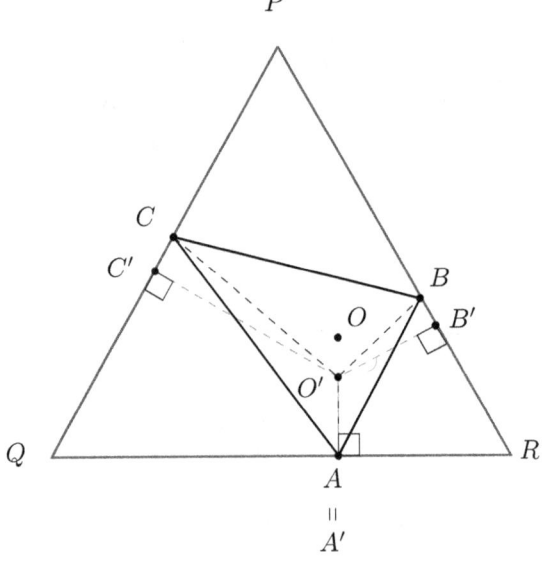

Figura 23.3

$$\overline{OA} + \overline{OB} + \overline{OC} < \overline{O'A} + \overline{O'B} + \overline{O'C}$$

□

Solamente queda estudiar qué ocurre si un ángulo del triángulo es mayor que 120° (evidentemente, no puede haber más de uno).

Observación: En el caso que un ángulo, por ejemplo el del vértice C, sea igual o exceda el valor de 120° el punto buscado es el mismo vértice C. Específicamente, en este caso tenemos que $\overline{AC} + \overline{BC} < \overline{AU} + \overline{BU} + \overline{CU}$, sin importar donde está el punto U.

Demostración. Sea γ el ángulo $\widehat{ACB}$ y llamemos F (resp., G) a la proyección de U sobre la recta que incluye al lado $\overline{AC}$ (resp., $\overline{CB}$).

Tenemos que considerar 3 casos distintos, dependiendo del lugar donde está el punto U en el interior del triángulo ABC (ver figura 23.4): 1) Tanto F como G están en el interior de los segmentos $\overline{AC}$ y $\overline{CB}$, 2) G está en el interior del segmento $\overline{CB}$, pero F no está en el interior del segmento $\overline{AC}$, y 3) F está en el interior del segmento $\overline{AC}$, pero G no está en el interior del segmento $\overline{CB}$.

Llamemos x (resp., y) a la distancia entre C y F (resp., G), teniendo en cuenta que la consideraremos positiva si F está en el interior del segmento $\overline{AC}$ (resp., $\overline{CB}$) y negativa en el caso contrario. Finalmente, llamemos ψ (resp., ϕ) al ángulo $\widehat{UCF}$ (resp., $\widehat{UCG}$), teniendo en cuenta que lo consideraremos positivo si x es positiva, y negativo si x es negativa.

En cualquiera de los tres casos se cumple:

$$x = \overline{CU} \cdot \cos \psi \qquad y = \overline{CU} \cdot \cos \phi$$

teniendo en cuenta los signos de todas las variables, lo que nos lleva también a la siguiente ecuación (válida en los tres casos):

$$\overline{AC} = \overline{AF} + x \qquad \overline{BC} = \overline{BG} + y$$

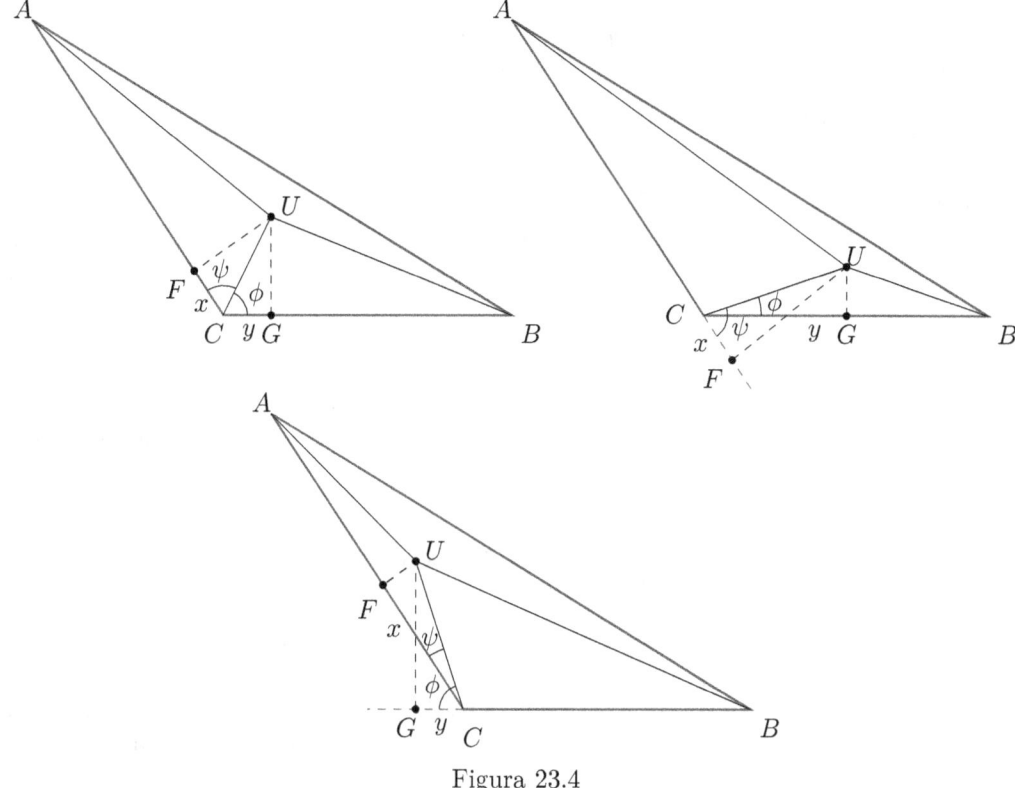

Figura 23.4

Consecuentemente:

(23.1) $$\overline{AC} + \overline{BC} = \overline{AF} + \overline{BG} + x + y$$

Ahora:

$$x + y = \overline{CU}\cos\psi + \overline{CU}\cos\phi = \overline{CU} \cdot (\cos\psi + \cos\phi) =$$

(23.2) $$= 2 \cdot \overline{CU} \cdot \cos\left(\frac{\psi+\phi}{2}\right) \cdot \cos\left(\frac{\psi-\phi}{2}\right)$$

En el primer caso, tenemos que $\psi + \phi = \gamma$, de donde se deduce que $(\psi+\phi)/2 \geq 60°$ (por hipótesis de que $\gamma \geq 120°$) y, por tanto, que $|\cos((\psi+\phi)/2)| \leq 1/2$, lo que implica, en la ecuación (23.2), que $x + y \leq \overline{CU}$.

En los otros dos casos, tenemos, en cambio, que $|\psi - \phi| = \gamma$, de donde se deduce ahora que $|(\psi-\phi)/2| \geq 60°$. Pero es ahora el término $|\cos((\psi-\phi)/2)| \leq 1/2$, lo que implica, de nuevo (aunque ahora gracias a otro término de la ecuación (23.2)), que $x + y \leq \overline{CU}$.

Es decir, en cualquiera de los 3 casos se cumple que $x + y \leq \overline{CU}$, lo que sustituido en (23.1) nos lleva a :

$$\overline{AC} + \overline{BC} \leq \overline{AF} + \overline{BG} + \overline{CU}$$

Finalmente, como los catetos $\overline{AF}$ y $\overline{BG}$ de los triángulos rectángulos AUF y BUG son menores que las hipotenusas AU y BU (excepto si U coincide con el punto C), es entonces completamente cierto que:

$$\overline{AC} + \overline{BC} \leq \overline{AU} + \overline{BU} + \overline{CU}$$

lo que completa nuestra demostración. $\square$

Hemos completado la solución:

- Si el triángulo original tiene un ángulo mayor o igual a 120°, el punto buscado es el vértice donde está este ángulo.

- Si todos los ángulos del triángulo original son menores de 120°, el punto buscado se encuentra con la intersección de los 3 arcos capaces de 120° que hagamos sobre los 3 lados del triángulo. Esta intersección siempre existe y corresponde a un punto interior del triangulo.

OBSERVACIONES FINALES

Una posible aplicación práctica de este problema sería utilizar ese punto para la construcción de una línea ferroviaria o una conexión de fibra óptica que conecte tres grandes ciudades con la idea de utilizar el mínimo material posible. O donde colocar un centro comercial cercano a tres ciudades para intentar atraer el máximo número de clientes de ellas, aunque en algún caso real los promotores del proyecto creyeron erróneamente que el punto idóneo era el baricentro del triángulo imaginario que unía las tres ciudades.

Capítulo 24

La astroide

(Leibniz – 1652)

PROBLEMA

Calcular la envolvente de un segmento de longitud fija cuyos extremos se deslizan a través de los ejes de coordenadas.

HISTORIA

Supongamos que tenemos un segmento de longitud L cuyos extremos A y B están en los puntos $(0, L)$ y $(0, 0)$ de los ejes de coordenadas, como si fuera una escalera que está en el suelo, apoyada en dos paredes (estamos viendo la escena desde "arriba"). Imaginemos que vamos moviendo la escalera poco a poco, de manera que ambos extremos estén siempre apoyados a las paredes, hasta acabar en los puntos $(0, 0)$ y $(L, 0)$ tal y como se ve en la primera figura 24.1.

Si pensamos en las posiciones de todos los puntos de la escalera cuando pasamos por todas las posiciones intermedias, creamos un área cuya frontera es la envolvente buscada, tal y como la definieron los matemáticos de la antigüedad. También podemos ver el área resultante y la envolvente en la segunda figura 24.1.

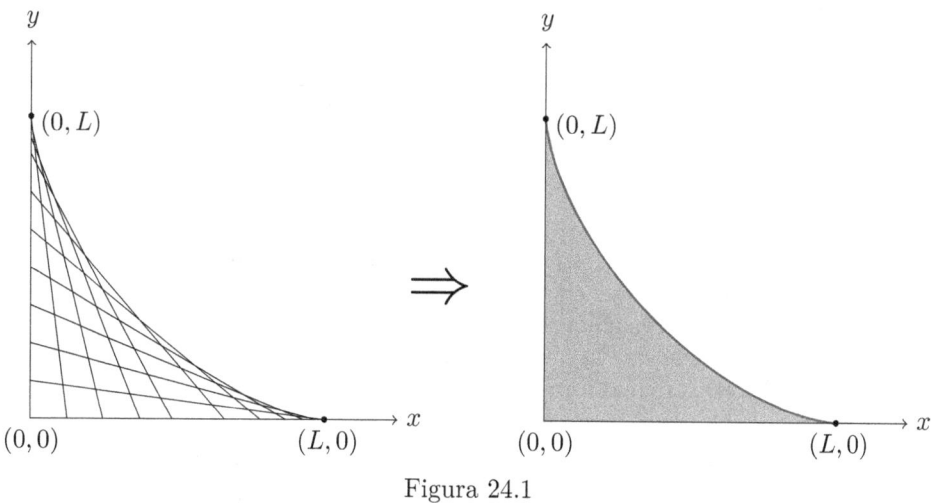

Figura 24.1

El matemático alemán Gottfried Wilhelm LEIBNIZ (1646 – 1716) fundó la teoría de las envolventes en 1692. Otros matemáticos han encontrado aplicaciones interesantes de ellas en campos como la óptica o las ecuaciones diferenciales. El problema que nos ocupa, no obstante, lo resolveremos con matemáticas más sencillas y una buena dosis de ingenio.

Sello alemán conmemorativo a Leibniz

SOLUCIÓN

Primera aproximación

Cambiemos ligeramente el planteamiento inicial y pensemos que, además de las paredes iniciales, hay otras de manera que se forma un pasillo de anchura a que al llegar al origen de coordenadas se convierte, después de un giro de 90 grados, en otro pasillo de anchura b, por el cual queremos pasar la escalera, como vemos en la figura 24.2. En ese supuesto, ¿Cuál es la máxima longitud que puede tener la escalera para pasar por el recodo?

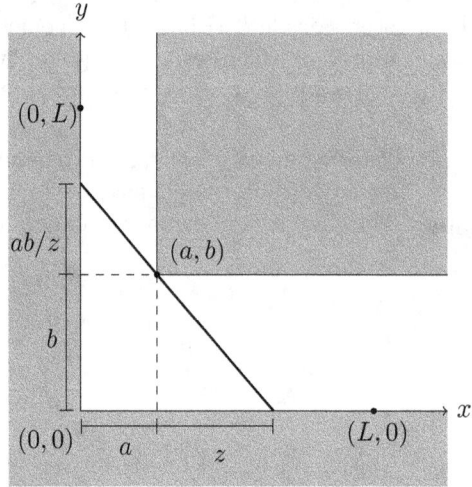

Figura 24.2

El problema puede tratarse como una búsqueda de un máximo/mínimo de una función de una variable. Consideremos la variable z que corresponde a la distancia entre el extremo de la escalera que toca el eje X y la vertical de la esquina respecto ese mismo eje X (ver figura 24.2). En ese caso, por el teorema de Thales tenemos que la distancia del otro extremo de la escalera a la horizontal de la esquina respecto al eje Y es igual a (ab/z).

En función de la variable z tenemos una longitud de escalera $L(z)$ que toca al vértice de la esquina y a las paredes (como en la figura 24.2). Para cada z tenemos una longitud distinta. Si miramos todas las longitudes $L(z)$, entonces la menor de ellas es la más problemática: es decir, hay una variable z_0 crítica que impide que para ese ángulo pase una longitud mayor y es donde más problemas tendríamos para que la escalera pasara. Por tanto, esa longitud crítica z_0 es la que nos da la longitud máxima de escalera $L(z_0)$ que puede pasar por el recodo: una longitud un poco mayor logrará pasar por todos los otros valores de z, pero no para z_0, que permite como máximo $L(z_0)$.

Por el teorema de Pitágoras sabemos que:

$$L^2(z) = \left(b + \frac{ab}{z}\right)^2 + (a+z)^2 = \cdots = \left(\frac{b^2}{z^2} + 1\right) \cdot (a+z)^2$$

Queremos minimizar esta función (es lo mismo intentar minimizar una longitud que su cuadrado, por supuesto), por lo que, como tantas otras veces, derivamos e igualamos a 0.

$$[L^2(z)]' = \left(-\frac{2b^2}{z^3}\right) \cdot (a+z)^2 + \left(\frac{b^2}{z^2} + 1\right) \cdot 2(a+z) = 0 \quad \Rightarrow \quad \cdots \quad \Rightarrow \quad z^3 = ab^2$$

Se puede comprobar que este extremo es un mínimo, por lo que, en nuestra anterior notación, escribimos:

$$z_0^3 = ab^2 \quad \to \quad z_0 = a^{1/3}b^{2/3}$$

Sustituyendo

$$z_0 = a^{2/3}b^{1/3} \quad \text{en} \quad L^2(z) = \left(b + \frac{ab}{z}\right)^2 + (a+z)^2$$

tenemos que:

$$L^2(z_0) = \left(\frac{b^2}{a^{2/3}b^{4/3}} + 1\right) \cdot (a + a^{1/3}b^{2/3})^2 = \left(\frac{b^{2/3}}{a^{2/3}} + 1\right) \cdot a^{2/3} \cdot (a^{2/3} + b^{2/3})^2 =$$

$$= \left(\frac{b^{2/3} + a^{2/3}}{a^{2/3}}\right) \cdot a^{2/3} \cdot (a^{2/3} + b^{2/3})^2 = (a^{2/3} + b^{2/3})^3 \quad \Rightarrow \quad (L(z_0))^{2/3} = a^{2/3} + b^{2/3}$$

Es decir, la longitud buscada, llamémosla ahora solamente L, cumple la curiosa simétrica ecuación:

$$L^{2/3} = a^{2/3} + b^{2/3}$$

Segunda aproximación

¿Qué podemos deducir del problema anterior? En primer lugar, una vez calculada la longitud mayor de escalera que pasa por el recodo, sabemos que el punto donde pasará con mayor dificultad es precisamente aquel donde se cumple $z^3 = ab^2$. Para el resto de las posiciones de la escalera, tal y como se ve en la figura 24.3, nos sobrará espacio (ya que hemos demostrado que el anterior punto era el único que permitía esa longitud; el resto permitía una longitud mayor, por ser el mínimo).

Para entender la gráfica 24.3: Desde un punto del eje x distinto a $(a + z_0, 0)$, el segmento que pasa por (a, b) y acaba en el eje y tiene longitud mayor que L (ya que la mínima longitud se conseguía cuando partíamos del punto $((a + z_0, 0))$. Por tanto, partiendo de ese mismo punto del eje x, la escalera de longitud L NO toca el ángulo del pasillo (al ser de longitud menor que el segmento que hemos comentado antes).

Es decir, el punto (b, a) cumple que es un punto **de la envolvente** buscada para una escalera de longitud L, ya que en una posición de la escalera éste es un punto de ella, pero para el resto de posiciones de la escalera nunca se alcanza (es, por tanto, un punto de la frontera del área de la figura 24.1).

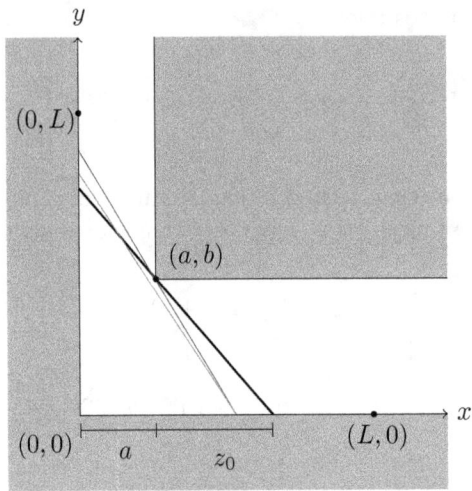

Figura 24.3

Si tomáramos otro punto (a', b') que cumpliera ...

$$a^{2/3} + b^{2/3} = (a')^{2/3} + (b')^{2/3}$$

y nos planteáramos de nuevo el problema de la escalera y la esquina, llegaríamos a las mismas conclusiones: la escalera de longitud máxima tendría una longitud:

$$L^{2/3} = a^{2/3} + b^{2/3} = (a')^{2/3} + (b')^{2/3}$$

y el punto (a', b') es un punto de la envolvente buscada.

Razonando de idéntica manera, todos los puntos con coordenadas positivas (x, y) que cumplen la ecuación ...

$$L^{2/3} = x^{2/3} + y^{2/3}$$

son puntos de la envolvente, mientras que los otros puntos no lo son (si son esquina del problema, la escalera de longitud máxima que pasa por ella tiene una longitud mayor o menor que l dependiendo si $x^{2/3} + y^{2/3}$ es mayor o menor que $L^{2/3}$). Hemos llegado a nuestra solución: la envolvente buscada es la gráfica de la función que cumple la ecuación $L^{2/3} = x^{2/3} + y^{2/3}$.

Si dibujamos la curva para los 4 cuadrantes (el problema sólo tiene sentido planteado en el primer cuadrante, pero la ecuación tiene solución para x o y negativas, también), el resultado es la gráfica de la figura 24.4. Al matemático J.J. LITTROW esa gráfica le recordó una estrella (astro), por lo que propuso el nombre de **astroide** que ha perdurado hasta nuestros días.

OBSERVACIONES FINALES

- Aunque en este problema hemos buscado una solución razonada con procedimientos más básicos, Leibniz encontró un método genérico para encontrar la envolvente de una familia $F_t(x, y) = 0$ de curvas. En nuestro ejemplo, estas curvas son la familia:

$$\frac{x}{t} + \frac{y}{\sqrt{l^2 - t^2}} - 1 = 0 \qquad \text{para} \qquad 0 < t < l$$

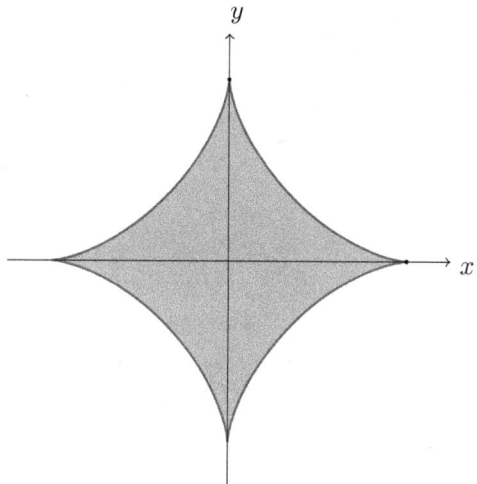

Figura 24.4

Según la teoría de Leibniz, la envolvente es la solución del sistema:

$$\begin{cases} F_t(x,y) = 0 \\ \dfrac{\delta F_t(x,y)}{\delta t} = 0 \end{cases}$$

es decir, la intersección entre la familia de curvas y la familia de sus derivadas parciales respecto al parámetro t.

En nuestro ejemplo:

$$\begin{cases} F_t(x,y) = 0 & \Rightarrow & \dfrac{x}{t} + \dfrac{y}{\sqrt{l^2 - t^2}} - 1 = 0 \\ \dfrac{\delta F_t(x,y)}{\delta t} = 0 & \Rightarrow & \dfrac{-x}{t^2} + \dfrac{-y}{2\sqrt{(l^2 - t^2)^3}} \cdot (-2t) = 0 \end{cases}$$

Despejando el valor de t en la segunda ecuación

$$t = \dfrac{l \cdot x^{1/3}}{\sqrt{x^{2/3} + y^{2/3}}}$$

y sustituyéndolo en la primera nos lleva, con mucha paciencia, a la misma ecuación de la astroide $l^{2/3} = x^{2/3} + y^{2/3}$ que vimos en el razonamiento principal.

- A pesar de aparecer como resultado de buscar escaleras que crucen esquinas de pasillos, la astroide cumple una propiedad completamente ajena a este origen: es también la hipocicloide resultante de rodar un círculo de radio r en el interior de un círculo (mayor) de radio $4r$.

Por definición, si un círculo C_1 rueda alrededor de la circunferencia de otro C_2, un punto fijo del primero describe una **epicicloide** cuando C_1 rueda por el exterior de C_2, mientras que describe una **hipocicloide** cuando lo hace por el interior de C_2. La definición de cicloide la veremos en el problema "El péndulo perfecto".

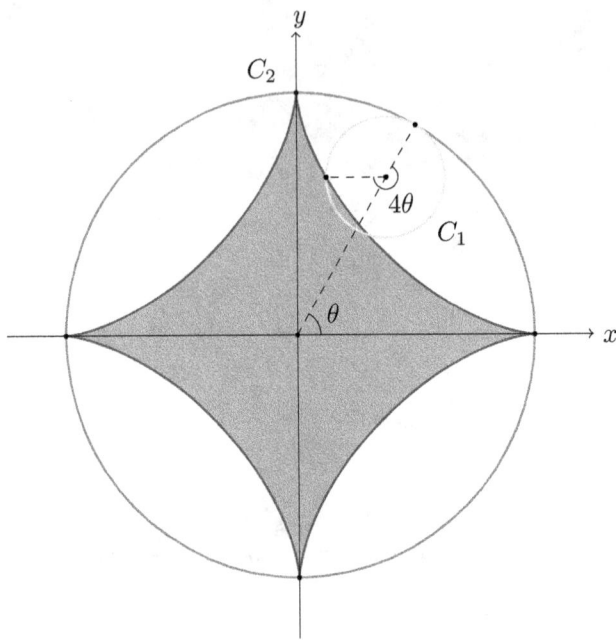

Figura 24.5

En la figura 24.5, el punto A de C_1 (de radio r) describe una astroide cuando C_1 rueda por el interior de C_2 (de radio $4r$). Se deja para el lector la demostración de esta propiedad.

Capítulo 25

Deslizamiento de un triángulo

(Van Schooten – 1657)

PROBLEMA

Encontrar la trayectoria que describe el vértice de un triángulo cuando los otros 2 se deslizan por dos rectas no paralelas (cada uno por una recta distinta).

HISTORIA

Frans van Schooten (1615 – 1660) fue un matemático holandés que es recordado principalmente por reescribir de manera didáctica los libros de Descartes, a quien conoció personalmente. Fue además uno de los principales promotores de su geometría cartesiana, publicando la primera versión latina de la obra "La géométrie" (1649).

Frans van Schooten

Impresionado por su método, él mismo escribió sus propios libros, llenos de interesantes problemas como el que nos ocupa, ejemplo de los problemas de trayectorias de puntos (o "lugares geométricos", en lenguaje matemático) tan útiles para la mecánica o la ingeniería. En concreto, este problema aparece en el libro "Exercitationes mathematicae" (1657).

SOLUCIÓN

Antes de intentar solucionar el problema vamos a encontrar, como en tantas otras veces, resultados parciales que nos serán útiles. Empezaremos con el famoso teorema geométrico del "arco capaz" (utilizado en otros problemas de este libro) y sus interesantes propiedades.

TEOREMA 25.1. *(Arco capaz) Sea un segmento $\overline{AB}$ y una circunferencia C (con centro en O) que lo tiene como cuerda. Entonces se puede deducir (ver figura 25.1):*

a) El ángulo $\widehat{APB}$ (donde P es un punto del arco de circunferencia AB – en concreto, del de menor longitud de los dos arcos que unen A con B) es siempre el mismo, sin importar el punto P escogido. Llamemos α a ese ángulo. En general $180° > \alpha \geq 90°$, cumpliéndose la igualdad cuando $\overline{AB}$ es un diámetro de C.

b) *Cualquier otro punto P' (que esté en el mismo semiplano de P de los formados por la recta que contiene $\overline{AB}$) que no pertenezca a C cumple que el ángulo $\widehat{AP'B}$ es distinto a α (mayor si P' está en el interior de C; menor si está en el exterior).*

c) *El ángulo $\widehat{AQB}$ (donde Q es un punto del arco AB – ahora el de mayor longitud de los dos) es siempre el mismo, sin importar el punto Q escogido. Llamemos β a ese ángulo. Se cumple que $\beta = 180° - \alpha$, lo que implica que $0 < \beta \leq 90°$ y que $\beta \leq \alpha$ (cumpliéndose las igualdades solo si $\overline{AB}$ es un diámetro de C)*

d) *Cualquier otro punto Q' (que esté en el mismo semiplano de Q de los formados por la recta que contiene $\overline{AB}$) que no esté en C cumple que el ángulo $\widehat{AQ'B}$ es distinto a β (mayor si Q' está en el interior de C; menor si está en el exterior).*

e) *El ángulo $\widehat{ABO}$ es igual a $\alpha - 90°$.*

f) *El ángulo $\widehat{AOB}$ (llamado ángulo central) es el doble que β.*

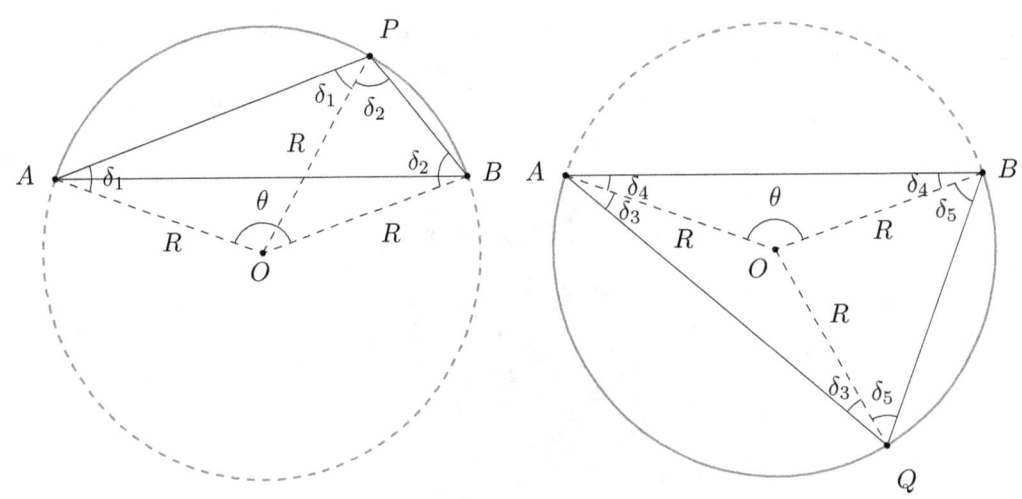

Figura 25.1

DEMOSTRACIÓN. En la parte izquierda de la figura 25.1 se deduce que, por ser P un punto de la circunferencia (no importa cual, siempre que sea del arco AB de menor longitud - es decir, el dibujado en línea contínua), la longitud $\overline{OP}$ corresponde al radio R de la circunferencia. Entonces los triángulos OAP y OPB son isósceles, lo que implica la igualdad de ángulos mostrada en la figura ($\widehat{OAP} = \widehat{OPA} = \delta_1$ y $\widehat{OBP} = \widehat{OPB} = \delta_2$). Por otra parte, los cuatro ángulos del cuadrilátero $OAPB$ deben sumar 360° (es la suma de los ángulos de 2 triángulos), lo que nos lleva a $2 \cdot (\delta_1 + \delta_2) + \theta = 360°$, es decir $\alpha = (\delta_1 + \delta_2) = 180° - \theta/2$, con lo que demostramos el apartado (a). Además, en la última fórmula se deduce que si $\theta = 180°$ (es decir, la cuerda $\overline{AB}$ es un diámetro de la circunferencia) entonces $\alpha = (\delta_1 + \delta_2) = 90°$.

En la parte derecha de la figura 25.1 se deduce que, por ser Q un punto de la circunferencia (ahora del arco AB de mayor longitud - de nuevo dibujado en línea contínua), la longitud $\overline{OQ}$ corresponde al radio R de la circunferencia. Entonces los triángulos OAQ, OAB y OQB son isósceles, lo que implica la igualdad de ángulos mostrada en la figura ($\widehat{OAQ} = \widehat{OQA} = \delta_3$, $\widehat{OAB} = \widehat{OBA} = \delta_4$ y $\widehat{OBQ} = \widehat{OQB} = \delta_5$). Por otra parte, los tres ángulos del triángulo AQB deben sumar 180°, lo que nos lleva a $2 \cdot (\delta_3 + \delta_4 + \delta_5) = 180°$, lo que unido a $2\delta_4 + \theta = 180°$ (por el triángulo AOB) nos lleva a $\beta = (\delta_3 + \delta_5) = \theta/2 = 180° - \alpha$, con lo que demostramos los apartados (c) y (f).

Por último, de la ecuación ya mencionada $2\delta_4 + \theta = 180°$ se deduce que $\delta_4 = 90° - \theta/2 = \alpha - 90°$ (apartado e). Dejamos para el lector las demostraciones (sencillas) de los apartados (b) y (d). □

Una vez estudiado el teorema del arco capaz, volvamos a nuestro problema original, sólo que primero lo haremos para un caso muy particular: cuando el triángulo es degenerado, es decir, sus tres vértices están sobre la misma recta y las rectas por las que se deslizan 2 de ellos son perpendiculares entre sí (ver figura 25.2). Este resultado ya era conocido en el siglo V a.C.

PROPOSICIÓN 25.1. *Sean A, B, C puntos sobre una recta. Supongamos que A se desliza sobre una recta r y B sobre otra recta s (perpendicular a la primera), de tal manera que las longitudes entre A, B y C son constantes ($a = |BC|$, $b = |AC|$, $c = |AB|$, donde $c = |a \pm b|$, dependiendo el signo si C está o no entre A y B). Entonces C describe la trayectoria de una elipse.*

DEMOSTRACIÓN. Según la notación empleada en la figura 25.2, llamamos δ al ángulo que forma la recta ABC con la recta r. Supongamos que r y s son los ejes de coordenadas y sea (x,y) las variables que definen la posición de C. Se cumple entonces que:

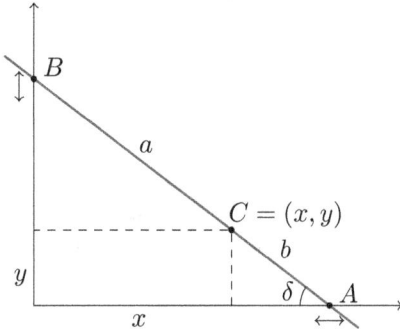

Figura 25.2

$$\begin{cases} x = a \cdot \cos \delta \\ y = b \cdot \sin \delta \end{cases} \Rightarrow \begin{cases} (x/a) = \cos \delta \\ (y/b) = \sin \delta \end{cases}$$

Si elevamos al cuadrado y sumamos ambas ecuaciones llegamos a:

$$\frac{x^2}{a^2} + \frac{y^2}{b^2} = 1$$

Esta ecuación es de una elipse con ejes en los ejes de coordenadas y semiejes a y b, lo cual es cierto tanto si C está entre los puntos A y B como si no. □

TEOREMA 25.2. *Sea ABC un triángulo. Supongamos que A se desliza sobre una recta r y que B se desliza sobre otra recta s, formando ambas rectas un ángulo fijo θ. Entonces el punto C describe la trayectoria de una elipse.*

DEMOSTRACIÓN. Sea S el punto común de las rectas r y s. Para cada posición del triángulo ABC (mientras sus vértices A y B se deslizan sobre las rectas citadas) podemos dibujar la (única) circunferencia D que pasa por A, B y S. El centro M de esta circunferencia D tiene una posición fija respecto a A y B (ya que está en la mediatriz del segmento $\overline{AB}$ y, según la propiedad (e) del arco capaz, el ángulo $\widehat{ABM}$ siempre es el mismo: $\widehat{ABM} = \theta - 90°$), por lo que podemos considerar que M se "desplaza" con el triángulo ABC de manera "solidaria" (es decir, conserva ángulos y distancias con los 3 vértices).

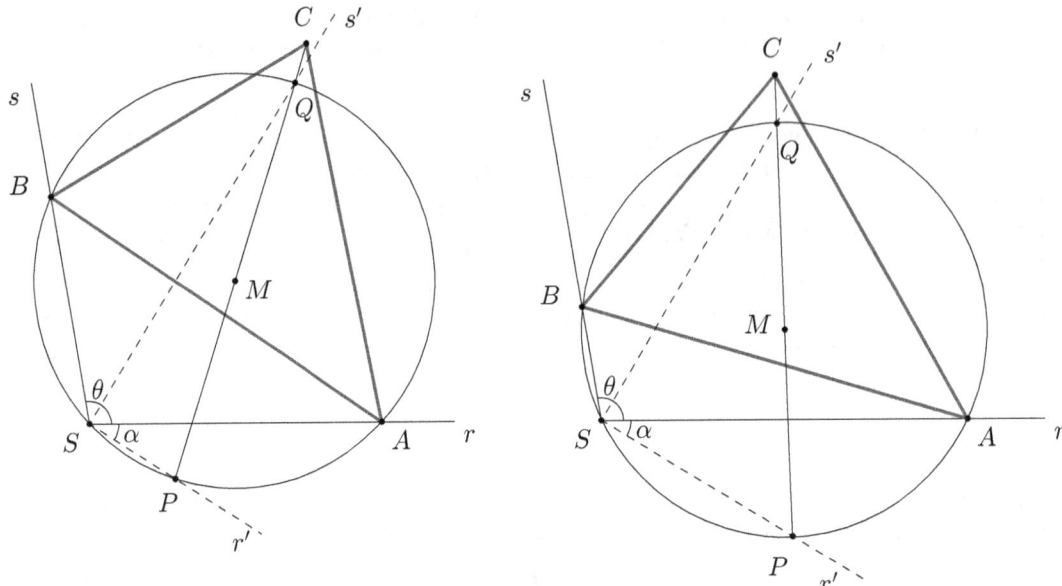

Figura 25.3

Ahora, para cada posición del triángulo (vemos 2 de ellas en la figura 25.3), unamos con una recta el punto M con el vértice C y llamemos P y Q a las intersecciones de esta recta con la circunferencia D. Como M es solidario con ABC, entonces los puntos P y Q también se desplazan solidariamente con el triángulo, ya que la recta $\overline{CM}$ es solidaria con el triángulo y las distancias $|MP|$ y $|MQ|$ son siempre las mismas (e iguales a $|MA|$ o $|MB|$, el radio de D, que es constante).

Por tanto, por ejemplo, el segmento $\overline{BP}$ siempre tiene la misma longitud (para cada posición del triángulo ABC cuando sus vértices A y B se desplazan). Por la propiedad (e) del arco capaz, eso significa que el ángulo $\widehat{BSP}$ es siempre el mismo $\widehat{BSP} = \widehat{PBM} + 90°$ (S es el único punto que no es solidario con el triángulo pero siempre, por construcción, está en la circunferencia D), lo cual obliga a que el ángulo $\widehat{ASP}$ sea también constante (ya que $\widehat{ASB}$ también lo es y $\widehat{BSP} = \widehat{PSA} + \widehat{ASB}$). Es decir, el punto P varía con el desplazamiento del triángulo, pero siempre lo hace a lo largo de una recta r' que parte de S.

El razonamiento para el punto Q es idéntico, por lo que llegamos a la misma conclusión: el punto Q varía con el desplazamiento del triángulo, pero siempre lo hace a lo largo de una recta s' que parte de S. Ahora bien, como el segmento $\overline{PQ}$ es un diámetro de la circunferencia D, el ángulo $\widehat{PSQ}$ es, por la propiedad (a) del arco capaz (en el caso particular de la igualdad), igual a 90°.

Resumiendo, tenemos 3 puntos P, Q y C que están sobre una recta, de tal manera que dos de ellos, P y Q, se desplazan por dos rectas perpendiculares entre sí. Esta situación es, precisamente, la de la proposición 25.1, por lo que podemos deducir que el tercer punto, C, sigue la trayectoria de una elipse, con los semiejes (de valores las distancias $|CP|$ y $|CQ|$) en las rectas r' y s'. □

OBSERVACIONES FINALES

Antes de la aparición de programas informáticos para dibujo de figuras matemáticas, el resultado de la proposición era utilizado para dibujar elipses: si logramos construir una regla de tal manera que dos de sus puntos se deslizaran sobre rectas perpendiculares y en un punto intermedio de ella hacíamos un pequeño orificio en el que poníamos un lápiz, al mover la regla se dibujaría una elipse, con las distancias de los semiejes que podían escogerse según las distancias del orificio a los extremos de la regla.

Capítulo 26

El péndulo perfecto

(Huygens – 1657)

PROBLEMA

Construir un péndulo cuyo período de oscilación no dependa de la amplitud de oscilación.

HISTORIA

En el problema "Cálculo de la posición en el mar" nos ocuparemos de explicar la dificultad que tuvieron los barcos durante siglos para conocer una de las coordenadas geográficas (en concreto, la longitud) en un momento de su navegación (la latitud, en cambio, es fácilmente calculable). Veremos que la mejor manera de resolverlo era intentando construir un "cronómetro" que calculara con precisión el tiempo transcurrido desde el último punto en el que se conociera la longitud (por ejemplo, el puerto desde que partió el barco).

Los relojes basados en un simple péndulo no eran una solución al problema, ya que el movimiento brusco del barco (por las olas en una tormenta, por ejemplo) provocaban la variación de la amplitud de oscilación del péndulo y, por tanto, el período de oscilación. Eso hacía imposible calcular el tiempo transcurrido, ya que el mecanismo contaba el número de oscilaciones pero cada una de ellas podía indicar un tiempo distinto.

Christian Huygens

El astrónomo, físico y matemático holandés Christian HUYGENS (1629 – 1695) encontró una solución teórica al problema mientras estudiaba una curva denominada cicloide, tal y como dejó escrito en su obra "Horologium oscillatorium" (1673):

El péndulo simple no puede ser considerado como una medida del tiempo segura y uniforme, porque las oscilaciones amplias tardan más tiempo que las de menor amplitud; con ayuda de la geometría he encontrado un método, hasta ahora desconocido, de suspender el péndulo; pues he investigado la curvatura de una determinada curva que se presta admirablemente para lograr la deseada uniformidad. Una vez que hube aplicado esta forma de suspensión a los relojes, su marcha se hizo tan pareja y segura, que después de numerosas experiencias sobre la tierra y sobre el agua, es indudable que estos relojes ofrecen la mayor seguridad a la astronomía y a la navegación. La línea mencionada es la misma que describe en el aire un clavo sujeto a una rueda cuando ésta avanza girando; los matemáticos la denominan cicloide, y ha sido cuidadosamente estudiada porque posee muchas otras propiedades; pero yo la he estudiado por su aplicación a la medida del tiempo ya mencionada, que descubrí mientras la estudiaba con interés puramente científico, sin sospechar el resultado.

Huygens construyó (teóricamente) un péndulo cuyo período de oscilación era siempre el mismo, sin importar su amplitud de oscilación. De esta manera, aunque las olas variaran el recorrido del péndulo, cada oscilación calculaba el mismo tiempo transcurrido y, por tanto, un contador de oscilaciones era suficiente para medir con exactitud la longitud de la posición del barco. En la solución vamos a ver cómo Huygens ideó el "péndulo perfecto".

SOLUCIÓN

DEFINICIÓN 26.1. *La cicloide es la curva generada por un punto P perteneciente a una circunferencia de radio r (llamada "generatriz") cuando ésta rueda sobre una línea recta (llamada "directriz") sin deslizarse.*

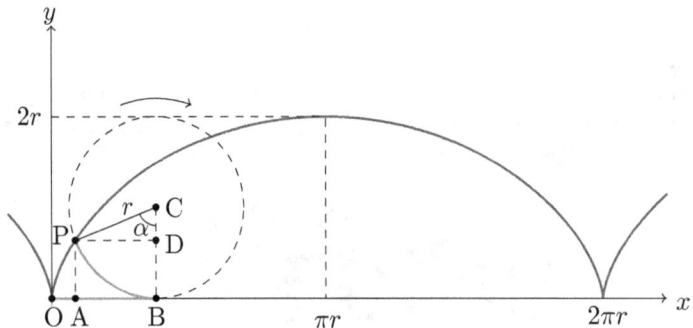

Figura 26.1

Como puede verse en la figura 26.1, la cicloide está formada por varios arcos, que van encadenándose uno tras otro. Si suponemos que la circunferencia rueda por el eje X y que el punto P estaba inicialmente en el origen, su movimiento pasa por el punto $(\pi r, 2r)$, donde alcanza un valor y máximo, y vuelve a encontrar el eje X en el punto $(2\pi r, 0)$.

Si B es el punto de contacto entre la rueda y el eje X en un momento dado, la distancia horizontal $\overline{OB}$ coincide con la longitud del arco PB (esa es la condición de rodar **sin deslizar**). Es por dicho motivo, por el que cuando P vuelve a estar en el eje X lo hace a una distancia $2\pi r$ respecto al origen.

LEMA 26.1. *Las coordenadas (x, y) del primer arco de la cicloide pueden escribirse en función de un parámetro α (correspondiente al ángulo $\widehat{PCB}$, donde C es el centro de la circunferencia) de la siguiente manera:*

$$(26.1) \qquad \begin{cases} x = r \cdot (\alpha - \sin \alpha) \\ y = r \cdot (1 - \cos \alpha) \end{cases} \qquad \alpha \in [0, 2\pi]$$

DEMOSTRACIÓN. En la figura 26.1, el punto A es la proyección de P en el eje X y el punto D es la proyección de P en el segmento $\overline{BC}$. La coordenada x del punto P es igual a la resta entre la distancia $|OB|$ y la distancia $|AB|$; la primera es igual a $r\alpha$ (la longitud de arco PB), mientras que la segunda es igual a $r\sin\alpha$ (por el triángulo ACD).

La coordenada y del punto P, en cambio, es igual a la resta entre la distancia $|BC|$ y la distancia $|CD|$; la primera es igual a r y la segunda es igual a $r\cos\alpha$ (por el triángulo ACD). □

La cicloide cumple dos propiedades muy interesantes que pasamos a ver a continuación como dos proposiciones. La primera es muy particular, motivo por la cual esta curva ha pasado a ser inmortal para todo matemático.

PROPOSICIÓN 26.1. *La cicloide es una curva que tiene la propiedad de ser* **tautócrona** *(de las palabras griegas "tauto" = igual y "cronos" = tiempo). Es decir, si ponemos un arco de cicloide, parecido al de la figura 26.2, como si fuera una pendiente y consideramos que en el eje Y actúa la fuerza de la gravedad, entonces una bola dejada en reposo en un punto de la cicloide llegará al punto más bajo de ella (no consideramos rozamiento del aire ni de la superficie) después de un tiempo fijo, sin importar la posición inicial de la bola.*

DEMOSTRACIÓN. Consideremos la figura 26.2, que representa una rampa con forma de arco de cicloide (la hemos invertido para que coincida con el sentido de la gravedad "hacia abajo"). Sea A el punto inicial del movimiento, donde dejaremos la bola en reposo, y sea B el punto final, en el vértice de la cicloide. En forma paramétrica, las coordenadas de A y B son:

$$\begin{cases} (x_0, y_0) = (r \cdot (\alpha_0 - \sin\alpha_0), r \cdot (1 - \cos\alpha_0)) \\ (x_1, y_1) = (\pi r, 2r) \end{cases}$$

es decir, el parámetro en A es $\alpha = \alpha_0$, y en B es $\alpha = \pi$. Lo que queremos demostrar es que el tiempo que tardará la bola en ir desde A hasta B es siempre el mismo, es decir, no depende del valor de α_0.

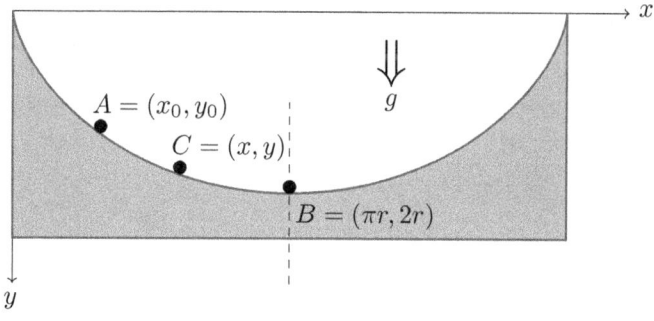

Figura 26.2

Para ello, consideremos un punto intermedio C en la trayectoria de la bola, de coordenadas:

$$(x, y) = (r \cdot (\alpha - \sin\alpha), r \cdot (1 - \cos\alpha))$$

Por conservación de energía (ver detalles en el problema "La pendiente más rápida", en la segunda parte de este libro) se sabe que la velocidad que tendrá la bola en el punto C es:

$$v(\alpha) = \sqrt{2g \cdot (y - y_0)} = \sqrt{2gr \cdot (\cos\alpha_0 - \cos\alpha)}$$

Por otro lado, la velocidad en C puede considerarse constante en un pequeño intervalo próximo a C. En ese caso, esta velocidad es la división entre el espacio recorrido y el tiempo que tarda en recorrerlo:

$$v(\alpha) = \frac{\Delta s}{\Delta t}$$

Ambas ecuaciones pueden juntarse como:

$$\Delta t = \frac{\Delta s}{\sqrt{2gr \cdot (\cos\alpha_0 - \cos\alpha)}}$$

Este es el tiempo que tardará la bola en recorrer un pequeño recorrido próximo a C; si queremos calcular el que tardará en ir desde A hasta B debemos integrar esta ecuación:

$$T(A \to B) = \int_A^B dt = \int_A^B \frac{ds}{\sqrt{2gr \cdot (\cos\alpha_0 - \cos\alpha)}}$$

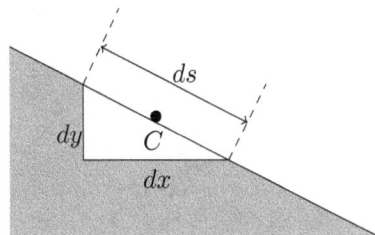

Figura 26.3

Es bien conocido el método usual para tratar el término ds en cálculo integral: de la figura 26.3 deducimos que $ds = \sqrt{(dx)^2 + (dy)^2}$, pero al estar las variables x, y parametrizadas por α, debemos usar mejor la ecuación:

(26.2) $$\frac{ds}{d\alpha} = \sqrt{\left(\frac{dx}{d\alpha}\right)^2 + \left(\frac{dy}{d\alpha}\right)^2}$$

Como $dx/d\alpha$ y $dy/d\alpha$ son las derivadas de x, y respecto a α, es decir:

$$\frac{dx}{d\alpha} = r \cdot (1 - \cos\alpha) \qquad \frac{dy}{d\alpha} = r \sin\alpha$$

podemos reescribir la ecuación 26.3 como:

$$\frac{ds}{d\alpha} = r \cdot \sqrt{2 - 2\cos\alpha} = r \cdot \sqrt{4 \cdot \frac{1 - \cos\alpha}{2}} = 2r \cdot \sqrt{(\sin\alpha/2)^2} = 2r \cdot \sin(\alpha/2)$$

Sustituyendo en (26.2) obtenemos finalmente una integral que depende solamente de la variable α:

$$T(A \to B) = \int_{\alpha_0}^{\pi} \frac{2r \cdot \sin(\alpha/2) \cdot d\alpha}{\sqrt{2gr \cdot (\cos\alpha_0 - \cos\alpha)}}$$

Para resolverla, aplicamos de nuevo la fórmula del ángulo doble:

$$\begin{cases} \cos\alpha_0 = 2\cos^2(\alpha_0/2) - 1 \\ \cos\alpha = 2\cos^2(\alpha/2) - 1 \end{cases}$$

lo que nos da:

$$\cos\alpha_0 - \cos\alpha = 2\cos^2(\alpha_0/2) - 2\cos^2(\alpha/2)$$

y, por tanto:

$$T(A \to B) = \sqrt{\frac{r}{g}} \cdot \int_{\alpha_0}^{\pi} \frac{\sin(\alpha/2) \cdot d\alpha}{\sqrt{\cos^2(\alpha_0/2) - \cos^2(\alpha/2)}}$$

Aplicamos ahora el cambio de variable $\{\cos(\alpha/2) = t;\ -\sin(\alpha/2)/2 \cdot d\alpha = dt\}$:

$$T(A \to B) = -2 \cdot \sqrt{\frac{r}{g}} \cdot \int_{\cos(\alpha_0/2)}^{0} \frac{dt}{\sqrt{\cos^2(\alpha_0/2) - t^2}} = 2 \cdot \sqrt{\frac{r}{g}} \cdot \int_{0}^{\cos(\alpha_0/2)} \frac{dt}{\sqrt{\cos^2(\alpha_0/2) - t^2}}$$

Y ahora hacemos lo mismo con el cambio $\{\cos(\alpha_0/2) \cdot u = t;\ \cos(\alpha_0/2) \cdot du = dt\}$:

$$T(A \to B) = 2 \cdot \sqrt{\frac{r}{g}} \cdot \int_{0}^{1} \frac{du}{\sqrt{1-u^2}} = 2 \cdot \sqrt{\frac{r}{g}} \cdot [\arcsin u]_0^1 = \pi \cdot \sqrt{r/g}$$

Sorpresivamente, el valor α_0 ha desparecido de nuestro cálculo; el tiempo que tarda la bola en llegar al punto B siempre es igual a $\pi \cdot \sqrt{r/g}$, independientemente del punto A donde la dejamos inicialmente en reposo. $\square$

La segunda propiedad de la cicloide que es necesario estudiar para la resolución del problema fue descubierta por casualidad por Huygens, tal y como hemos comentado en la introducción al problema.

PROPOSICIÓN 26.2. *(Huygens) Supongamos una pared consistente en dos arcos de cicloide consecutivos (obtenidos de una circunferencia generatriz de radio r), con el punto medio en el origen de coordenada; y un péndulo consistente en una cuerda de longitud $4r$ y una pequeña bola en su extremo, que está colgando del origen de coordenadas (la gravedad actúa, de nuevo, en la dirección positiva del eje Y), como en la figura 26.4. Supongamos que hacemos oscilar el péndulo, de manera que parte del hilo topará con la pared y el resto quedará en el aire. Entonces la bola del extremo del péndulo sigue la trayectoria de otro arco de cicloide.*

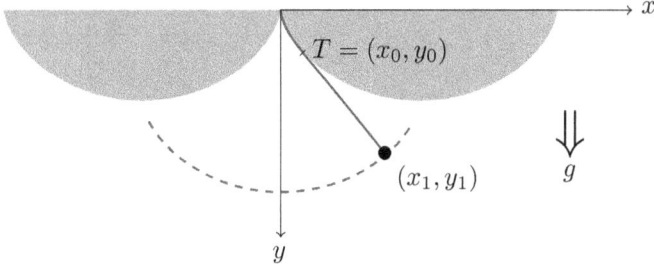

Figura 26.4

DEMOSTRACIÓN. En un momento de la oscilación supongamos que las coordenadas del punto T en el cual la cuerda del péndulo justo deja de tocar a la cicloide son:

$$(x_0, y_0) = (r \cdot (\alpha_0 - \sin\alpha_0), r \cdot (1 - \cos\alpha_0)) \qquad \alpha_0 \in [0, \pi]$$

Utilizando la notación habitual, donde ds es el elemento diferencial de longitud, tenemos que la longitud de la cuerda desde $(0,0)$ hasta (x_0, y_0), siguiendo la cicloide, es igual a:

$$L = \int_{(0,0)}^{(x_0,y_0)} ds$$

Aprovechando los cálculos de la proposición 26.1, donde vimos que, para la cicloide de ecuación (26.1), se cumple $ds = 2r\sin(\alpha/2) \cdot d\alpha$, la integral es inmediata:

$$L = \int_{(0,0)}^{(x_0,y_0)} ds = \int_0^{\alpha_0} 2r\sin(\alpha/2) \cdot d\alpha = 4r \cdot [-cos(\alpha/2)]_0^{\alpha_0} = 4r - 4r \cdot \cos(\alpha_0/2)$$

Si la longitud total de la cuerda es $4r$ y la parte que está pegada a la cicloide es de longitud $4r - 4r \cdot \cos(\alpha/2)$, eso significa que la parte de la cuerda que **no** toca la cicloide tiene longitud $4r \cdot \cos(\alpha/2)$. Para ver dónde está la bola (coordenadas (x_1, y_1)) en ese momento debemos calcular, por tanto, un punto a distancia $4r \cdot \cos(\alpha/2)$ de (x_0, y_0) en la dirección de la **tangente** a la cicloide en ese punto.

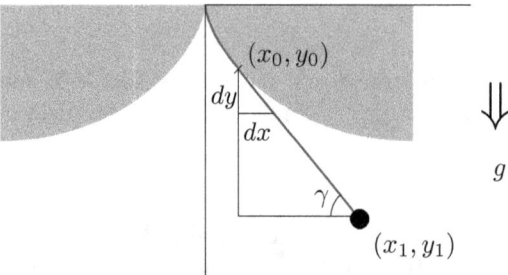

Figura 26.5

Como la tangente a una curva en un punto coincide con su derivada dy/dx (ver figura 26.5), tenemos que las coordenadas (x_1, y_1) se pueden calcular como:

(26.3)
$$\begin{cases} x_1 = x_0 + 4r \cdot \cos(\alpha_0/2) \cdot \cos\gamma \\ y_1 = y_0 + 4r \cdot \cos(\alpha_0/2) \cdot \sin\gamma \end{cases}$$

donde

$$\tan\gamma = \frac{dy}{dx} = \frac{dy/d\alpha}{dx/d\alpha} = \frac{\sin\alpha_0}{1 - \cos\alpha_0}$$

Utilizando igualdades trigonométricas, de ahí deducimos que:

$$\cos\gamma = \sqrt{\frac{1 - \cos\alpha_0}{2}} \qquad \sin\gamma = \sqrt{\frac{1 + \cos\alpha_0}{2}}$$

lo que, unido a la igualdad (del ángulo mitad):

$$\cos(\alpha_0/2) = \sqrt{\frac{1 + \cos\alpha_0}{2}}$$

nos permite reescribir la ecuación (26.3) como:

$$\begin{cases} x_1 = x_0 + 4r \cdot (\sin \alpha_0)/2 \\ y_1 = y_0 + 4r \cdot (1 + \cos \alpha_0)/2 \end{cases}$$

Finalmente, sustituimos los valores de:

$$(x_0, y_0) = (r \cdot (\alpha_0 - \sin \alpha_0), r \cdot (1 - \cos \alpha_0)) \qquad \alpha_0 \in [0, \pi]$$

y simplificamos hasta encontrar:

$$\begin{cases} x_1 = r \cdot (\alpha_0 + \sin \alpha_0) \\ y_1 = r \cdot (3 + \cos \alpha_0) \end{cases}$$

Este cálculo se ha hecho suponiendo que es el punto (x_0, y_0) el que marca la separación de la cuerda con la pared, pero el método sería idéntico si pensamos en otro punto cualquiera. Por tanto, la bola seguirá una trayectoria de coordenadas:

$$(x, y) = (r \cdot (\alpha + \sin \alpha), r \cdot (3 + \cos \alpha)) \qquad \alpha \in [0, \pi]$$

¿Qué tipo de curva es ésta, que empieza en el punto $(0, 4r)$ para $\alpha = 0$ y acaba en el punto $(\pi r, 2r)$ para $\alpha = \pi$? Lo veremos claramente si hacemos el cambio $\alpha = \alpha' - \pi$; en ese caso las ecuaciones quedan como:

(26.4) $$\begin{cases} x = r \cdot (\alpha' - \pi + \sin(\alpha' - \pi)) = r \cdot (\alpha' - \sin \alpha') - \pi r \\ y = r \cdot (3 + \cos(\alpha' - \pi)) = r \cdot (1 - \cos \alpha') + 2r \end{cases} \qquad \alpha \in [\pi, 2\pi]$$

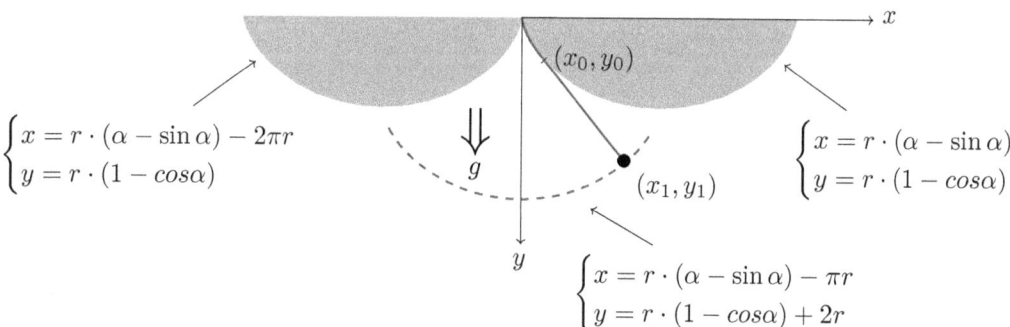

Figura 26.6

Se ve claramente que esta es la segunda mitad de un arco de cicloide, pero desplazada $-\pi r$ en la dirección del eje X y $2r$ en la dirección del eje Y, lo que coincide con el vértice en el punto $(0, 4r)$. Por simetría, cuando el péndulo está en la parte $x < 0$, la bola se desplazará según la primera mitad del arco de cicloide encontrado. Resumiendo, la bola al final de la cuerda del péndulo se desplazará según la cicloide:

$$(x, y) = (r \cdot (\alpha' - \sin \alpha') - r\pi, r \cdot (1 - \cos \alpha') + 2r) \qquad \alpha' \in [0, 2\pi]$$

□

Las dos proposiciones nos permiten construir el "péndulo perfecto": en efecto, el péndulo descrito en la proposición 26.2 sigue una trayectoria de una cicloide, lo que implica, por la proposición 26.1, que tendrá siempre el mismo período de oscilación, sin importar desde que punto dejamos libre la bola inicialmente y sin importar si, por algún movimiento externo (por ejemplo, el balanceo de un barco), la amplitud de la oscilación variara bruscamente.

Tenemos un péndulo que siempre tendrá un período de oscilación igual a $4\pi \cdot \sqrt{r/g}$ (4 veces el tiempo calculado en la proposición 26.1, ya que ahí calculamos el tiempo de A a B, pero el período de oscilación es de A hasta que vuelve de nuevo allí): es el "péndulo perfecto" de Huygens aprovechando las propiedades de la cicloide.

OBSERVACIONES FINALES

- En la proposición 26.1 vimos una bola que rueda "sin rozamiento" (y sin inercia) por una rampa en forma de cicloide; en la proposición 26.2 vimos una bola atada al extremo de un péndulo y que sigue una trayectoria en forma de cicloide. Precisamente porque en ambos casos no suponemos rozamiento ni inercia, podemos deducir que ambos movimientos son equivalentes y, por tanto, afirmar que la oscilación del segundo caso es constante, sin importar la amplitud de oscilación.

- Desgraciadamente para Huygens (y para las Armadas más poderosas de la época), la construcción "real" del péndulo dio enormes problemas. El rozamiento de la cuerda con las paredes de forma cicloidal no era nada despreciable y finalmente fue la causa por la que el péndulo no funcionara correctamente. Huygens no logró llevar a la práctica su maravilloso descubrimiento teórico, pero dejó para la posteridad este bello problema matemático.

Capítulo 27

Suma de cuadrados

(Fermat – 1660)

PROBLEMA

Demostrar que todo número primo de la forma $4n+1$ puede ser representado, de una sola manera, como la suma de dos cuadrados de números naturales, mientras que ningún número primo de la forma $4n+3$ puede ser representado de ese modo.

HISTORIA

Muchos enunciados de Teoría de Números, como el que nos ocupa, surgieron probablemente de la observación de matemáticos curiosos en busca de casualidades. Al abogado francés Pierre de Fermat (matemático en sus ratos libres) le fascinaba buscar estas propiedades, aunque después muchas de ellas no las conseguía demostrar (o, como en el caso del famoso teorema que lleva su nombre, no las escribía porque el margen del libro que estaba leyendo era demasiado pequeño para hacerlo).

Precisamente Fermat, en 1660, se fijó en que todos los primos de la forma $4n+1$ podían escribirse como suma de dos cuadrados ($5 = 1 + 4$, $13 = 4 + 9$, $17 = 1 + 16$, $29 = 4 + 25$, etc.) y que sólo había una manera de hacerlo para cada uno. En cambio, observó que no se podía hacer lo mismo con ningún primo de la forma $4n+3$ ($7 = ?$, $19 = ?$, $23 = ?$, etc.).

Leonhard Euler
(antiguo billete de 10 francos suizos)

El resultado lo anunció como descubrimiento a la comunidad científica, aunque no aportó ninguna demostración. Hubo que esperar casi un siglo para que Leonhard Euler consiguiera la primera demostración, presentada en un tratado dentro de la obra "Novi Commentarii Academiae Petropolitanae ad annos 1754–1755", volumen 5. Euler empleó varios años hasta dar con la solución.

Algunos lectores pueden considerar que este tipo de problemas, sin aparente aplicación práctica, no merecen un esfuerzo tan grande, pero la realidad es que las herramientas matemáticas que se necesitaron para su demostración hicieron evolucionar enormemente la ciencia.

SOLUCIÓN

Para entender la demostración que se muestra a continuación es necesario tener conocimientos de aritmética modular. Se supondrá que el lector ya los posee.

Residuos y no-residuos cuadráticos

DEFINICIÓN 27.1. *Sea a un número entero y p un primo impar, de tal manera que $a \not\equiv 0$ (mód p). Diremos que a es un **residuo cuadrático** módulo p si existe un entero x tal que $x^2 \equiv a$ (mód p). En caso contrario diremos que a es un **no-residuo cuadrático** módulo p.*

Por ejemplo, 10 es residuo cuadrático módulo 13 ya que $6^2 \equiv 10$ (mód 13), mientras que 8 es no-residuo cuadrático módulo 13 ya que no existe ningún valor x que cumpla $x^2 \equiv 8$ (mód 13).

Durante todo el problema, llamaremos r al número entero $r = (p-1)/2$ y cuando nos refiramos a **residuos** o **no-residuos** se entenderá residuos o no residuos cuadráticos módulo p.

LEMA 27.1. *Dentro del conjunto $\{1, 2, 3, \cdots, p-1\}$ hay exactamente un total de r valores que son residuos y, por tanto, r valores que son no-residuos. Los r residuos pueden calcularse como $1^2, 2^2, \cdots, r^2$ (mód p).*

DEMOSTRACIÓN. Veamos primero la tabla de los cuadrados de $\{1, 2, 3, \cdots, p-1\}$ para $p = 13$, lo que nos dará una idea para la demostración:

x	1	2	3	4	5	6	7	8	9	10	11	12
x^2 (mód 13)	1	4	9	3	12	10	10	12	3	9	4	1

Hay una simetría a media tabla que sugiere la identidad $x^2 \equiv (p-x)^2$ (mód p). En efecto, tenemos que $(p-x)^2 \equiv p^2 - 2px + x^2 \equiv x^2$ (mód p), ya que tanto p^2 como $-2px$ son múltiplos de p y, por tanto, equivalen a 0 (mód p).

Si ahora demostramos que los cuadrados de la primera mitad de la tabla, es decir, del conjunto $\{1, 2, 3, \cdots, r\}$ no coinciden, la demostración habrá finalizado, ya que tendremos r valores distintos que son residuos por partida doble, dejando los r valores que no aparecen en la tabla como los no-residuos.

Para ello, supongamos $1 \leq x < y \leq r$ y supongamos que $x^2 \equiv y^2$ (mód p). En ese caso, se deduce que $y^2 - x^2 \equiv 0$ (mód p) $\Rightarrow$ $(y+x) \cdot (y-x) \equiv 0$ (mód p). Pero tenemos que $(y+x)$ sólo puede tomar valores entre 3 (lo mínimo, cuando $x = 1$, $y = 2$) y $p-2$ (lo máximo, cuando $x = r-1$, $y = r$); mientras que $(y-x)$ sólo puede tomar valores entre 1 (lo mínimo, cuando son valores consecutivos) y $r-1$ (lo máximo, cuando $x = 1$, $y = r$). Es decir, el producto $(y+x) \cdot (y-x)$ es de 2 valores que nunca son 0 ó múltiplos de p, por lo que es imposible que su producto sea $\equiv 0$ (mód p), ya que p es un número primo. Hemos llegado a un absurdo, por lo que la suposición que $x^2 \equiv y^2$ (mód p) tenía que ser incorrecta. $\square$

LEMA 27.2. *El producto de 2 residuos o de 2 no-residuos es un residuo; en cambio, el producto de un residuo y un no-residuo es un no-residuo.*

En la tabla aportada para $p = 13$, vemos que tanto 4 como 12 son residuos, por lo que $4 \cdot 12 \equiv 48 \equiv 9$ (mód 13) también lo es; de modo parecido, tanto 5 como 8 son no-residuos, pero su producto

$5 \cdot 8 \equiv 40 \equiv 1$ (mód 13) sí lo es; en cambio, el resultado de multiplicar un residuo y un no-residuo, como $4 \cdot 5 \equiv 20 \equiv 7$ (mód 13), lleva a un no-residuo. Demostrémoslo para cualquier p.

DEMOSTRACIÓN. En primer lugar, sea x_1 y x_2 dos residuos. Entonces, existe y_1 tal que $y_1^2 \equiv x_1$ (mód p) y existe y_2 tal que $y_2^2 \equiv x_2$ (mód p). Multiplicando ambas ecuaciones tenemos que $y_1^2 \cdot y_2^2 \equiv x_1 x_2$ (mód p) $\Rightarrow$ $(y_1 y_2)^2 \equiv x_1 x_2$ (mód p), deduciéndose que $x_1 x_2$ es un residuo.

Ahora, supongamos que el producto entre x_1 (residuo tal que $y_1^2 \equiv x_1$ (mód p)) y z_1 (no-residuo) fuera un residuo. En ese caso, podríamos escribir que:

$$x_1 z_1 \equiv a^2 \pmod{p} \quad \Rightarrow \quad y_1^2 z_1 \equiv a^2 \pmod{p} \quad \Rightarrow$$
$$\Rightarrow \quad z_1 \equiv (y^{-1})^2 a^2 \pmod{p} \quad \Rightarrow \quad z_1 \equiv (y^{-1} \cdot a)^2 \pmod{p}$$

llegando a la conclusión que z_1 es un residuo, lo cual es imposible por hipótesis. Por tanto, hemos llegado a una contradicción, lo que implica que la suposición que el producto entre x_1 y z_1 era un residuo era errónea. Se deduce entonces que el producto de un residuo y un no-residuo tiene como resultado un no-residuo.

Por último, sea z_1 un no-residuo. Si lo multiplicamos sucesivamente por todos los valores del conjunto $\{1, 2, 3, \cdots, p-1\}$ encontraremos $p-1$ resultados distintos módulo p (propiedad bien conocida de la aritmética modular), es decir, el conjunto $\{1, 2, 3, \cdots, p-1\}$ de nuevo, aunque en orden distinto. Este conjunto, por el lema 27.1, tiene r valores que son no-residuos (en el ejemplo de $p = 13$ son los valores $\{2, 5, 6, 7, 8, 11\}$) y, por la demostración del caso anterior, necesariamente tienen que ser los resultados en los que multiplicamos z_1 por los r residuos; entonces, los otros r valores resultados de las multiplicaciones (es decir, los residuos) deben encontrarse cuando multiplicamos z_1 por los r no-residuos. En resumen, se deduce que la multiplicación de z_1 por un no-residuo debe dar como resultado un residuo. $\square$

¿Es -1 un residuo cuadrático?

Evidentemente, el valor 1 es siempre un residuo cuadrático, sin importar el valor de p que tomemos como módulo. En cambio, el valor de -1 tiene un comportamiento más inestable: para algunos p es residuo, mientras que para otros no lo es. Por ejemplo, en nuestro ejemplo para $p = 13$, el valor de $-1 \equiv 12$ es un residuo, como vimos en la tabla, pero para $p = 11$ no lo es, ya que no hay ningún x tal que $x^2 \equiv -1 \equiv 10$ (mód 11), como se comprueba en la tabla siguiente:

x	1	2	3	4	5	6	7	8	9	10
x^2 (mód 11)	1	4	9	5	3	3	5	9	4	1

Aquí es donde aparecerá una diferencia vital para los números primos de la forma $4n + 1$ y los de la forma $4n + 3$: en el primer caso, -1 es residuo, mientras que en el segundo no lo es, como veremos a continuación.

DEFINICIÓN 27.2. *Sea D un número entero sin divisor común con p. Decimos que x e y son D-conjugados si cumplen que $xy \equiv D$ (mód p).*

PROPOSICIÓN 27.1. *Sea D un número entero distinto de 0 módulo p. D es un residuo si y sólo si se cumple que $D^r \equiv 1$ (mód p), mientras que es un no-residuo si y sólo si se cumple que $D^r \equiv -1$ (mód p).*

DEMOSTRACIÓN.

Caso 1: D es un no-residuo.

En ese caso, podemos agrupar los elementos del conjunto $\{1, 2, 3, ..., p-1\}$ en parejas de D-conjugados, de manera que ningún elemento se repita. Por ejemplo, en el caso $p = 13$ y para $D = 5$ (no-residuo), tenemos que:

$$1 \cdot 5 \equiv 2 \cdot 9 \equiv 3 \cdot 6 \equiv 4 \cdot 11 \equiv 7 \cdot 10 \equiv 8 \cdot 12 \pmod{13}$$

Al ser un no-residuo, no puede haber un número x que sea conjugado de sí mismo (ya que entonces tendríamos que $x^2 \equiv D \pmod{p}$ y D sería un residuo) y, por otro lado, no puede aparecer un mismo número en dos grupos de conjugados distintos ya que $ab_1 \equiv ab_2 \pmod{p}$ no puede ser cierto (para p primo) si a es distinto de 0 módulo p y b_1 y b_2 son distintos módulo p.

Si multiplicamos ahora todos los elementos del conjunto $\{1, 2, 3, ..., p-1\}$ vemos que, agrupándolos de dos en dos como conjugados, tendremos como resultado $(p-1)/2 = r$ veces el valor de D, es decir:

(27.1) $$(p-1)! \equiv D^r \pmod{p}$$

Caso 2: D es un residuo.

En ese caso, hay que tener un poco más de cuidado, porque tenemos dos valores (como vimos en el lema 27.1) tales que su cuadrado es D módulo p: si a uno de ellos lo llamamos x, el otro será $(p-x)$ y se cumplirá que $x^2 \equiv (p-x)^2 \equiv D \pmod{p}$. El resto de los elementos del conjunto $\{1, 2, 3, ...p-1\}$ sí que podremos seguir agrupándolos de dos en dos, como en el caso anterior, sin más repeticiones. Por ejemplo, en el caso $p = 13$ y para $D = 4$ (residuo), tenemos que:

$$1 \cdot 4 \equiv 2 \cdot 2 \equiv 3 \cdot 10 \equiv 5 \cdot 6 \equiv 7 \cdot 8 \equiv 11 \cdot 11 \equiv 9 \cdot 12 \pmod{13}$$

Nótese ahora que tenemos un grupo más en las igualdades propuestas, ya que tenemos los dos casos especiales mencionados (en lugar de uno si estuvieran agrupados). Por otro lado, al multiplicar los valores de x y $(p-x)$ encontramos que $x \cdot (p-x) \equiv xp - x^2 \equiv -x^2 \equiv -D \pmod{p}$. Por tanto, si multiplicamos todos los valores de $\{1, 2, 3, ..., p-1\}$ excepto x y $(p-x)$ los podemos agrupar en conjugados para encontrar $((p-1)/2) - 1 = r-1$ veces el valor de D, mientras que si seguimos multiplicando por x y $(p-x)$ hay que hacerlo una vez más por $-D$, es decir:

(27.2) $$(p-1)! \equiv D^{r-1} \cdot (-D) \equiv -D^r \pmod{p}$$

Resumen: Si sustituimos D por 1 (valor que, evidentemente, siempre es residuo sin importar el valor de p) en la expresión (27.2) encontramos que $(p-1)! \equiv -1 \pmod{p}$, resultado que se conoce como el teorema de Wilson. Ahora, si sustituimos, por tanto, $(p-1)!$ por -1 en (27.1) y en (27.2), encontramos lo que queríamos demostrar:

$$\begin{cases} -1 \equiv D^r \pmod{p} & \Rightarrow & D^r \equiv -1 \pmod{p} & \text{si } D \text{ es no-residuo} \\ -1 \equiv -D^r \pmod{p} & \Rightarrow & D^r \equiv 1 \pmod{p} & \text{si } D \text{ es residuo} \end{cases}$$

$\square$

Por ejemplo, para $p = 13$, si quisiéramos saber si $D = 5$ es un residuo o un no-residuo sin hacer la tabla completa como en el lema 27.1, deberíamos calcular el valor de $5^6 \pmod{13}$. Encontraríamos que el resultado es -1 y deduciríamos que 5 es un no-residuo. Para valores de p grandes, este método es viable (si calculamos de manera eficiente la potencia), no así el cálculo de toda la tabla.

COROLARIO 27.1. *El valor -1 es un residuo si y sólo si p es de la forma $4n+1$, mientras que es un no-residuo si y sólo si p es de la forma $4n+3$.*

DEMOSTRACIÓN. Si p es de la forma $4n+1$, tenemos que $r = (p-1)/2 = 2n$ y, por tanto, es un número par. Entonces al calcular $(-1)^r \equiv (-1)^{2n} \equiv 1$ (mód p) deducimos, por la proposición 27.1, que -1 es un residuo.

En cambio, si p es de la forma $4n+3$, tenemos que $r = (p-1)/2 = 2n+1$ y, por tanto, es un número impar. Entonces al calcular $(-1)^r \equiv (-1)^{2n+1} \equiv -1$ (mód p) deducimos, por la proposición 27.1, que -1 es un no-residuo. $\square$

Demostración del teorema general para primos de la forma $4n+3$

En este momento ya somos capaces de demostrar el teorema inicial para los números primos de la forma $4n+3$.

TEOREMA 27.1. *Un número primo p de la forma $4n+3$ no puede representarse como una suma de dos cuadrados.*

DEMOSTRACIÓN. Si p es de la forma $4n+3$ entonces, por el corolario 27.1, el valor -1 es un no-residuo. Supongamos que pudiéramos escribir $a^2 + b^2 = p$ para a, b enteros. Eso implicaría que:

$$a^2 + b^2 \equiv 0 \pmod{p} \quad \Rightarrow \quad a^2 \equiv (-1) \cdot b^2 \pmod{p}$$

Pero la anterior ecuación nos está diciendo que la multiplicación de un no-residuo (-1) por un residuo (b^2) da como resultado un residuo (a^2), lo cual es imposible como vimos en el lema 27.2. Por tanto, la hipótesis de que podemos escribir $a^2 + b^2 = p$ tiene que ser falsa. $\square$

Si nos fijamos bien, no sólo hemos demostrado el teorema para todo primo de la forma $4n+3$, sino también para todo número **múltiplo** de un primo de la forma $4n+3$. Por ejemplo, no pierda el tiempo buscando una suma de dos cuadrados que dé como resultado el número 7007, ya que no puede existir.

Para demostrar el teorema en su otra vertiente (primos p de la forma $4n+1$) tendremos que trabajar un poco más.

Normas

DEFINICIÓN 27.3. *Un número natural n es una **norma** si puede escribirse como suma de dos cuadrados de números naturales $n = a^2 + b^2$. En ese caso, a los valores a y b los llamamos **bases** de n.*

Ahora vamos a demostrar la clave de todo el procedimiento, que seguramente se resistió (no su demostración, sino imaginar que era necesaria como camino para demostrar el teorema general) al conocimiento de Euler durante años. En concreto, vamos a ver que si un primo impar p divide a una norma pero no a sus bases (por ejemplo, 157 divide a la norma $23^2 + 16^2 = 785$ ya que $785 = 5 \cdot 157$ pero no divide ni al número 23 ni al 16) entonces ese número primo p es también una norma (en efecto, ya que $157 = 6^2 + 11^2$).

Para ello haremos uso de una técnica de demostración que descubrió Fermat y que luego utilizó para muchas de sus demostraciones: el "descenso infinito". Este método, válido para demostraciones que impliquen números naturales, se basa en suponer una igualdad par un cierto conjunto de números naturales y demostrar luego que, en ese caso, debe cumplirse para otro conjunto de números naturales donde uno es estrictamente menor que su homólogo en el primer grupo ("descenso"). Repitiendo el proceso infinitas veces ("infinito") llegaremos a una conclusión (o a una contradicción) ya que el conjunto de números naturales está acotado inferiormente por el número 1. El método no funciona, por ejemplo, para los números reales, ya que no hay ningún número real positivo que sea menor que todos los demás reales.

PROPOSICIÓN 27.2. *Si un número primo impar p divide a una norma pero no divide a ninguna de sus bases, entonces p es una norma.*

DEMOSTRACIÓN. Supongamos que el primo impar p divide a una norma pero no divide a ninguna de sus bases a_0 y b_0:

(27.3) $$a_0^2 + b_0^2 = p \cdot f$$

Calculamos a_1 y a_2 como los únicos números enteros que cumplen $a_1 = a_0 - m \cdot f$ ($|a_1| \leq f/2$, m entero) y $b_1 = b_0 - n \cdot f$ ($|b_1| \leq f/2$, n entero), es decir, números congruentes con los originales módulo f pero con mínimo valor absoluto. Hay que hacer notar que, por hipótesis, como f no divide ni a_0 ni b_0 entonces, por las expresiones anteriores, se deduce que tampoco divide ni a_1 ni b_1.

Sustituyendo en (27.3) tenemos:

$$(a_1 + mf)^2 + (b_1 + nf)^2 = p \cdot f \quad \Rightarrow \quad a_1^2 + 2a_1mf + m^2f^2 + b_1^2 + 2b_1nf + n^2f^2 = p \cdot f$$
(27.4) $$\Rightarrow \quad a_1^2 + b_1^2 = f' \cdot f$$

Como hemos definido a_1 y b_1 tal que $|a_1| \leq f/2$ y $|b_1| \leq f/2$, se deduce que:

$$a_1^2 + b_1^2 \leq (f/2)^2 + (f/2)^2 = \frac{f}{2} \cdot f$$

Comparando con (27.4), llegamos a la conclusión que $f' \leq (f/2)$.

Multipliquemos ahora las ecuaciones (27.3) y (27.4):

(27.5) $\quad (a_0^2 + b_0^2)^2 \cdot (a_1^2 + b_1^2)^2 = p \cdot f^2 \cdot f' \quad \Rightarrow \quad (a_0a_1 + b_0b_1)^2 + (a_0b_1 - a_1b_0)^2 = p \cdot f^2 \cdot f'$

Como podemos escribir:

$$(a_0a_1 + b_0b_1) = a_0 \cdot (a_0 + mf) + b_0 \cdot (b_0 + nf) = a_0^2 + b_0^2 + kf = pf + kf = a_2f$$
$$(a_0b_1 - a_1b_0) = a_0 \cdot (b_0 + nf) - b_0 \cdot (a_0 + mf) = b_2f$$

Sustituyendo apropiadamente en (27.5) obtenemos:

(27.6) $$(a_2f)^2 + (b_2f)^2 = p \cdot f^2 \cdot f' \quad \Rightarrow \quad a_2^2 + b_2^2 = p \cdot f'$$

Recapitulemos lo que hemos hecho hasta ahora: partiendo de (27.3) hemos llegado a (27.6) donde todos los números son enteros positivos y $f' \leq (f/2)$. Está claro que $f' \neq 0$ ya que en caso contrario implicaría [en la ecuación (27.4)] que $a_1 = b_1 = 0$ y, por definición de a_1 y b_1 que f divide a a_0 y a b_0, lo cual contradice la hipótesis.

Por tanto, tenemos la ecuación (27.6) donde $1 \leq f' \leq (f/2)$. Si $f' = 1$, ya habríamos encontrado una representación de p como norma ($a_2^2 + b_2^2 = p$); si, en cambio, $f' > 1$, repetiríamos el proceso que nos ha llevado de (27.3) hasta (27.6) las veces que haga falta hasta conseguir la representación de p como norma (el proceso es finito, ya que estamos trabajando con números naturales y, en cada paso, calculamos un nuevo valor que es, como máximo, la mitad del anterior: en algún momento, necesariamente, llegaremos a que $f' = 1$). □

Al lector no le habrá pasado inadvertido la utilización en la demostración del "descenso infinito" que comentábamos anteriormente.

Miremos el ejemplo de la ecuación $23^2 + 16^2 = 785 = 5 \cdot 157$. Haciendo el cambio propuesto en la demostración ($-2 = 23 - 5 \cdot 5$ y $1 = 16 - 3 \cdot 5$) hallaríamos la ecuación $2^2 + 1^2 = 5 \cdot 1$ y, multiplicando ambas ecuaciones:

$$(23^2 + 16^2) \cdot (2^2 + 1^2) = 157 \cdot 5^2 \cdot 1 \quad \Rightarrow$$

(27.7)
$$(23 \cdot 2 + 16 \cdot 1)^2 + (23 \cdot 1 - 16 \cdot 2) = 157 \cdot 5^2 \cdot 1$$

Calculamos también:

$$(23 \cdot 2 + 16 \cdot 1) = 23 \cdot (23 - 5 \cdot 5) + 16 \cdot (16 - 3 \cdot 5) = 23^2 + 16^2 - 163 \cdot 5 = 157 \cdot 5 - 163 \cdot 5 = -6 \cdot 5$$
$$(23 \cdot 1 - 16 \cdot 2) = 23 \cdot (16 - 3 \cdot 5) - 16 \cdot (23 - 5 \cdot 5) = 11 \cdot 5$$

Sustituyendo en (27.7) encontramos:

$$(6 \cdot 5)^2 + (11 \cdot 5)^2 = 157 \cdot 5^2 \cdot 1 \quad \Rightarrow \quad 6^2 + 11^2 = 157$$

que es lo que queríamos encontrar (157 como suma de dos cuadrados). Hay que fijarse que, en este caso, con la primera iteración del método ya ha sido suficiente para que $f' = 1$ (a priori sabíamos que tenía que cumplirse que $f' \leq 5/2$, lo que existía también la posibilidad de que $f' = 2$), pero en caso contrario se repetiría el método hasta conseguirlo.

Demostración del teorema general para primos de la forma $4n + 1$

TEOREMA 27.2. *Todo primo impar p de la forma $4n + 1$ puede representarse como una norma. Además, sólo hay una manera de conseguirlo*

DEMOSTRACIÓN. Si p es de la forma $4n + 1$ entonces, por el corolario 27.1, el valor -1 es un residuo, es decir, existe un valor x ($0 < x < p$) tal que $x^2 \equiv -1 \pmod{p}$, lo que implica que $x^2 + 1 = k \cdot p$. Pero ahora, por la proposición 27.2, tenemos un primo p que divide a una norma pero no a ninguna de sus bases (tanto 1 como x son menores que p), lo que implica que p es, a su vez, una norma, es decir, se puede escribir como suma de dos cuadrados.

Sólo queda ver que, en este último caso, p puede escribirse como suma de cuadrados de una sola manera. Como en multitud de casos parecidos, para demostrar que sólo hay una solución vamos a suponer que hay dos y demostrar a continuación que, necesariamente, tienen que ser la misma.

Supongamos, por tanto, que podemos escribir p de dos maneras: $p = a_1^2 + b_1^2$ y $p = a_2^2 + b_2^2$, donde todos los números son positivos. Si multiplicamos ambas ecuaciones tenemos que:

(27.8)
$$p^2 = (a_1^2 + b_1^2) \cdot (a_2^2 + b_2^2) = (a_1 a_2 \pm b_1 b_2)^2 + (a_1 b_2 \mp b_1 a_2)^2$$

donde la igualdad es válida tanto si cogemos los dos signos superiores como si lo hacemos con los dos signos inferiores. Ahora bien, como el producto de los factores $(a_1a_2 + b_1b_2)$ y $(a_1a_2 - b_1b_2)$:

$$(a_1a_2 + b_1b_2) \cdot (a_1a_2 - b_1b_2) = a_1^2 a_2^2 - b_1^2 b_2^2 = a_2^2 \cdot (a_1^2 + b_1^2) - b_1^2 \cdot (a_2^2 + b_2^2)$$

es divisible por p (ya que tenemos por hipótesis que $p = a_1^2 + b_1^2$ y $p = a_2^2 + b_2^2$), al menos uno de los dos factores $(a_1a_2 + b_1b_2)$ ó $(a_1a_2 - b_1b_2)$ debe ser también divisible por p (propiedad conocida de cualquier primo). Consecuentemente, seleccionamos en (27.8) los signos de arriba (si es $a_1a_2 + b_1b_2$ el múltiplo de p) o los de abajo (si es $a_1a_2 - b_1b_2$ el múltiplo de p).

En el primer caso ($a_1a_2 + b_1b_2$ es múltiplo de p) se debe cumplir que $a_1a_2 + b_1b_2 = p$, ya que todos los números son positivos (y por tanto $a_1a_2 + b_1b_2 \neq 0$) y, además, $a_1a_2 + b_1b_2 \leq p$ por la ecuación (27.8).

En cambio, en el segundo caso ($a_1a_2 - b_1b_2$ es múltiplo de p), se debe cumplir que $a_1a_2 - b_1b_2 = 0$, ya que si $|a_1a_2 - b_1b_2| \geq p$ llegaríamos a una contradicción cuando intentáramos cumplir la igualdad (27.8), $p^2 = (a_1a_2 - b_1b_2)^2 + (a_1b_2 + b_1a_2)^2$, porque $(a_1b_2 + b_1a_2)^2 \geq 0$.

Es decir, hemos llegado a la conclusión que, observando la igualdad (27.8):

$$\begin{cases} a_1a_2 + b_1b_2 = p \quad \text{y} \quad a_1b_2 - b_1a_2 = 0 \\ \qquad\qquad\qquad \text{o bien} \\ a_1a_2 - b_1b_2 = 0 \quad \text{y} \quad a_1b_2 + b_1a_2 = p \end{cases}$$

En el primer caso se cumple $a_1b_2 - b_1a_2 = 0$, lo que quiere decir que si $a_1 > a_2$ (respectivamente, $a_1 < a_2$), entonces $b_1 > b_2$ (respectivamente, $b_1 < b_2$) y entramos en contradicción porque entonces $a_1^2 + b_1^2 > a_2^2 + b_2^2$ (respectivamente, $a_1^2 + b_1^2 < a_2^2 + b_2^2$), lo que es imposible porque hemos empezado nuestro razonamiento suponiendo que $a_1^2 + b_1^2 = a_2^2 + b_2^2$. La única posibilidad viable es que $a_1 = a_2$ y $b_1 = b_2$.

De manera similar, en el segundo caso se cumple que $a_1a_2 - b_1b_2 = 0$, lo que quiere decir que si $a_1 > b_2$ (respectivamente, $a_1 < b_2$), entonces $b_1 > a_2$ (respectivamente, $b_1 < a_2$) y entramos también en contradicción porque $a_1^2 + b_1^2 > a_2^2 + b_2^2$ (respectivamente, $a_1^2 + b_1^2 < a_2^2 + b_2^2$), lo que es imposible por el mismo razonamiento del apartado anterior. En ese caso la única posibilidad viable es que $a_1 = b_2$ y $b_1 = a_2$.

Es decir, en cualquiera de los casos posibles, hemos llegado a la conclusión que las dos soluciones son idénticas: no hay dos maneras distintas de escribir p como suma de dos cuadrados. $\square$

OBSERVACIONES FINALES

Como se comentaba en la introducción, para demostrar un teorema que sólo hablaba de sumas de cuadrados y números primos, hemos desarrollado potentes herramientas matemáticas (aritmética modular, residuos cuadráticos, demostración por "descenso infinito" para la proposición 27.2, unicidad de soluciones) que, sin duda, fortalecen a cualquier matemático para afrontar otro tipo de problemas, tal vez de mayor utilidad práctica.

No extraña entonces que el teorema de Fermat (que veremos en parte en el problema "Imposibilidad de suma de cubos"), también de enunciado muy sencillo, aguantara durante siglos los ataques de los más grandes matemáticos. No fue hasta 1995 cuando el matemático inglés Andrew Wiles (que alcanzó el título de Sir gracias a su logro) consiguió demostrarlo por completo.

Capítulo 28

El teorema fundamental del cálculo

(Newton – 1665)

PROBLEMA

Demostrar que la integral de una función, entendida como el área que queda encerrada entre ella y el eje X, puede calcularse con la ayuda de la función inversa de la derivada.

HISTORIA

El intento de calcular la tangente a una curva (en un punto) es muy antiguo, ya que matemáticos griegos como Apolonio lo estudiaron, aunque sin conseguir un método general. Hubo que esperar hasta el siglo XVII para que Kepler y Cavalieri, entre otros, empezaran a utilizar lo que ahora conocemos como la función derivada.

Por otro lado, el interés de calcular áreas y volúmenes encerrados por funciones llevó a la teoría de las integrales, disciplina completamente separada de la anterior (a pesar de la insistencia de muchos profesores de Matemáticas en "definir" la integral como la inversa de la derivada).

No fue hasta unos años después cuando dos genios como Isaac Newton y Gotfreid Leibniz se dieron cuenta, por separado, de la íntima relación entre las funciones derivada e integral, lo que es hoy conocido, por su enorme importancia, como el Teorema Fundamental del Cálculo.

Estatua de Gotfreid Leibniz en Leipzig
Autor: Ernest Hahnel
Foto: Ad Meskens (Wikimedia Commons)

Al parecer, Newton fue el primero (cronológicamente) en descubrir la relación, ya que lo consiguió en los años 1664 – 1666, período en el que investigó en su casa debido al cierre de la Universidad de Cambridge (donde era alumno) por la epidemia de la peste. Escribió diversos tratados sobre el tema, pero su publicación no llegó hasta tiempo después, lo que alimentó la polémica sobre si fue él o Leibniz quien debía ostentar el honroso título de inventor del cálculo infinitesimal.

Por su parte, Leibniz descubrió el teorema y sus implicaciones en 1675, publicando dos artículos antes que Newton. Leibniz también puso especial interés en utilizar un simbolismo adecuado y fácil de recordar, y suya son las invenciones de los símbolos de $\int$ y dx utilizados hoy en día.

En cualquier caso, el trabajo de ambos sirvió para impulsar las Matemáticas, y sus aplicaciones en tan diversos campos, a un nivel superior. El Teorema Fundamental del Cálculo es, tal vez, el más importante en la historia matemática.

SOLUCIÓN

Intuitivamente, el teorema fundamental del Cálculo puede explicarse con ayuda de la figura 28.1. En ella, tenemos una función continua $f(x)$ y queremos tener una estimación del área $A(x_0)$ que queda encerrada entre $f(x)$, el eje X y las rectas verticales $x = 0$ y $x = x_0$ (es decir, la función integral en el punto x_0).

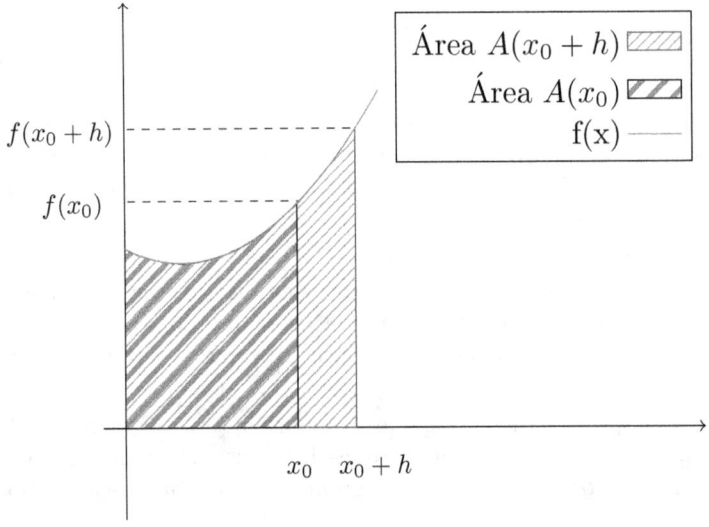

Figura 28.1

Para ello, pensemos también en $A(x_0 + h)$, es decir, el área contenida ahora entre $f(x)$, el eje X y las rectas verticales $x = 0$ y $x = x_0 + h$ (la función integral en el punto $x_0 + h$). Si suponemos que h es un valor muy pequeño, el valor de $A(x_0 + h)$ ha aumentado, respecto a $A(x_0)$, en el valor $f(x_0) \cdot h$ (el área de un rectángulo de lados $f(x_0)$ y h, ya que estamos aproximando $f(x_0) \approx f(x_0 + h)$). Es decir:

$$A(x_0 + h) - A(x_0) \approx f(x_0) \cdot h \quad \Rightarrow \quad f(x_0) \approx \frac{A(x_0 + h) - A(x_0)}{h}$$

Si pasamos el razonamiento al límite ($h \to 0$), el valor $(A(x_0 + h) - A(x_0))/h$ tiende a la derivada de $A(x)$ en el punto x_0, de donde se deduce que $f(x_0) = A'(x_0)$, es decir, la función derivada de la función integral es $f(x)$ o, lo que es lo mismo, las funciones derivada e integral son inversas una a la otra.

Vamos a intentar fortalecer matemáticamente la idea anterior. Primero necesitamos un sencillo lema.

LEMA 28.1. *Supongamos una función continua $f(x)$ en el intervalo $[a, b]$ que alcanza su valor mínimo m y su valor máximo M en el intervalo. Entonces se cumple que:*

$$m \cdot (b - a) \leq \int_a^b f(t) \cdot dt \leq M \cdot (b - a)$$

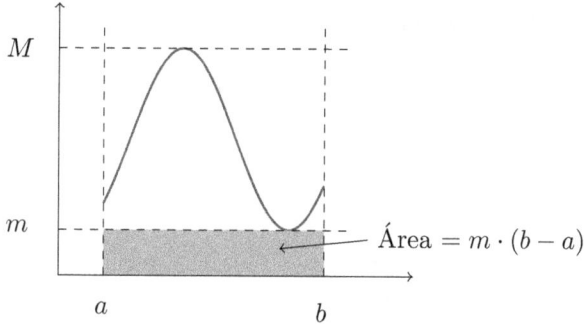

Figura 28.2

DEMOSTRACIÓN. La demostración es obvia con la ayuda de la figura 28.2, ya que $m \cdot (b-a)$ es el área del rectángulo de lados $(b-a)$ y m, la cual es menor o igual (en este último caso, cuando $f(x)$ fuera constante) al área de la integral de $f(x)$. Del mismo modo, $M \cdot (b-a)$ es el área del rectángulo de lados $(b-a)$ y M, y ésta debe ser mayor o igual que el área de la integral. □

Ya estamos en condiciones de presentar una demostración al teorema principal.

TEOREMA 28.1. *(Fundamental del Cálculo) Supongamos una función continua $f(x)$ en el intervalo $[a,b]$ y definimos su función integral $F(x)$ en $[a,b]$ como $F(x) = \int_a^x f(t) \cdot dt$. Entonces se cumple que $F'(x) = f(x)$ para todo x en $[a,b]$.*

DEMOSTRACIÓN. Sea c un punto cualquiera de $[a,b]$. Por definición, la derivada de la función $F(x)$ en c es:

$$(28.1) \qquad F'(c) = \lim_{h \to 0} \frac{F(c+h) - F(c)}{h}$$

Queremos demostrar que $F'(c) = f(c)$. Para ello, primero vamos a intentar acotar el valor de $F(c+h) - F(c)$ y luego intentaremos pasar al límite su división por h, tal como nos indica la ecuación (28.1).

Por definición de la función $F(x)$, el valor de $F(c+h)$ es $\int_a^{c+h} f(t) \cdot dt$, mientras que el de $F(c)$ es $\int_a^c f(t) \cdot dt$, por lo que podemos escribir:

$$F(c+h) - F(c) = \int_a^{c+h} f(t) \cdot dt - \int_a^c f(t) \cdot dt = \int_c^{c+h} f(t) \cdot dt$$

Si llamamos m_c (resp., M_c) al valor mínimo (resp., máximo) que logra la función $f(x)$ en el intervalo $[c, c+h]$ entonces tenemos, aplicando el lema 28.1:

$$m_c \cdot h \leq F(c+h) - F(c) = \int_c^{c+h} f(t) \cdot dt \leq M_c \cdot h$$

Sustituyendo estas desigualdades en (28.1):

$$\lim_{h \to 0} m_c \leq F'(c) = \lim_{h \to 0} \frac{F(c+h) - F(c)}{h} \leq \lim_{h \to 0} M_c$$

Pero por ser $f(x)$ continua en $x = c$ tenemos que:

$$\lim_{h \to 0} m_c = \lim_{h \to 0} M_c = f(c)$$

de donde deducimos que $F'(c) = f(c)$. □

Ya hemos completado la demostración. Sin embargo, la importancia del teorema sólo queda resaltada cuando le añadimos su resultado más práctico: la regla de Barrow para calcular los valores de las integrales definidas.

COROLARIO 28.1. *(Regla de Barrow) Supongamos una función continua $f(x)$ en el intervalo $[a,b]$ y definimos su función integral $F(x)$ en $[a,b]$ como $F(x) = \int_a^x f(t) \cdot dt$. Supongamos que conocemos una primitiva cualquiera $g(x)$ tal que $g'(x) = f(x)$ para todo x en $[a,b]$. Entonces se cumple que:*

$$\int_a^b f(t) \cdot dt = g(b) - g(a)$$

DEMOSTRACIÓN. No hay que confundir lo que conocemos: $F(x)$ es la función definida como el área que encierra la función $f(x)$ y el eje X, pero de ella no tenemos una fórmula cerrada (como $x^3 + \sin x$, por ejemplo); en cambio $g(x)$ sí que es una función explícita que hemos encontrado buscando una primitiva de $f(x)$.

Lo que ocurre con estas funciones (la "desconocida" y la "conocida") es que ambas cumplen la propiedad que su derivada es igual a $f(x)$: la primera, por el Teorema Fundamental del Cálculo que hemos demostrado anteriormente; la segunda, sencillamente porque la hemos buscado para que cumpliera esa condición. Es decir, tenemos que $F'(x) = g'(x) = f(x)$ para todo x en $[a,b]$.

Cuando dos funciones tienen la misma derivada, entonces deben ser iguales excepto, tal vez, en una constante: por tanto, se cumple que $F(x) = g(x) + C$. Para determinar la constante C que las separa, evaluemos las funciones en el punto $x = a$: por definición de $F(x)$ tenemos que:

$$F(a) = \int_a^a f(t) \cdot dt = 0$$

de donde deducimos que $F(a) = 0 = g(a) + C$, es decir $C = -g(a)$ y $F(x) = g(x) - g(a)$.

Si evaluamos ahora las funciones en el punto $x = b$ tenemos que $F(b) = g(b) + C = g(b) - g(a)$. Como por definición de $F(x)$ se cumple que $F(b) = \int_a^b f(t) \cdot dt$, deducimos finalmente que:

$$\int_a^b f(t) \cdot dt = g(b) - g(a)$$

□

OBSERVACIONES FINALES

- La fórmula de Barrow es la que permite (siempre que seamos lo suficiente hábiles para encontrar una primitiva de $f(x)$) calcular las integrales definidas. Hay que resaltar que no importa qué primitiva encontremos, ya que la fórmula es cierta para cualquiera de ellas. Su nombre se debe al matemático inglés Isaac Barrow (1630 – 1677), quien también fue parte importante en el desarrollo del cálculo integral.

- Evidentemente, el cálculo de áreas es sólo la primera utilidad de las integrales. Mucho más importante es su utilización para calcular sumas infinitas de acciones definidas por una función, lo cual siempre es difícil de asimilar para el alumno al que sólo se le explica su aplicación para áreas y volúmenes.

- La fórmula de Barrow es sólo un caso particular del Teorema de Stokes, que relaciona "funciones" en un espacio (aquí, un intervalo cerrado $[a, b]$ de una dimensión) con sus "primitivas" evaluadas en la **frontera** de ese espacio (aquí, los valores en el extremo del intervalo). La generalización se aplica a cualquier dimensión y a otro tipo de "funciones" a las que Stokes llamó formas diferenciales. La comprensión del Teorema de Stokes está fuera de la intención de este libro.

Capítulo 29

Serie de potencias de la función logarítmica

(Mercator – 1668)

PROBLEMA

Calcular el logaritmo (de base natural) de un número x mediante una progresión de términos en potencias de x.

HISTORIA

La idea del logaritmo nació mucho antes que el número e (como veremos en el problema "El número e"), cuando el barón escocés John Napier (1550 – 1617) los propuso como método para simplificar cálculos que involucraban números muy grandes (los problemas astronómicos de su interés así lo exigían). De su apellido ha llegado hasta nuestros días el término "logaritmos neperianos".

Retrato de John Napier (autor desconocido)
Galería Nacional de Escocia

Años después, el matemático alemán conocido como Nicolaus Mercator (1620 – 1687) (su apellido real era Kaufmann), descubrió la relación entre el área bajo la hipérbola $f(x) = 1/(1-x)$ (entre $x = 0$ y $x = a$) y el logaritmo (tal y como fue descrito por Napier) del número a. A partir de ahí ideó un método que le llevó a la aproximación que hoy escribiríamos como:

$$\ln(1+x) = \frac{x}{1} - \frac{x^2}{2} + \frac{x^3}{3} + \cdots + (-1)^{n+1} \cdot \frac{x^n}{n} + \cdots \qquad \text{para } -1 < x < 1$$

publicado en su obra "Logarithmotechnia" (Londres, 1668).

En el método expuesto a continuación, más simple, partiremos sólo del hecho (demostrado en su día por Euler) que la función $\ln(x)$ es la inversa de la función e^x (lo cual no es obvio).

SOLUCIÓN

LEMA 29.1. *La función derivada de $f(x) = \ln(x)$ es $f'(x) = 1/x$ para $x > 0$.*

DEMOSTRACIÓN. Podemos aprovechar el hecho que la función $\ln(x)$ es la inversa de e^x para deducir su derivada.

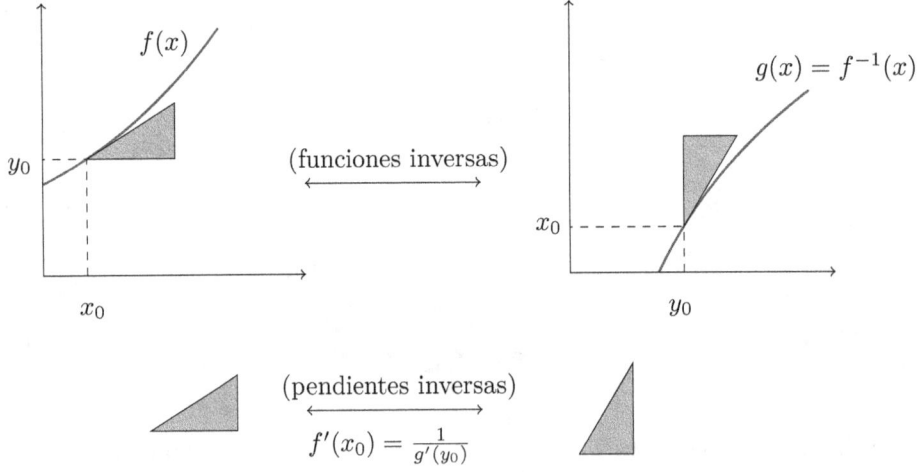

Figura 29.1

En cálculo es muy conocida la forma de derivar una función de la cual conocemos la derivada de su función inversa. Así, si queremos hallar la derivada en el punto x_0 de la función $f(x)$ (cuya inversa es $g(y) = f^{-1}(y)$) y conocemos el valor de la derivada en el punto $y_0 = f^{-1}(x_0)$ de la función $f^{-1}(x)$, entonces podemos calcularla de la siguiente manera:

$$(29.1) \qquad f'(x_0) = \frac{1}{g'(y_0)}$$

La validez de esta fórmula puede verse gracias a la gráfica 29.1: $f'(x_0)$ es, por definición, la pendiente de la tangente a la función $f(x)$ en el punto x_0 mientras que $g'(y_0)$ es, por definición, la pendiente de la tangente a la función $g(y)$ en el punto y_0. Por la hipótesis de ser f y g funciones inversas (donde $y_0 = f(x_0)$) se deduce que los números que resultan de ambas pendientes son inversos entre sí (fórmula 29.1).

En nuestro caso, las funciones inversas son $f(x) = \ln(x)$ y $g(y) = e^y$, de lo que se deduce que, para todo x_0 (donde $\ln(x_0) = y_0$ o, lo que es lo mismo, $x_0 = e^{y_0}$):

$$f'(x_0) = \frac{1}{g'(y_0)} = \frac{1}{e^{y_0}} = \frac{1}{x_0}$$

□

LEMA 29.2. *Sea $h(x) = 1/(1+x)$. Entonces se cumple:*

$$(29.2) \qquad h(x) = 1 - x + x^2 - x^3 + \cdots + (-1)^{n-1} \cdot x^{n-1} + (-1)^n \cdot x^n \cdot h(x)$$

DEMOSTRACIÓN. Es fácil ver primero que

$$(29.3) \qquad h(x) = 1 - x \cdot h(x)$$

ya que tenemos $h(x) = 1 - x \cdot (1/(1+x)) = (1+x-x)/(1+x) = h(x)$. Pero si ahora volvemos a aplicar (29.3) a la parte derecha de la misma ecuación (29.3) tenemos ahora:

(29.4) $$h(x) = 1 - x \cdot (1 - x \cdot h(x)) \quad \Rightarrow \quad h(x) = 1 - x + x^2 \cdot h(x)$$

Aplicamos de nuevo (29.3), ahora a la parte derecha de (29.4), para encontrar:

(29.5) $$h(x) = 1 - x + x^2 \cdot (1 - x \cdot h(x)) \quad \Rightarrow \quad h(x) = 1 - x + x^2 - x^3 \cdot h(x)$$

La aplicación reiterada de este procedimiento demuestra la validez del lema. □

LEMA 29.3. *Para n un entero positivo y x un número real tal que $x > 0$, se cumple:*

$$\left| \int_0^x t^n \cdot \frac{1}{1+t} \cdot dt \right| < \frac{x^{n+1}}{n+1}$$

DEMOSTRACIÓN. Que el valor de la integral es positivo es obvio ya que, en el intervalo estudiado, es multiplicación de funciones positivas. Para ver la desigualdad: la función $f(t) = 1/(1+t)$ alcanza su máximo, en el intervalo $[0, x]$ ($x > 0$), en el punto $t = 0$, siendo el valor de la función en dicho punto igual a $f(0) = 1$ (ver figura 29.2). Por tanto, el valor de la integral será menor que si sustituimos la función $1/(1+t)$ (que es positiva en todo el intervalo) por su valor máximo, es decir, 1:

$$\left| \int_0^x t^n \cdot \frac{1}{1+t} \cdot dt \right| < \int_0^x t^n \cdot dt = \frac{x^{n+1}}{n+1}$$

□

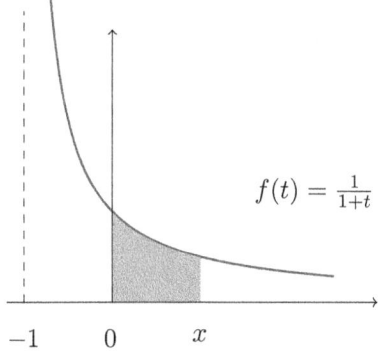
Caso $x > 0$: Máximo en $t = 0$

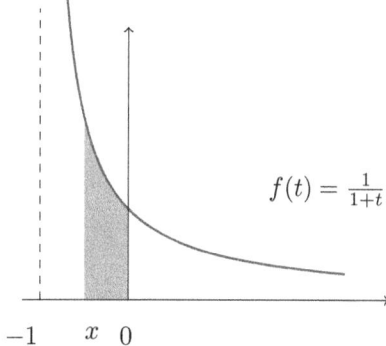
Caso $x < 0$: Máximo en $t = x$

Figura 29.2

LEMA 29.4. *Para n un entero positivo y x un número real tal que $-1 < x < 0$, se cumple:*

$$\left| \int_0^x t^n \cdot \frac{1}{1+t} \cdot dt \right| < \frac{1}{1+x} \cdot \frac{x^{n+1}}{n+1}$$

DEMOSTRACIÓN. Si $-1 < x < 0$, ahora la función $f(t) = 1/(1+t)$ alcanza su máximo, en el intervalo $[x, 0]$, en el punto $t = x$, siendo el valor de la función en dicho punto igual a $f(x) = 1/(1+x)$ (ver figura 29.2). Por tanto, el valor de la integral será menor que si sustituimos la función $1/(1+t)$ (que es positiva en todo el intervalo) por su valor máximo, es decir, $1/(1+x)$:

$$\left| \int_0^x t^n \cdot \frac{1}{1+t} \cdot dt \right| < \frac{1}{1+x} \cdot \left| \int_0^x t^n \cdot dt \right| < \frac{1}{1+x} \cdot \frac{x^{n+1}}{n+1}$$

□

Después de todos estos lemas preliminares, ya podemos ir a por el teorema principal que resuelve el problema.

TEOREMA 29.1. *Para $-1 < x \leq 1$, la progresión $x - x^2/2 + x^3/3 + \cdots$ converge hacia el valor $\ln(1+x)$.*

DEMOSTRACIÓN. El caso $x = 0$ es evidente. Para el resto, integramos ambos lados de la expresión 29.2 (sabemos integrar la función $1/(1+x)$ gracias al lema 29.1 y a la regla de la cadena).

Supongamos un valor de $x \neq 0$. Tenemos:

$$\int_0^x \frac{1}{1+t} \cdot dt = \int_0^x (1 - t + t^2 - t^3 + \cdots + (-1)^{n-1} t^{n-1}) \cdot dt + R$$

$$\ln(1+x) = x - \frac{x^2}{2} + \frac{x^3}{3} - \frac{x^4}{4} + \cdots + (-1)^{n-1} \cdot \frac{x^n}{n} + R$$

donde R es el error que se comete cuando aproximamos por la serie hasta el término n-ésimo de la serie de potencias. Si logramos ver que tiende a 0 cuando n tiende a infinito, tendríamos demostrado el teorema.

En el caso que $x > 0$, aplicando los lemas 29.2 y 29.3:

$$|R| = \left| \int_0^x t^n \cdot \frac{1}{1+t} \cdot dt \right| < \frac{x^{n+1}}{n+1}$$

El término de la derecha, si $0 < x \leq 1$, tiende a 0 cuando n tiende a infinito.

En el caso que $-1 < x < 0$, aplicando los lemas 29.2 y 29.4:

$$|R| = \left| \int_0^x t^n \cdot \frac{1}{1+t} \cdot dt \right| < \frac{1}{1+x} \cdot \frac{x^{n+1}}{n+1}$$

De nuevo, el término de la derecha, si $-1 < x < 0$, tiende a 0 cuando n tiende a infinito. □

Por ejemplo, el valor correcto de $\ln(1{,}2)$ es $0{,}1823215567\ldots$. Si hacemos la suma de los 6 primeros términos de la progresión, con $x = 0{,}2$, tendremos tan sólo una aproximación:

$$0{,}2 - \frac{(0{,}2)^2}{2} + \frac{(0{,}2)^3}{3} - \frac{(0{,}2)^4}{4} + \frac{(0{,}2)^5}{5} - \frac{(0{,}2)^6}{6} = 0{,}18232$$

El lema 29.3 (es el que hay que utilizar en este caso, ya que $0 < x \leq 1$) nos asegura que el error que estamos cometiendo al hacer esta aproximación es menor que $(0{,}2)^7/7 = 0{,}00000182$, lo cual es cierto ya que al restar el valor exacto con el aproximado tenemos un error real de $0{,}1823215567\ldots - 0{,}18232 = 0{,}0000015567\ldots$.

OBSERVACIONES FINALES

Observación 1

Con el teorema podemos calcular el valor de $\ln(y)$ para valores $0 < y \leq 2$, pero hay que buscar un método alternativo para el cálculo de valores mayores. Para ello, escribamos de nuevo el teorema y sustituyamos $-x$ por x en él para conseguir las siguientes 2 series de potencias:

(29.6) $$\ln(1+x) = x - \frac{1}{2}x^2 + \frac{1}{3}x^3 - \frac{1}{4}x^4 + \cdots \qquad -1 < x \leq 1$$

(29.7) $$\ln(1-x) = -x - \frac{1}{2}x^2 - \frac{1}{3}x^3 - \frac{1}{4}x^4 - \cdots \qquad -1 \leq x < 1$$

Si restamos (29.7) a (29.6), obtenemos:

(29.8) $$\ln\left(\frac{1+x}{1-x}\right) = 2 \cdot \left[x + \frac{x^3}{3} - \frac{x^5}{5} + \cdots\right] \qquad -1 < x < 1$$

La expresión (29.8) ya sirve para calcular cualquier valor de un logaritmo, ya que la función $(1+x)/(1-x)$ toma cualquier valor positivo cuando x recorre el intervalo entre -1 y 1. Por ejemplo, para calcular el $\ln(15)$ debemos tomar $x = 7/8$ y tendríamos:

$$\ln(15) = 2 \cdot \left[(7/8) + \frac{(7/8)^3}{3} - \frac{(7/8)^5}{5} + \cdots\right] = 2{,}7080502011...$$

Observación 2

Sin embargo, el método anterior converge muy lentamente para ciertos valores de x (de hecho, cuánto más cerca esté su valor absoluto de 1, menor será su velocidad de convergencia). De hecho, con 12 términos de la serie sólo conseguiríamos 2 decimales correctos del valor de $\ln(15)$ mostrado.

Por todo ello, no es necesario que seamos tan restrictivos y permitamos que, en (29.8), el valor de $(1+x)/(1-x)$ sea sustituido por el valor del cociente de 2 números enteros. De esta manera, podemos escribir:

$$\frac{1+x}{1-x} = \frac{y_1}{y_2} \quad \Rightarrow \quad x = \frac{y_1 - y_2}{y_1 + y_2} \quad \Rightarrow$$

$$\Rightarrow \quad \ln(y_1) - \ln(y_2) = 2 \cdot \left[x + \frac{x^3}{3} - \frac{x^5}{5} + \cdots\right]$$

Ahora debemos escoger y_1 e y_2 adecuadamente para que x sea un valor lo más próximo a 0 posible y así la serie converja rápidamente. En nuestro caso, una posible solución sería coger $y_1 = 16$ e $y_2 = 15$, con lo que $x = 1/31$:

$$\ln(16) - \ln(15) = 2 \cdot \left[(1/31) + \frac{(1/31)^3}{3} - \frac{(1/31)^5}{5} + \cdots\right] \quad \Rightarrow$$

$$\ln(15) = 4 \cdot \ln(2) - 2 \cdot \left[(1/31) + \frac{(1/31)^3}{3} - \frac{(1/31)^5}{5} + \cdots\right]$$

Como puede verse, en este caso sería necesario que se conociera primero el valor de $\ln(2)$, aunque una vez calculado sólo con 2 términos de la serie conseguiríamos 7 decimales correctos.

Métodos parecidos son los que utilizan las calculadoras para los cálculos de logaritmos.

Capítulo 30

Imposibilidad de suma de cubos

(Fermat – 1670)

PROBLEMA

Demostrar que la suma de los cubos de dos números enteros no nulos nunca puede ser el cubo de un entero, es decir, que la ecuación $x^3 + y^3 = z^3$ no tiene ninguna solución con x, y, z enteros no nulos

HISTORIA

El abogado francés Pierre de FERMAT (1601 – 1665), gran aficionado a las Matemáticas, ha pasado a la posteridad por su aportación a la Teoría de Números, disciplina donde enunció muchos teoremas de gran importancia. Curiosamente, él no demostró casi ninguno (se limitaba a proponerlos a matemáticos de la época a través de cartas, principalmente), pero muchos de ellos fueron inspiración para grandes matemáticos que con su resolución (o intento de ella) lograron avanzar la que es considerada como disciplina reina de las Matemáticas.

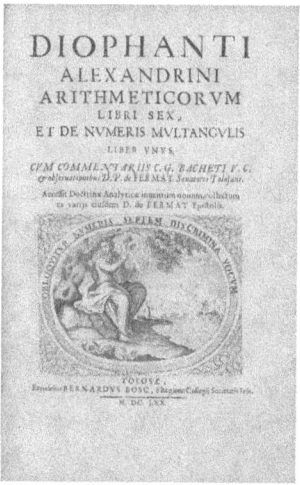

Portada de la obra "Aritmética" de Diofanto
(con comentarios de Fermat), 1670

El más famoso de los teoremas que aportó es el conocido como "Último teorema de Fermat" o, simplemente, el "Teorema de Fermat". Nunca lo demostró ni lo propuso a otros, sino que se limitó a escribir su enunciado en el margen de un libro que estaba leyendo, como hacía a menudo. La obra era una edición moderna de "Aritmética" del sabio griego Diofanto, y el comentario decía lo siguiente (traducido del francés):

Es imposible encontrar la forma de convertir un cubo en la suma de dos cubos, una potencia cuarta en la suma de dos potencias cuartas, o en general cualquier potencia más alta que el cuadrado, en la suma de dos potencias de la misma clase. He descubierto para el hecho una demostración excelente. Pero este margen es demasiado pequeño para que (la demostración) quepa en él.

El problema, que el mundo conoció cuando el hijo de Fermat publicó un libro en 1670 sobre la obra de su padre (ya fallecido), fue abordado por los más prestigiosos matemáticos, pero ninguno de ellos consiguió demostrarlo hasta ... ¡más de 300 años después!

Uno de los que más tiempo dedicó al problema fue el gran Leonard EULER, quien no pudo resolverlo en su caso general; desesperado después de muchos años, cuenta la leyenda que hizo rebuscar entre todas las pertenencias de Fermat para intentar encontrar alguna pista de la solución. Como mínimo, a Euler se le reconoce el mérito de la demostración para el caso de la potencia $n = 3$, que es el que nos ocupa, aunque lo cierto es que tenía algún error.

La (extensa) solución que presentamos a continuación se basa en la demostración de Euler, corregida para su correcta presentación.

SOLUCIÓN

Observaciones iniciales sobre la ecuación

Sea la ecuación:

(30.1) $$x^3 + y^3 = z^3$$

de la cual vamos a suponer que tenemos una solución entera (x_0, y_0, z_0) tal que $x_0 \neq 0$, $y_0 \neq 0$, $z_0 \neq 0$. Durante el razonamiento que vendrá a continuación, llegaremos a una contradicción, lo que implicará que la suposición es falsa y que, por tanto, en realidad no hay ninguna solución de estas características.

<u>Observación 1</u> Podemos suponer, sin pérdida de generalidad, que x_0, y_0, z_0 **no** tienen un divisor común mayor que 1, es decir, son relativamente primos entre sí.

DEMOSTRACIÓN. Supongamos que x_0, y_0 tienen un divisor común m (primo) mayor que 1 (el razonamiento es idéntico si suponemos que son x_0, z_0 o y_0, z_0 los que comparten ese divisor). Entonces podemos escribir $x_0 = m \cdot x_1$, $y_0 = m \cdot y_1$; sustituyendo en (30.1) tenemos $m^3 x_1^3 + m^3 y_1^3 = z_0^3$, es decir, $z_0^3 \equiv 0$ (mód m^3). Pero si z_0 no es múltiplo de m entonces es imposible que z_0^3 sea múltiple de m^3.

Por tanto, z_0 es múltiplo de m, podemos escribir $z_0 = m \cdot z_1$ y (x_1, y_1, z_1) es solución de la ecuación (30.1). Repetimos el proceso todas las veces que sean necesarias (en un número finito de pasos, ya que estamos trabajando con enteros) hasta que las soluciones no tengan un divisor común. □

Por tanto, a partir de ahora suponemos que (x_0, y_0, z_0) son primos entre sí. Como caso particular, sólo uno de los valores, como máximo, puede ser par; pero, de hecho, un valor tiene que ser necesariamente par, ya que la ecuación (30.1) no puede cumplirse si todos los valores son impares (en ese caso, $x^3 + y^3$ sería par mientras que z^3 sería impar)

<u>Observación 2</u> Podemos suponer que todos los valores de la solución (x_0, y_0, z_0) son positivos.

DEMOSTRACIÓN. Si z_0 fuera negativo, entonces $(-x_0, -y_0, -z_0)$ sería otra solución con $-z_0$ como valor positivo. Suponemos, por tanto, que tenemos una solución con z_0 positivo. En ese caso, ambos valores x_0, y_0 no pueden ser negativos si queremos que se cumpla la ecuación (30.1); ahora, si uno de ellos, por ejemplo x_0, fuera positivo y el otro, y_0, negativo tendríamos entonces que $x_0^3 = (-y_0)^3 + z_0^3$, donde todas las soluciones serían positivas (habría que renombrarlas de nuevo). □

En resumen, SI EXISTE una solución, entonces seguro que hay otra con todos los valores positivos, primos entre sí y donde uno de los valores, y sólo uno, es par.

Propiedades de los números de la forma $a^2 + 3b^2$

En el método de Euler veremos la enorme importancia de los números de la forma $a^2 + 3b^2$, a los que vamos a llamar, en su honor, E-números. En esta parte vamos a estudiar propiedades que luego serán básicas para la demostración final del teorema.

LEMA 30.1. *La multiplicación de dos E-números es un E-número.*

Por ejemplo, la multiplicación de 79 (que es igual a $2^2 + 3 \cdot 5^2$) y 49 (que es igual a $1^2 + 3 \cdot 4^2$) da como resultado 3871 (que es igual a $58^2 + 3 \cdot 13^2$).

DEMOSTRACIÓN.

$$(a^2 + 3b^2) \cdot (c^2 + 3d^2) = a^2c^2 + 3a^2d^2 + 3b^2c^2 + 9b^2d^2 =$$
$$= (a^2c^2 - 6abcd + 9b^2d^2) + (3a^2d^2 + 6abcd + 3b^2c^2) =$$
$$= (ac - 3bd)^2 + 3 \cdot (ad + bc)^2$$

□

De hecho, no sólo hemos demostrado el lema, sino que tenemos una fórmula para su cálculo rápido:

(30.2a) $\qquad (a^2 + 3b^2) \cdot (c^2 + 3d^2) = (ac - 3bd)^2 + 3 \cdot (ad + bc)^2$

(30.2b) $\qquad (a^2 + 3b^2) \cdot (c^2 + 3d^2) = (ac + 3bd)^2 + 3 \cdot (ad - bc)^2$

La segunda fórmula (30.2b) se consigue de forma parecida (cambiando el signo de los términos $6abcd$ en la demostración del lema 30.1), y nos da, en el ejemplo, la igualdad $3871 = 62^2 + 3 \cdot 3^2$

LEMA 30.2. *La división de un E-número por otro E-número que, además, es primo, da como resultado un E-número.*

En el ejemplo anterior, la división de 3871 (E-número) por 79 (E-número y primo) tiene que dar otro E-número, que es el 49. La misma afirmación no podríamos asegurarla si dividiéramos por 49 (porque no es primo) aunque, en esta ocasión, también se cumpliría.

DEMOSTRACIÓN. Sea $(a^2 + 3b^2)$ el E-número que es múltiplo del primo $(p^2 + 3q^2)$: queremos ver que su cociente es un E-número. En primer lugar, vamos a desarrollar la expresión $(pb - aq) \cdot (pb + aq)$:

$$(pb - aq) \cdot (pb + aq) = \cdots = b^2(p^2 + 3q^2) - q^2(a^2 + 3b^2) \quad \Rightarrow$$
$$\frac{(pb - aq) \cdot (pb + aq)}{p^2 + 3q^2} = b^2 - \frac{q^2(a^2 + 3b^2)}{p^2 + 3q^2}$$

La parte de la derecha es un entero (ya que estamos suponiendo que $p^2 + 3q^2$ es un divisor de $a^2 + 3b^2$), por lo que la parte izquierda también lo debe ser. Eso significa que $p^2 + 3q^2$ divide al producto $(pb-aq)\cdot(pb+aq)$; pero, como p^2+3q^2 es primo, entonces eso significa que divide a uno o al otro: es decir, p^2+3q^2 necesariamente divide a $pb+aq$ o a $pb-aq$.

Supongamos que p^2+3q^2 divide a $pb+aq$. Por la fórmula (30.2a) tenemos:

$$(p^2+3q^2)\cdot(a^2+3b^2) = (pa-3bq)^2 + 3\cdot(pb+aq)^2$$

Dividiendo por p^2+3q^2, llegamos a:

(30.3) $$a^2+3b^2 = \frac{(pa-3bq)^2}{p^2+3q^2} + \frac{3\cdot(pb+aq)^2}{p^2+3q^2}$$

La parte izquierda de la igualdad es un entero, de igual manera que lo es el segundo sumando de la derecha (acabamos de suponer que p^2+3q^2 divide a $pb+aq$), por lo que se deduce que también lo debe ser el primer sumando de la derecha; es decir, p^2+3q^2 divide a $(pa-3bq)^2$ y, como p^2+3q^2 es primo, eso nos lleva a que p^2+3q^2 divide a $pa-3bq$.

Si ahora, volvemos a dividir la ecuación (30.3) por p^2+3q^2:

$$\frac{a^2+3b^2}{p^2+3q^2} = \left[\frac{pa-3bq}{p^2+3q^2}\right]^2 + 3\cdot\left[\frac{pb+aq}{p^2+3q^2}\right]^2$$

Hemos visto que p^2+3q^2 divide tanto a $pb+aq$ como a $pa-3bq$, por lo que la ecuación anterior es a donde queríamos llegar.

El caso en el que p^2+3q^2 divide a $pb-aq$ se demuestra utilizando la ecuación (30.2b) en lugar de la (30.2a). $\square$

LEMA 30.3. *Si un E-número es divisible por 2, entonces también lo es por 4. Además, en ese caso, la división del E-número entre 4 da como resultado un E-número.*

Como 4 no es primo, la segunda parte del lema no puede incluirse en el lema anterior, por lo que debemos buscar una demostración alternativa. Como ejemplo, propongo el siguiente: 148 es un E-número (ya que es igual a $1^2+3\cdot 7^2$) que es divisible entre 2, por lo que seguro que también es múltiplo de 4 ($148/4=37$) y su cociente también es un E-número ($37=5^2+3\cdot 2^2$).

DEMOSTRACIÓN. Sea a^2+3b^2 el E-número a considerar. Es fácil ver que si a, b tienen distinta paridad, entonces a^2+3b^2 es impar, por lo que no es divisible por 2.

Si a, b son los dos pares, entonces a^2+3b^2 es par; pero, en ese caso, $a^2+3b^2=(2m)^2+3\cdot(2n)^2 = 4(m^2+3n^2)$ y hemos visto la validez del lema (el número es divisible por 4 y su cociente es un E-número).

Sólo falta el caso que a, b son los dos impares (a^2+3b^2 es par), que nos llevará un poco más de esfuerzo. Como un número impar se puede escribir como $4k\pm 1$, está claro que o bien la suma o bien la resta de a, b es un múltiplo de 4. Supongamos, por ejemplo, que 4 divide a $a+b$ (el caso en el que 4 divide a $a-b$ es muy parecido y no se demostrará).

Si 4 divide a $a+b$, también divide a $a-3b$ (ya que $a-3b=(a+b)-4b$). Por otro lado, como $4=1^2+3\cdot 1^2$, de la ecuación (30.2a) podemos deducir que:

$$4\cdot(a^2+3b^2) = (a-3b)^2 + 3\cdot(b+a)^2$$

Como hemos visto que 4 divide tanto a $a+b$ como a $a-3b$ (y, por tanto, que 4^2 divide tanto a $(a+b)^2$ como a $(a-3b)^2$), la ecuación anterior nos dice que 4 tiene que dividir a (a^2+3b^2), que es lo primero que queríamos demostrar. Pero además, si dividimos la ecuación anterior por 4^2 tenemos:

$$\frac{(a^2+3b^2)}{4} = \left[\frac{a-3b}{4}\right]^2 + 3 \cdot \left[\frac{b+a}{4}\right]^2$$

Como hemos visto, todas las expresiones entre corchetes son enteros, por lo que se ve que la división del E-número entre 4 es también un E-número. □

LEMA 30.4. *Si un E-número tiene un divisor impar que **NO** es un E-número, entonces su cociente también tiene un divisor impar que **NO** es un E-número.*

Por ejemplo, pensemos en el E-número 325 (que es igual a $5^2+3\cdot 10^2$): uno de sus divisores impares es el 5, que no es un E-número. Por tanto, el cociente de 325/5, que es 65 también debe tener un divisor impar que no sea un E-número (de nuevo, el 5).

DEMOSTRACIÓN. Sea m el E-número que tiene un divisor impar, n, que no es un E-número y escribimos:

$$(30.4) \qquad m = n \cdot (p_1 \cdot p_2 \cdots p_r)$$

donde $p_1, p_2, ..., p_r$ es la descomposición en números primos del cociente m/n. En primer lugar, si alguno de los p_i es 2, entonces, por el lema 30.3, otro p_j también será igual a 2 (cuando un E-número es divisible por 2, lo es por 4). Si dividimos la ecuación (30.4) por esos 2 primos tendremos una nueva ecuación:

$$(30.5) \qquad m' = n \cdot (p'_1 \cdot p'_2 \cdots p'_{r-2})$$

donde m' es un E-número (por el lema 30.3, la división de un E-número entre 4 da otro E-número) y $p'_1, p'_2, ... p'_{r-2}$ son los mismos primos que antes pero quitando los dos citados (que eran igual a 2). Este procedimiento lo podemos hacer tantas (finitas) veces como sea necesario, hasta que en los primos de la ecuación ya no aparezca más el primo 2.

Supongamos que en (30.5) no tenemos ya ningún primo igual a 2. Ahora, si todos los p'_i fueran E-números entonces podríamos aplicar el lema 30.2 y dividir la ecuación (30.5) por cada uno de ellos. Por ejemplo, dividiendo por p'_1:

$$m'' = n \cdot (p'_2 \cdots p'_{r-2})$$

donde m'' es un E-número (el lema 30.2 lo afirma, al ser división de E-número por un primo que es E-número). Repitiendo el proceso $r-2$ veces llegaríamos a la conclusión que:

$$m''''' = n$$

donde en la parte izquierda tenemos un E-número mientras que en la parte derecha no, lo cual es una contradicción. Por tanto, la suposición de que todos los p_i fueran E-números era incorrecta: al menos uno no debe serlo, lo que prueba el lema. □

Finalmente, llegamos a la curiosa propiedad que cumplen los E-números.

PROPOSICIÓN 30.1. *Si un E-número $a^2 + 3b^2$ cumple que $(a,b) = 1$ (es decir, máximo común divisor igual a 1), entonces todos sus divisores impares (mayores que 1) cumplen que son también E-números.*

Fijémonos que precisamente en nuestro ejemplo del lema 30.4 no se cumple que $(a,b) = 1$, ya que $(5,10) \neq 1$. La proposición que ahora vamos a demostrar afirma que no podemos encontrar un ejemplo como el del lema 30.4 si $(a,b) = 1$.

DEMOSTRACIÓN. Supongamos que existe un número natural impar x, mayor que 1, con la propiedad de ser el menor número entero que NO es un E-número y que es un divisor de un E-número cuyos coeficientes son primos entre sí. Veremos a continuación que, si ese número existiera, entonces podríamos encontrar otro, positivo, impar, menor que él (pero mayor que 1) y que cumple lo mismo (NO ser un E-número, y dividir a un E-número cuyos coeficientes son primos entre sí).

Pero esto es una contradicción (si x es el menor que cumple esta propiedad, no puede haber otro menor que él que también la cumpla), por lo que la suposición tiene que ser incorrecta y, por tanto, no puede existir ningún natural con esta propiedad, que es lo queremos demostrar.

Sea entonces x un número natural, mayor que 1, que no es un E-número y que es divisor de un E-número, el cual escribimos como $a^2 + 3b^2$, donde $(a,b) = 1$. En primer lugar, dividimos los valores de a y b por el cociente x, cogiendo el resto de tal manera que su valor absoluto sea menor que $x/2$:

$$(30.6) \qquad \begin{cases} a = mx + c & |c| < x/2 \\ b = nx + d & |d| < x/2 \end{cases}$$

Precisamente por ser x impar es cuando podemos asegurar que el resto es menor que $x/2$, lo cual es imprescindible para el razonamiento posterior (en el caso que fuera par no siempre es así: por ejemplo, al dividir 20 entre 8 tenemos $20 = 2 \cdot 8 + 4$ o $20 = 3 \cdot 8 - 4$, es decir, el resto es menor **o igual** a $x/2$).

Entonces podemos escribir:

$$a^2 + 3b^2 = (mx + c)^2 + 3 \cdot (nx + d)^2 = x \cdot f + (c^2 + 3d^2)$$

donde f es un entero. Como x es divisor de $a^2 + 3b^2$, la ecuación anterior nos dice que x también tiene que ser divisor de $c^2 + 3d^2$. Además, por cumplirse que $(a,b) = 1$ podemos asegurar que $c^2 + 3d^2 \neq 0$ (si $c^2 + 3d^2 = 0$ implicaría que $c = 0$ y que $d = 0$, lo cual significaría, en la ecuación (30.6), que x sería un divisor común de a y b, lo cual contradice la hipótesis de que estos dos números son primos entre sí).

Por tanto, podemos escribir:

$$(30.7) \qquad c^2 + 3d^2 = x \cdot g$$

donde g es un entero. El valor de $c^2 + 3d^2$ está acotado, ya que (utilizando las desigualdades de (30.7)) tenemos $c^2 + 3d^2 < (x/2)^2 + 3 \cdot (x/2)^2 = x^2$. Comparando esta desigualdad con la ecuación (30.8) llegamos a la conclusión que $g < x$.

Como x NO es un E-número (por hipótesis), el lema 30.4 nos asegura que algún divisor impar de g (llamémosle x') tampoco lo es. Ese divisor x' sería mayor que 1 (ya que $c^2 + 3d^2 \neq 0$ y 1 es un E-número) pero menor que x (ya que un divisor de g es menor o igual al propio g, mientras que hemos visto que g es menor **estrictamente** que x – aquí está la importancia de todo el procedimiento).

Es decir, hemos encontrado un número impar, x', menor que x, pero mayor que 1, que no es un E-número pero que es un divisor de un E-número ($c^2 + 3d^2$). Como ya hemos comentado, esto es una contradicción con el hecho que x era el menor que cumplía estas propiedades. La conclusión es que no existe ningún número que las cumpla. $\square$

Representaciones de los E-números

Aunque ya hemos visto propiedades de los E-números, debemos aún estudiarlos un poco más. Supongamos que un número n es un E-número: por cada par de valores positivos (a, b) tal que $n = a^2 + 3b^2$, diremos que tenemos una **representación** de n.

Por ejemplo, el E-número 76 tiene 3 representaciones distintas:

$$\begin{cases} 76 = 1^2 + 3 \cdot 5^2 \\ 76 = 7^2 + 3 \cdot 3^2 \\ 76 = 8^2 + 3 \cdot 2^2 \end{cases}$$

Las dos primeras se construyen con coeficientes primos entre sí (así lo son $(1, 5)$ y $(7, 3)$), mientras que la tercera no cumple esta condición, ya que $(8, 2) = 2$. A las dos primeras las llamaremos representaciones **primitivas**, y serán las únicas que tendremos en cuenta a partir de ahora.

LEMA 30.5. *Un E-número que sea primo sólo tiene una representación. Esta representación es siempre primitiva excepto para el 3.*

La demostración es muy parecida a la del teorema 27.2 del problema "Números primos como suma de cuadrados". Sólo hay que tener cuidado en cambiar el razonamiento de los números tipo $a^2 + b^2$ por los de tipo $a^2 + 3b^2$. El lector no tendrá problemas en adaptar la demostración para este caso.

Como ejemplo, se puede comprobar que la única representación de 103 es $10^2 + 3 \cdot 1^2$. Es evidente observar que las representaciones de números primos tienen que ser primitivas excepto para $p = 3$, ya que en este caso tenemos $3 = 0^2 + 3 \cdot 1^2$. Por último, hay que tener en cuenta que, por supuesto, hay primos que NO son E-números, como, por ejemplo, el 101.

LEMA 30.6. *Sea x un E-número que puede escribirse como $x = a^2 + 3b^2$. Supongamos también que x es el resultado de multiplicar un E-número primo r (cuya única representación es $r = p^2 + 3q^2$) y otro E-número s del cual sabemos una representación $s = m^2 + 3n^2$. Entonces se cumple que:*

(30.8) $$\begin{cases} a = pm + 3qn \quad b = pn - qm \\ \qquad\qquad o\ bien \\ a = pm - 3qn \quad b = pn + qm \end{cases}$$

Es decir, por cada representación que tengamos de s sólo podemos tener, como máximo, dos representaciones de x. Por ejemplo, fijémonos en el número $1729 = 19 \cdot 91$, donde 19 es primo: el lema asegura que por cada representación de 91 podemos encontrar como mucho, aplicando las ecuaciones (30.8), dos representaciones de 1729. Como 91 tiene 2 representaciones (en seguida veremos el por qué), $91 = 4^2 + 3 \cdot 5^2 = 8^2 + 3 \cdot 3^2$, las ecuaciones (30.8) nos podrán dar un máximo de 4 representaciones de 1729 (si fueran distintas, lo cual hasta el momento nadie nos puede asegurar). Efectivamente, en este caso conseguimos, aplicando las ecuaciones (30.8), 4 representaciones de 1729:

$$1729 = 1^2 + 3 \cdot 24^2 = 23^2 + 3 \cdot 20^2 = 31^2 + 3 \cdot 16^2 = 41^2 + 3 \cdot 4^2$$

La importancia del lema, para este ejemplo y suponiendo que nos creemos que sólo hay 2 representaciones de 91, es que nos asegura que no puede existir otra representación de 1729 distinta a las anteriores. Veamos la demostración, donde siempre vamos a escoger valores positivos para representaciones (y también en el resto del análisis de esta sección).

DEMOSTRACIÓN. Vamos a utilizar el lema 30.2, donde afirmamos que $p^2 + 3q^2$ tenía que dividir a $pb + aq$ o a $pb - aq$. supongamos que divide al primero de los dos. En ese caso, vimos que también se cumple que $p^2 + 3q^2$ divide a $pa - 3bq$ y que podemos escribir:

$$\begin{cases} pb + aq = m \cdot (p^2 + 3q^2) \\ pa - 3bq = n \cdot (p^2 + 3q^2) \end{cases}$$

Si resolvemos este sistema de ecuaciones lineales considerando a,b como las incógnitas, llegaremos a $a = pm + 3qn$ y $b = pn - qm$.

Si, en cambio, hubiéramos supuesto que $p^2 + 3q^2$ divide a $pb - aq$, el mismo razonamiento nos llevaría a $a = pm - 3qn$ y $b = pn + qm$. No hay más soluciones posibles. $\square$

LEMA 30.7. *Sea n un E-número impar que puede escribirse como multiplicación de r primos distintos (y ninguno de ellos igual a 3) y todos ellos E-números. Entonces n tiene exactamente 2^{r-1} representaciones distintas, y todas ellas son primitivas.*

Ya vimos que un primo ($r = 1$) tiene 1 representación distinta ($2^{1-1} = 1$), que además es primitiva. En otros ejemplos hemos afirmado, sin demostrar, que $91 = 13 \cdot 7$ (por tanto, $r = 2$) tiene 2 representaciones distintas ($2^{2-1} = 2$), todas primitivas, y que $1729 = 13 \cdot 7 \cdot 19$ ($r = 3$) tiene 4 representaciones distintas ($2^{3-1} = 4$), también todas ellas primitivas. Demostremos que eso no es una coincidencia sino una verdad matemática.

El caso en el que un primo es igual a 3 es distinto: por ejemplo, $21 = 3 \cdot 7$ sólo tiene una representación ($21 = 3^2 + 3 \cdot 2^2$) y $273 = 3 \cdot 7 \cdot 13$ sólo tiene 2 representaciones ($273 = 9^2 + 3 \cdot 8^2$ y $273 = 15^2 + 3 \cdot 4^2$). Dejamos para el lector demostrar que si $n = 3^t \cdot p_1 \cdot p_2 \cdots p_r$ (todos los p_i distintos a 3, distintos entre sí e impares), entonces tiene 2^{r-1} representaciones, todas distintas y primitivas (es decir, los múltplos de 3 en su descomposición en primos no afectan al cálculo de representaciones de un número).

DEMOSTRACIÓN. Escribimos $n = p_1 \cdot p_2 \cdots p_r$, donde p_i es un primo impar (distinto de 3) y donde se cumple que $p_i \neq p_j$ si $i \neq j$. Por el lema 30.5, p_1 sólo tiene una representación. Por lo tanto, por el lema 30.6, $p_1 \cdot p_2$ tiene dos representaciones; de ahí se deduce, por el mismo lema, que $(p_1 \cdot p_2) \cdot p_3$ tiene 4 representaciones y así sucesivamente hasta multiplicar todos los r primos, hasta ver que n tiene 2^{r-1} representaciones y ninguna más. Lo que hay que ver es que todas ellas son distintas entre sí y que, además, son primitivas.

Si dos representaciones de n fueran iguales a $a^2 + 3b^2$ (por ejemplo), eso significaría que en el último paso (cuando multiplicamos el valor $p_1 \cdot p_2 \cdots p_{r-1}$ por el valor de p_r) podríamos aplicar el lema 30.6 para deducir las ecuaciones:

$$\begin{cases} a = pm_1 \pm 3qn_1 \quad b = pn_1 \mp qm_1 \\ \qquad\qquad y \\ a = pm_2 \pm 3qn_2 \quad b = pn_2 \mp qm_2 \end{cases}$$

donde $m_1^2 + 3n_1^2 = m_2^2 + 3n_2^2$ son 2 representaciones de $p_1 \cdot p_2 \cdots p_{r-1}$ y $p^2 + 3q^2$ es la única representación de p_r. Pero en ese caso, de las ecuaciones anteriores se deduce que:

$$\begin{cases} pm_1 \pm 3qn_1 = pm_2 \pm 3qn_2 \\ pn_1 \mp qm_1 = pn_2 \mp qm_2 \end{cases} \Rightarrow \quad \begin{array}{l} p(m_1 - m_2) = \pm 3q(n_1 - n_2) \\ q(m_1 - m_2) = \pm p(n_1 - n_2) \end{array}$$

Si $m_1 \neq m_2$ (y, por tanto, $n_1 \neq n_2$) dividiendo ambas ecuaciones (se puede hacer siempre que p y q sean distintos a 0, por lo que aquí es donde excluimos el caso que $p^2 + 3q^2$) llegaríamos a $p/q = \pm 3q/p$, es decir, $p^2 = \pm 3q^2$, lo cual es una contradicción con el hecho que $p^2 + 3q^2$ es un primo. En consecuencia, deducimos que $m_1 = m_2$ (y, por tanto, $n_1 = n_2$).

Es decir, que existan dos representaciones iguales de $p_1 \cdot p_2 \cdots p_r$ implica tener dos representaciones iguales de $p_1 \cdot p_2 \cdots p_{r-1}$. Repitiendo el procedimiento llegaríamos a que eso implicaría tener dos representaciones iguales de $p_1 \cdot p_2$, lo cual puede verse fácilmente que es imposible aplicando de nuevo las ecuaciones del lema 30.6.

Sólo falta ver que todas las representaciones son primitivas. Supongamos que al menos una NO lo sea, es decir, tenemos $n = a^2 + 3b^2$ donde $(a, b) = d > 1$. En ese caso, tenemos que $a^2 + 3b^2 = (d \cdot a')^2 + 3 \cdot (d \cdot b')^2 = d^2 \cdot [(a')^2 + 3 \cdot (b')^2]$ y, por tanto:

$$d^2 \cdot [(a')^2 + 3 \cdot (b')^2] = p_1 \cdot p_2 \cdots p_r$$

Ahora, la ecuación anterior nos dice que alguno de los p_i tiene que dividir a d: supongamos que es p_1, es decir, $d = k \cdot p_1$ donde k es entero. Sustituyendo:

$$(k \cdot p_1)^2 \cdot [(a')^2 + 3 \cdot (b')^2] = p_1 \cdot p_2 \cdots p_r \quad \Rightarrow \quad k^2 \cdot p_1 \cdot [(a')^2 + 3 \cdot (b')^2] = p_2 \cdots p_r \quad \Rightarrow$$

Deducimos, por tanto, que p_1 divide a $p_2 \cdots p_r$ y, como es primo, a uno de ellos. Pero un primo sólo puede dividir a otro si son iguales, lo cual no puede cumplirse por nuestra hipótesis. $\square$

LEMA 30.8. *Sea n un E-número impar que es igual a t^r, donde t es un E-número primo impar (distinto de 3) y $r \geq 1$. Entonces n sólo tiene una representación primitiva.*

Por ejemplo, 49 tiene 2 representaciones, pero sólo $1^2 + 3 \cdot 4^2$ es primitiva (la otra es $7^2 + 3 \cdot 0^2$); 343 también tiene 2 representaciones, pero sólo $10^2 + 3 \cdot 9^2$ es primitiva (la otra es $14^2 + 3 \cdot 7^2$). La demostración no es sencilla.

DEMOSTRACIÓN. Escribimos $t = p^2 + 3 \cdot q^2$ ($p \neq 0 \neq q$) y escribimos $a_n^2 + 3 \cdot b_n^2$ a una representación de t^n ($p = a_1$, $q = b_1$). De las ecuaciones (30.8) podemos escribir las ecuaciones recursivas:

$$\begin{cases} a_{n+1} = a_n p \mp 3 b_n q \\ b_{n+1} = a_n q \pm b_n p \end{cases}$$

A la primera opción de signos ($a_{n+1} = a_n p - 3 b_n q$, $b_{n+1} = a_n q + b_n p$) para calcular (a_{n+1}, b_{n+1}) la llamaremos **principal**, mientras que a la segunda la llamaremos secundaria. Lo que vamos a demostrar es:

- Si para el cálculo de una representación de t en algún momento escogemos la opción secundaria para el cálculo de (a_{n+1}, b_{n+1}) a partir de (a_n, b_n), entonces la representación no será primitiva.
- En cambio, si siempre escogemos la opción principal, la representación resultante será primitiva.

Para ver el primer punto, hay que observar que el cálculo de representaciones (cuando en todos los pasos estamos multiplicando por el mismo valor, que es primo) es transitivo: por ejemplo, si a partir de $p^2 + 3q^2$ escogemos la opción secundaria para el cálculo de (a_2, b_2) y después la opción principal para el cálculo de (a_3, b_3), la representación de t^3 lograda sería la misma que si hubiéramos escogido la opción principal en primer lugar y la secundaria en el segundo paso (dejamos para el lector ver con detalle esta afirmación).

Por tanto, si en algún momento hemos utilizado la opción secundaria, no importa en qué paso ha sido y podemos suponer que ha sido en el primero. Pero, entonces:

$$\begin{cases} a_2 = p \cdot p + 3q \cdot q \\ b_2 = p \cdot q - q \cdot p \end{cases}$$

y, ahora, una vez que ocurre que $b_2 = 0$, tenemos que $a_3 = a_2 \cdot p \pm 0$ y $b_3 = a_2 \cdot q \mp 0$, lo que implica que $(a_3, b_3) > 1$ y, aplicando las ecuaciones (30.8), $(a_j, b_j) > 1$ para $j > 3$.

Para ver el segundo punto, supongamos que $(a_r, b_r) = d > 1$. Eso significa que existen a'_r, b'_r tal que $a_r = d \cdot a'_r$, $b_r = d \cdot b'_r$ donde $(a'_r, b'_r) = 1$. Sustituyendo en la opción principal de las ecuaciones recursivas:

(30.9) $$\begin{cases} d \cdot a'_r = a_{r-1} \cdot p - 3b_{r-1} \cdot q \\ d \cdot b'_r = a_{r-1} \cdot q + b_{r-1} \cdot p \end{cases}$$

Multiplicando la primera ecuación por p, la segunda por $3q$ y sumando los resultados llegamos a:

(30.10) $$d \cdot (pa'_r + 3qb'_r) = a_{r-1} \cdot t$$

mientras que multiplicando la primera por $-q$, la segunda por p y sumando:

(30.11) $$d \cdot (pb'_r - qa'_r) = b_{r-1} \cdot t$$

De las ecuaciones (30.10) y (30.11) deducimos que d divide a $a_{r-1} \cdot t$ y a $b_{r-1} \cdot t$. Tenemos, teniendo en cuenta que t es primo, 3 posibles casos:

- d divide a a_{r-1} o d divide a b_{r-1}. Dependiendo del caso, en las ecuaciones (30.9) deducimos que, en realidad, divide a ambos. Por tanto, d divide al mcd de los dos, es decir, $(a_{r-1}, b_{r-1}) > 1$.
- $d = k \cdot t$, donde $k > 1$ y k divide tanto a a_{r-1} como a b_{r-1}. De nuevo, divide al mcd de los dos, es decir, $(a_{r-1}, b_{r-1}) > 1$.
- $d = t$. En ese caso, las ecuaciones (30.10) y (30.11) nos quedan como:

$$\begin{cases} p \cdot a'_r + 3q \cdot b'_r = a_{r-1} \\ p \cdot b'_r - q \cdot a'_r = b_{r-1} \end{cases}$$

  lo que nos dice que los valores de a_{r-1}, b_{r-1} fueron calculados con la opción secundaria a partir de a'_r, b'_r (que son una representación de t^{r-1} ya que $d = t$ y, por tanto, $a_r^2 + 3_r^2 = t^2 \cdot [(a'_r)^2 + 3(b'_r)^2]$. Pero esto es una contradicción ya que hemos supuesto que siempre hemos escogido la opción principal.

En resumen, sólo sobreviven los casos que implican que $(a_{r-1}, b_{r-1}) > 1$. Pero ahora, repitiendo el argumento las veces necesarias, deduciríamos también que $(a_2, b_2) > 1$, lo cual no es cierto

($a_2 = p^2 - 3q^2$, $b_2 = 2p \cdot q$ y no puede ser que tengan un divisor común por las condiciones de p y q del enunciado). $\square$

De todos los lemas anteriores, podemos deducir los siguientes corolarios, que dejamos para demostración del lector.

COROLARIO 30.1. *Sea n un E-número tal que $n = 3^t \cdot p_1 \cdot p_2 \cdots p_r$ (todos primos distintos, impares y distintos de 3). Entonces tiene 2^{r-1} representaciones, todas distintas y primitivas. (Ya lo anunciamos anteriormente)*

COROLARIO 30.2. *Sea n un E-número impar de la forma $n = p_1^{a_1} \cdot p_2^{a_2} \cdots p_r^{a_r}$, donde los p_i son primos distintos de 3, todos distintos entre sí y todos E-números. Entonces, n tiene exactamente 2^{r-1} representaciones primitivas.*

Ejemplo: el número $1609699 = 7^3 \cdot 13 \cdot 19^2$ tiene 12 representaciones, pero sólo 4 de ellas son primitivas ($124^2 + 3 \cdot 729^2$, $568^2 + 3 \cdot 655^2$, $1096^2 + 3 \cdot 369^2$ y $1268^2 + 3 \cdot 25^2$). Es decir, resumiendo, no importa los exponentes que tenga cada primo (por el argumento del lema 30.8) sino el número de primos distintos en la descomposición de n (por el argumento del lema 30.7).

Finalmente, llegamos a la proposición que será clave en la resolución del problema original:

PROPOSICIÓN 30.2. *Sea $a^2 + 3b^2$ un E-número impar, no múltiplo de 3, con a, b positivos, $(a, b) = 1$ y que es el cubo de un número entero. Entonces existen t, w tal que $a^2 + 3b^2 = \left(t^2 + 3 \cdot w^2\right)^3$, $a = t \cdot (t^2 - 9w^2)$ y $b = 3w \cdot (t^2 - w^2)$.*

DEMOSTRACIÓN. Sea $n = a^2 + 3b^2$ y su descomposición en primos $n = p_1^{a_1} \cdot p_2^{a_2} \cdots p_r^{a_r}$. Al ser n impar y cumplirse $(a, b) = 1$, por la proposición 30.1 sabemos que todos sus divisores son E-números. Por ser un cubo, los exponentes $a_1, ..., a_r$ tienen que ser múltiplos de 3 y podemos escribir $n = \left[p_1^{b_1} \cdot p_2^{b_2} \cdots p_r^{b_r}\right]^3$, donde $b_i = a_i/3$ son enteros. Llamemos m al número $m = p_1^{b_1} \cdot p_2^{b_2} \cdots p_r^{b_r}$.

Por el corolario 30.2, tanto m como n tienen un total de 2^{r-1} representaciones primitivas distintas (ya que ninguno de los dos es múltiplo de 3 y los p_i son impares, primos y E-números). Llamemos $c_i^2 + 3d_i^2$ a cada una de las representaciones primitivas de m y calculemos a partir de ella la representación de m que resulta de aplicar dos veces la opción principal de las ecuaciones (30.8):

$$(c_i^2 + 3d_i^2) \cdot (c_i^2 + 3d_i^2) = (c_i^2 - 3d_i^2)^2 + 3 \cdot (2c_i d_i)^2$$

y

$$[(c_i^2 - 3d_i^2)^2 + 3 \cdot (2c_i d_i)^2] \cdot (c_i^2 + 3d_i^2) = \left[c_i \cdot (c_i^2 - 9d_i^2)\right]^2 + 3 \cdot \left[3d_i \cdot (c_i^2 - d_i^2)\right]^2$$

De esta manera, para cada una de las representaciones primitivas de m encontramos una y sólo una representación primitiva de n (es primitiva y es única por lo visto en el lema 30.8). Como no hay otra manera de conseguir representaciones de n (como vimos en el lema 30.8, escoger alguna vez la opción secundaria contradice el hecho que $(a, b) = 1$), eso significa que todas las representaciones de n son distintas.

Es decir, para cada representación primitiva de n (incluida, por tanto, la buscada $a^2 + 3b^2$) existe una representación de m, $c_i^2 + 3d_i^2$, tal que $a^2 + 3b^2 = (c_i^2 + 3d_i^2)^3$, $a = c_i \cdot (c_i^2 - 9d_i^2)$ y $b = 3d_i \cdot (c_i^2 - d_i^2)$. Sólo es necesario nombrar $t = c_i$, $w = d_i$. $\square$

Como ejemplo, pongamos $m = 7 \cdot 19^2 = 2527$, $n = (7 \cdot 19^2)^3 = 16136737183$. Ambos números tienen 2 representaciones primitivas ($2^2 + 3 \cdot 29^2$ y $50^2 + 3 \cdot 3^2$ para m, $15130^2 + 3 \cdot 72819^2$ y $120950^2 + 3 \cdot 22419^2$ para n) y cada representación de n podemos escribirla en la fórmula deseada a partir de los coeficientes de la representación de m de la que proviene ($15130 = 2 \cdot (2^2 - 9 \cdot 29^2)$ y $72819 = 3 \cdot 29 \cdot (2^2 - 29^2)$ en el primer caso; $120950 = 50 \cdot (50^2 - 9 \cdot 3^2)$ y $22419 = 3 \cdot 3 \cdot (50^2 - 3^2)$) en el segundo).

Demostración del Teorema de Fermat para $n = 3$

Después de nuestro exhaustivo estudio de las propiedades de los E-números, estamos ya en disposición de demostrar el Teorema de Fermat tal y como lo planteó Euler.

Para ello, supongamos que existe una solución de (30.1), es decir, $x_0^3 + y_0^3 = z_0^3$ y tenemos que llegar a una contradicción. Como vimos en la primera parte, podemos suponer que los valores x_0, y_0, z_0 son positivos, primos entre sí y que uno de los valores, y sólo uno, es par.

PROPOSICIÓN 30.3. *Si definimos los números p y q como:*

- *a) En el caso que z_0 sea el valor par y, suponiendo por ejemplo que $x_0 > y_0$, definimos $p = (x_0 + y_0)/2$, $q = (x_0 - y_0)/2$ (p y q son enteros ya que, si z_0 es par entonces x_0, y_0 son impares y, por tanto, su suma y su resta son pares).*
- *b) En el caso que, por ejemplo, sea x_0 el valor par (el caso y_0 par es simétrico), definimos $p = (z_0 - y_0)/2$, $q = (z_0 + y_0)/2$ (p y q son enteros por un razonamiento análogo al caso anterior).*

entonces se cumple que p y q son ambos positivos, de distinta paridad (uno par y el otro impar), primos ente sí, y cumplen que el número $2p \cdot (p^2 + 3q^2)$ es un cubo.

DEMOSTRACIÓN. Que p y q son positivos es claro, ya que en el primer caso hemos supuesto que $x_0 > y_0$ (en caso contrario, hubiéramos definido $q = (y_0 - x_0)/2$ y todo sería simétrico) y en el segundo caso sabemos que $z_0 > y_0$ (porque todos los valores (x_0, y_0, z_0) son positivos y porque $x_0^3 + y_0^3 = z_0^3$).

Por otro lado, si p y q tuvieran un divisor común mayor que 1, entonces en el caso (a) también lo tendrían x_0 e y_0 (ya que se cumple $x_0 = p + q$, $y_0 = p - q$), lo cual es una contradicción ya que hemos supuesto que estos dos valores son primos entre sí. En el caso (b) ocurre lo mismo con y_0 y z_0.

Para ver que tienen distinta paridad, en el caso (a) sabemos que x_0 es impar y que $x_0 = p+q$, por lo que necesariamente uno tiene que ser par y el otro impar (razonamiento idéntico para el caso (b)).

Finalmente, en el caso (a) se cumple que $2p \cdot (p^2 + 3q^2) = z_0^3$ (por lo que es un cubo), ya que $z_0^3 = x_0^3 + y_0^3 = (x_0 + y_0) \cdot (x_0^2 - x_0 y_0 + y_0^2)$, es decir:

$$z_0^3 = (2p) \cdot ((p+q)^2 - (p+q) \cdot (p-q) + (p-q)^2) = 2p \cdot (p^2 + 3q^2)$$

mientras que en el caso (b) se cumple que $2p \cdot (p^2 + 3q^2) = x_0^3$ (otro cubo, por tanto) ya que $x_0^3 = z_0^3 - y_0^3 = (z_0 - y_0) \cdot (z_0^2 + z_0 y_0 + y_0^2)$, es decir:

$$x_0^3 = (2p) \cdot ((p+q)^2 + (p+q) \cdot (q-p) + (p-q)^2) = 2p \cdot (p^2 + 3q^2)$$

□

PROPOSICIÓN 30.4. *Sean p y q los números de la proposición anterior. Entonces, el máximo común divisor de $2p$ y $p^2 + 3q^2$ sólo puede ser 1 ó 3.*

DEMOSTRACIÓN. Supongamos un primo k que divide tanto a $2p$ como a $p^2 + 3q^2$.

En primer lugar, hay que ver que k no puede ser 2, ya que $p^2 + 3q^2$ es impar (en la proposición 30.3 vimos que p y q son de distinta paridad, por lo que sus cuadrados también tienen distinta paridad; al multiplicar por 3 un número no cambiamos la paridad, por lo que p^2 y $3q^2$ tienen distinta paridad y su suma, como consecuencia, es un número impar).

Por otro lado, supongamos que k es mayor que 3. Como k es un divisor de $2p$ pero no divide a 2 (porque estamos suponiendo que es mayor que 3), entonces k es un divisor de p (esta deducción es cierta porque k es primo) y, por tanto, divisor de p^2; como además k es divisor de $p^2 + 3q^2$ (recordemos, es un divisor común de $2p$ y de $p^2 + 3q^2$) y hemos visto que lo es de p^2, se deduce entonces que es divisor de la resta de ambos, es decir, de $3q^2$. Pero ahora, de nuevo, como k es mayor que 3, entonces tiene que ser divisor de q^2 y, al ser primo, debe serlo de q. Es decir, en este párrafo hemos visto que k divide tanto a p como a q, pero eso contradice lo que vimos en la proposición 30.3, que aseguraba que p y q eran primos entre sí. Por tanto, k no puede ser mayor que 3.

En resumen, como un divisor común de $2p$ y de $p^2 + 3q^2$ no puede ser ni 2 ni cualquier primo mayor que 3, sólo nos quedan las posibilidades de que el máximo común divisor sea 1 ó 3. □

Ahora sólo nos queda ver que para los 2 casos (máximo común divisor igual a 1 o igual a 3) llegamos a una contradicción. Primero lo demostraremos para el caso de máximo divisor igual a 1, gracias a las propiedades de los E-números que tanto trabajo nos costó deducir.

PROPOSICIÓN 30.5. *Sea (x_0, y_0, z_0) una solución a la ecuación (30.1) con valores positivos y primos entre sí. Sean también p y q los números calculados como en la proposición 30.3. Si el máximo común divisor de $2p$ y $p^2 + 3q^2$ es 1, entonces existe una nueva solución (x_1, y_1, z_1) a la ecuación (30.1), también con valores positivos y primos entre sí, que además cumple la propiedad que el producto de sus cubos $x_1^3 \cdot y_1^3 \cdot z_1^3$ es **menor** que el producto de los cubos de los valores originales $x_0^3 \cdot y_0^3 \cdot z_0^3$.*

DEMOSTRACIÓN. En primer lugar, si el máximo común divisor de $2p$ y $p^2 + 3q^2$ es 1 (es decir, son relativamente primos entre sí) y su multiplicación es un cubo (como vimos en la proposición 30.3), entonces se deduce que cada uno de ellos tiene que ser un cubo también (cada factor k^3 del producto, donde k es un primo, tiene que estar contenido en uno o en otro: no puede ser que, por ejemplo, k divida a $2p$ y que k^2 divida a $p^2 + 3q^2$, ya que son primos entre sí).

Recordemos que la proposición 30.3 nos aseguraba que p y q son ambos positivos, de distinta paridad (por tanto, $p^2 + 3q^2$ es impar) y primos ente sí. Entonces, por la proposición 30.2, como $p^2 + 3q^2$ es un cubo, existen t, w tal que $p^2 + 3q^2 = (t^2 + 3w^2)^3$, $p = t \cdot (t^2 - 9w^2)$ y $q = 3w \cdot (t^2 - w^2)$. Además, t, w tienen distinta paridad para poder cumplir que $t^2 + 3w^2$ sea impar, y se debe cumplir que $(t, w) = 1$ para poder cumplir que $(p, q) = 1$.

Como $p = t \cdot (t^2 - 9w^2)$, eso significa que $2p = 2t \cdot (t^2 - 9w^2)$ y, como $2p$ es un cubo, eso significa que $2t \cdot (t - 3w) \cdot (t + 3w)$ es también un cubo. Pero los valores $2t$, $t - 3w$, $t + 3w$ son primos entre sí ya que:

- En primer lugar, $2t$ es coprimo con $t - 3w$ y con $t + 3w$, ya que $t - 3w$ y $t + 3w$ son impares (por ser t, w de distinta paridad) y, además, si t tuviera un factor común con cualquiera de ellos, entonces también tendría factor común con w (lo que contradice que $(t, w) = 1$).

- Si un primo impar mayor que 3 dividiera a $t-3w$ y a $t+3w$, entonces dividiría también a su suma, que es $2t$, y a su resta, que es $6w$. Pero esto es imposible, ya que $(t,w)=1$.
- Sólo queda ver que 3 no divide a $t-3w$ y a $t+3w$. Pero, si ese fuera el caso, entonces dividiría a su suma, es decir a $2t$, lo que implica que dividiría a t, lo que implica que dividiría a p (ya que $p=t\cdot(t^2-9w^2)$). Pero eso contradice el hecho que $(2p, p^2+3q^2)=1$.

Por tanto, si $2p = 2t\cdot(t-3w)\cdot(t+3w)$ es un cubo y los tres factores son primos entre sí, eso significa que cada uno de ellos es un cubo y podemos escribir:

$$2t = z_1^3 \qquad t-3w = x_1^3 \qquad t+3w = y_1^3$$

Pero, con estas definiciones, se cumple la ecuación (30.1) para los valores (x_1, y_1, z_1):

$$z_1^3 = 2t = (t-3w) + (t+3w) = x_1^3 + y_1^3$$

y, además, esta solución es **menor** que (x_0, y_0, z_0) en el sentido que la multiplicación de los 3 valores nos da la desigualdad:

$$x_1^3 \cdot y_1^3 \cdot z_1^3 = 2p < (2p)\cdot(p^2+3q^2) < x_0^3 \cdot y_0^3 \cdot z_0^3$$

donde la última desigualdad es cierta ya que en la demostración de la proposición 30.4 vimos que o bien $(2p)\cdot(p^2+3q^2) = z_0^3$ o bien $(2p)\cdot(p^2+3q^2) = x_0^3$. $\square$

Como los números (x_1, y_1, z_1) son distintos de 0 (por cómo han sido definidos) y el cubo de su multiplicación es menor que el de (x_0, y_0, z_0), al repetir este proceso tantas veces como queramos llegaremos a una contradicción (el famoso descenso infinito de los números naturales). Por tanto, no puede existir una solución de (30.1) cuando $(2p, p^2+3q^2)=1$.

Sólo nos queda ver lo mismo cuando $(2p, p^2+3q^2)=3$.

PROPOSICIÓN 30.6. *Sea (x_0, y_0, z_0) una solución a la ecuación (30.1) con valores positivos y primos entre sí. Sean también p y q los números calculados como en la proposición 30.3. Si el máximo común divisor de $2p$ y p^2+3q^2 es 3, entonces existe una nueva solución (x_1, y_1, z_1) a la ecuación (30.1), también con valores positivos y primos entre sí, que además cumple la propiedad que el producto de sus cubos $x_1^3 \cdot y_1^3 \cdot z_1^3$ es **menor** que el producto de los cubos de los valores originales $x_0^3 \cdot y_0^3 \cdot z_0^3$.*

DEMOSTRACIÓN. La demostración es muy parecida a la de la proposición anterior y sólo vamos a dar las ideas principales, dejando para el lector los detalles. Los pasos a deducir son los siguientes:

- $(2p, p^2+3q^2)=3$ implica que 3 divide a p pero no a q. Definimos $s=p/3$. Se cumple que $(s,q)=1$.
- $2p\cdot(p^2+3q^2)$, que es un cubo, se escribe ahora como $18s\cdot(3s^2+q^2)$. Se cumple que $(18s, 3s^2+q^2)=1$ y, por tanto, se deduce que tanto $18s$ como $3s^2+q^2$ son cubos.
- Por la proposición 30.2, existen t, w tal que $3s^2+q^2 = (t^2+3w^2)^3$, $q = t\cdot(t^2-9w^2)$ y $s = 3w\cdot(t^2-w^2)$. (Fijémonos en el cambio de rol de q respecto de la demostración anterior).
- Eso significa que $18s$, que es un cubo, puede escribirse como $27\cdot 2w\cdot(t-w)\cdot(t+w)$. Se cumple que $2w, t-w, t+w$ son primos entre sí, por lo que cada uno de ellos es un cubo.
- Definimos $2w = z_1^3$, $t-w = x_1^3$, $t+w = y_1^3$ y completamos la demostración de forma parecida a la de la proposición anterior.

Hemos demostrado, con mucho esfuerzo pero gran satisfacción, que no puede existir ninguna solución no trivial al Teorema de Fermat para exponente 3.

OBSERVACIONES FINALES

- El error que cometió Euler fue en la proposición 30.2 ("*Sea $a^2 + 3b^2$ un E-número impar, no múltiplo de 3, con a, b positivos, $(a, b) = 1$ y tal que es el cubo de un número entero. Entonces existen t, w tal que $a^2 + 3b^2 = (t^2 + 3w^2)$, $a = t \cdot (t^2 - 9w^2)$ y $b = 3w \cdot (t^2 - w^2)$*"), que enunció correctamente pero que no demostró con total rigor. Sin embargo, las ideas para la demostración que hemos dado aquí (basadas en las propiedades de los E-números) son también suyas, por lo que se considera que tenía los conocimientos para corregir la demostración en el caso que alguien le hubiera advertido de su fallo.

- Después de la demostración de Euler se han dado otras para el caso $n = 3$, aunque ya eran necesarias herramientas matemáticas no tan "elementales". En concreto, Gauss aportó una prueba basada en propiedades de los números del cuerpo $a + b \cdot \sqrt{-3}$ (a, b racionales), que es la explicada en el libro de Dorrie. Más tarde, siguieron otras, cada vez más complejas en su preparación (eran necesarios más fundamentos de álgebra para entenderlas) pero más elegantes y breves en su demostración.

- Poco a poco se fueron demostrando otros casos del Teorema de Fermat (para exponentes potencias de 2, para $n = 5$, para $n = 7$, para exponentes menores de 100, etc.), pero el caso general se resistía a ser resuelto y, lo que es peor, se preveía que la complejidad de su solución era cada vez mayor. Finalmente, en 1995, el matemático inglés Andrew WILES presentaba una demostración que utiliza herramientas muy complejas y avanzadas, hasta el punto que sólo unas pocas decenas de personas en el mundo pueden llegar a entenderla.

- Ante la duda, siempre quedarán románticos que creerán que existe una demostración más sencilla al Teorema de Fermat que sólo él fue capaz de encontrar. Sin embargo, lo más probable es que la demostración que él creía haber descubierto contuviera al menos un error en su razonamiento.

www.ingramcontent.com/pod-product-compliance
Lightning Source LLC
Chambersburg PA
CBHW082327220526
45470CB00008B/2422